网络安全等级保护2.0

定级、测评、实施与运维

李劲 张再武 陈佳阳◎编著

U0300013

人民邮电出版社

北 京

图书在版编目（CIP）数据

网络安全等级保护2.0：定级、测评、实施与运维 /
李劲，张再武，陈佳阳编著. -- 北京 ：人民邮电出版社，
2021.1
ISBN 978-7-115-54997-6

Ⅰ．①网… Ⅱ．①李… ②张… ③陈… Ⅲ．①互联网
络—网络安全—研究 Ⅳ．①TP393.08

中国版本图书馆CIP数据核字(2020)第188293号

内 容 提 要

本书按照《中华人民共和国网络安全法》和网络安全等级保护核心标准的最新要求及网络安全建设
要求，对网络安全建设流程、安全评估和测评、物理安全、网络和通信安全、设备和计算安全、应用和
数据安全、安全管理机构和人员、运维管理、云计算安全、移动互联网安全、工业控制系统安全等方面
提出解决方案，并紧密结合工程实际，通过具体项目案例，详细介绍了网络安全规划设计方案，为网络
安全建设人员和管理人员提供了清晰的思路和可操作的方法。

本书内容丰富、实用性强，涉及网络安全标准规范、技术方案、案例等内容，可作为网络安全领域
技术人员、管理人员的参考书或培训教材。

◆ 编　著　李　劲　张再武　陈佳阳
　　责任编辑　李　强
　　责任印制　彭志环

◆ 人民邮电出版社出版发行　　北京市丰台区成寿寺路 11 号
　　邮编　100164　　电子邮件　315@ptpress.com.cn
　　网址　https://www.ptpress.com.cn
　　北京盛通印刷股份有限公司印刷

◆ 开本：787×1092　1/16
　　印张：19.5　　　　　　　　　　2021 年 1 月第 1 版
　　字数：346 千字　　　　　　　2024 年 8 月北京第 22 次印刷

定价：99.00 元

读者服务热线：(010)53913866　印装质量热线：(010)81055316
反盗版热线：(010)81055315
广告经营许可证：京东市监广登字 20170147 号

序

进入 21 世纪以来，网络安全领域的工作越来越凸显出其重要性。《中华人民共和国网络安全法》第十六条也专门明确："国务院和省、自治区、直辖市人民政府应当统筹规划，加大投入，扶持重点网络安全技术产业和项目，支持网络安全技术的研究开发和应用，推广安全可信的网络产品和服务，保护网络技术知识产权，支持企业、研究机构和高等学校等参与国家网络安全技术创新项目"。《国家网络空间安全战略》也提出目前的战略任务："夯实网络安全基础"，强调"尽快在核心技术上取得突破，加快安全可信的产品推广应用"。

等级保护制度是适用于中国当前实际的一种有效的网络安全管理方法。开展信息安全等级保护工作是保护信息化发展、维护国家信息安全的根本保障，是信息安全保障工作中国家意志的体现。

中国的等级保护工作是有序推进的。在 20 世纪 80 年代兴起了计算机信息系统安全保护研究的基础上，1994 年国务院发布《中华人民共和国计算机信息系统安全保护条例》（国务院令第 147 号）；《计算机信息系统安全保护等级划分准则》（GB17859–1999）强制性标准；2003 年中办发布《国家信息化领导小组关于加强信息安全保障工作的意见》（中办发〔2003〕27 号）要求"抓紧建立信息安全等级保护制度，制定信息安全等级保护的管理办法和技术指南"；近年来，中国有关部委多次联合发文，明确国家重点工程的验收要求必须通过信息安全等级保护的测评和验收。

2019 年 5 月 13 日，网络安全等级保护制度 2.0 标准正式发布，实施时间为 2019 年 12 月 1 日。国家等级保护制度 2.0 标准要求全面使用安全可信的产品和服务来保障关键基础设施安全。因此，如何理解和解读等级保护 2.0，如何达到等级保护 2.0 的相关要求，成为目前中国网络安全学者和从业人员需要迫切解决的问题。

针对国家的需求，李劲先生非常及时地编写了本书。在国家有关条例和制度的要求下和作者丰富的实际工作经验的基础上，从定级、设计、实施、测评与运维 5 个角度详细解释和分析了什么是等级保护 2.0、等级保护 2.0 的安全定级方法等内容。除此之外，本书还介绍了信息安全法律法规及标准规范、安全管理体系设计、网络安全等级保护测评、安全运营体系、网络安全项目投资估算等基础性和工程性工作。为了方便读者对问题的理解，本书还详细地介绍了中国商用密码算法的一些基本内容以及物理安全等常用的网络安全能力方法。最后，本书还列出了大量的实例，描述了如何在各类实际需求场景中完成等级保护工作。

本书是一本非常好的等级保护 2.0 学习和实践的手册，适合中国网络安全从业人员阅读，具有非常好的可阅读性和可操作性，为等级保护 2.0 的工作提供了有力的支持！

赵波

2020 年 8 月于武汉珞珈山

前言

本书力求具有理论性、实用性、系统性和导向性，内容密切结合 GB/T 22239–2019《信息安全技术 网络安全等级保护基本要求》等相关等级保护标准，梳理网络安全等级保护项目建设流程和相关环节注意事项。本书内容围绕网络安全项目建设流程中网络安全等级保护对象定级和备案、总体安全规划、安全设计和实施、安全运行与维护展开，并紧密结合工程实际，通过具体项目案例，详细介绍了网络安全等级保护 2.0 时代的要求和实施方案，为信息安全项目建设人员和管理人员提供了清晰的思路和可操作方法。

本书第 1 章介绍了中国网络安全等级保护的发展历程和新形势下的网络安全需求，以及网络安全等级保护实施流程。第 2 章归纳了网络安全等级保护项目实施的法律基础和相关标准规范依据。第 3 章描述了网络安全定级和备案流程。第 4 章介绍了网络安全总体规划。第 5 章结合项目实际对网络安全等级保护项目通用安全体系进行设计。第 6 章阐述了扩展安全体系。第 7 章介绍了网络安全支撑技术。第 8 章结合项目实际进行安全管理体系设计。第 9 章介绍了网络安全等级保护测评的内容和过程。第 10 章介绍了安全运营体系。第 11 章对网络安全项目建设投资估算提出相关建议。第 12 章介绍了视频专网和云计算两个网络安全等级保护项目的建设方案。

本书基于中国关于最新的网络安全等级保护相关标准，以及国内外最新的网络安全防护技术和先进的管理手段，对网络安全等级保护建设全流程进行总结和梳理，为网络安全等级保护建设提供了全面的建设规划设计方案，为从事相关工作的各类工程人员提供相应的支撑。

由于作者的时间和水平有限，本书难免有所疏漏，欢迎各位读者批评指正。

作者

2020 年 6 月

目录

04 第4章 网络安全总体规划

05 第5章 通用安全技术体系设计

06 第6章 扩展安全技术体系设计

07 第7章 网络安全支撑技术

08 第8章 安全管理体系设计

09 第9章 网络安全等级保护测评

10 第10章 安全运营体系

11 第 11 章　网络安全项目投资估算

12 第 12 章　案例介绍

W

概述

第 1 章

1994年,《中华人民共和国计算机信息系统安全保护条例》(国务院令第147号)第一次提出"计算机信息系统实行安全等级保护"的概念,此后一直到2007年,网络安全等级保护制度在起步和探索阶段。2008年,GB/T 22239−2008《信息安全技术 信息系统安全等级保护基本要求》明确了对于各级信息系统的安全保护基本要求,标志着等级保护制度的标准化,等级保护1.0(以下简称等保1.0)时代正式到来。

2016年11月7日,第十二届全国人民代表大会常务委员会第二十四次会议通过《中华人民共和国网络安全法》,其中,第二十一条规定国家实行网络安全等级保护制度,明确网络安全等级保护制度的法律地位。2019年5月,网络安全等级保护核心标准《信息安全技术 网络安全等级保护测评要求》《信息安全技术 网络安全等级保护基本要求》《信息安全技术 网络安全等级保护安全设计技术要求》正式发布,并于2019年12月1日正式实施,标志着中国等级保护制度进入2.0(以下简称等保2.0)时代。

建立和落实网络安全等级保护制度是形势所迫、国情所需。随着中国信息化进程的全面加快,全社会特别是重要行业、重要领域对基础信息网络和重要信息系统的依赖程度越来越高,基础信息网络和重要信息系统的安全性直接关系到国家安全、公共安全、社会公众利益。网络安全等级保护是党中央、国务院在网络安全领域实施的基本国策,作为中国非涉密领域的网络安全基本防护框架,在应对新形势、满足新要求、针对新风险、扩大新内容方面,从政策、标准体系层面都迈入了2.0时代。

网络安全等级保护是当今发达国家保护关键信息基础设施、保障网络安全的通行做法,也是中国多年来网络安全工作经验的总结。通过开展网络安全等级保护工作,有限的财力、物力、人力投入到国家关键信息基础设施安全保护中,可有效地保护基础信息网络和关系国家安全、经济命脉、社会稳定等方面的重要信息系统。等保2.0的适时推出,体现了国家积极应对新技术引发的新风险,变被动防御为主动保障,解决了中国网络安全存在的主要问题。

1.1 等保2.0时代网络安全形势

近年来,中国国力明显提升,信息化发展迅速,在信息安全需求、新信息技术应用、国家网络安全等方面将面临更为复杂的形势。对此，我们要有清晰的认识和准确的判断。

1.1.1 信息化应用发展迅速，信息安全需求提升

中国互联网络信息中心（CNNIC）于 2020 年 4 月 28 日发布第 45 次《中国互联网络发展状况统计报告》。2019 年是中国全功能接入国际互联网 25 周年。25 年来，中国互联网从无到有、由弱到强，深刻改变着人们的生产和生活方式。

2019 年下半年以来，中国互联网发展呈现 8 个特点。

1. 基础资源状况持续优化，安全保障能力稳步提升

截至 2019 年 12 月，中国 IPv6 地址数量为 50 877 块 /32，较 2018 年年底增长 15.7%，稳居世界前列；域名总数为 5094 万个，其中 ".CN" 域名总数为 2243 万个，较 2018 年年底增长 5.6%，占中国域名总数的 44.0%；网站数量为 497 万个，其中 ".CN" 下网站数量为 341 万个，占网站总数的 68.6%。2019 年 6 月，首届中国互联网基础资源大会成功举办，"基于共治链的共治根新型域名解析系统架构" "2019 中国基础资源大会全联网标识与解析共识" 等成果发布。2019 年，中国先后引入 F、I、L、J、K 根镜像服务器，使域名系统抗攻击能力、域名根服务器访问效率获得极大提升，降低了国际链路故障对中国网络安全的影响。

2. 互联网普及率达 64.5%，数字鸿沟不断缩小

截至 2020 年 3 月，中国网民规模达 9.04 亿人，较 2018 年年底增长 7508 万人，互联网普及率达 64.5%，较 2018 年年底提升 4.9 个百分点。其中，农村地区互联网普及率为 46.2%，较 2018 年年底提升 7.8 个百分点，城乡之间的互联网普及率差距缩小 5.9 个百分点。在《2019 年网络扶贫工作要点》的要求下，网络覆盖工程深化拓展，网络扶贫与数字乡村建设持续推进，数字鸿沟不断缩小。随着中国 "村村通" 和 "电信普遍服务试点" 两大工程的深入实施，广大农民群众逐步跟上互联网时代的步伐，同步享受信息社会的便利。

3. 网络零售持续稳健发展，成为消费增长重要动力

截至 2020 年 3 月，中国网络购物用户规模达 7.10 亿人，较 2018 年年底增长 16.4%，占网民整体规模的 78.6%。2019 年，全国网上零售额达 10.63 万亿元，其中实物商品网上零售额达 8.52 万亿元，占社会消费品零售总额的 20.7%。2020 年 1～2 月，全国实物商品网上零售额同比增长 3.0%，实现逆势增长，占社会消费品零售总额的 21.5%，比 2019 年同期提高 5 个百分点。网络消费作为数字经济的重要组成部分，

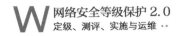
在促进消费市场蓬勃发展方面正在发挥着日趋重要的作用。

4. 网络娱乐内容品质提升，用户规模迅速增长

2019 年，网络娱乐类应用内容品质不断提升，逐步满足人民群众日益增长的精神文化需求。2020 年年初，受新型冠状病毒肺炎疫情影响，网络娱乐类应用用户规模和使用率均有较大幅度提升。截至 2020 年 3 月，网络视频（含短视频）、网络音乐和网络游戏的用户规模分别为 8.50 亿人、6.35 亿人和 5.32 亿人，使用率分别为 94.1%、70.3% 和 58.9%。网络视频（含短视频）已成为仅次于即时通信的第二大互联网应用类型。短视频平台在努力扩展海外市场的同时，与其他行业的融合趋势愈发显著，尤其在带动贫困地区经济发展上作用显著。

5. 用户需求充分释放，在线教育爆发式增长

截至 2020 年 3 月，中国在线教育用户规模达 4.23 亿人，较 2018 年年底增长 110.2%，占网民整体的 46.8%。2020 年年初，全国大、中、小学校推迟开学，2.65 亿在校生普遍转向线上课程，用户需求得到充分释放。面对巨大的在线学习需求，在线教育企业通过发布免费课程、线上线下联动等方式积极应对，行业呈现爆发式增长态势。数据显示，疫情期间多个在线教育应用的日活跃用户数达到千万以上。

6. 数字政府加快建设，全国一体化政务服务平台初步建成

截至 2020 年 3 月，我国在线政务服务用户规模达 6.94 亿人，较 2018 年年底增长 76.3%，占网民整体规模的 76.8%。2019 年以来，全国各地纷纷加快数字政府建设工作，其中，浙江、广东、山东 等多个省级地方政府陆续出台了与之相关的发展规划和管理办法，进一步明确了数字政府的发展目标和标准体系，为政务数据开放共享提供了依据。2019 年 11 月，全国一体化在线政务平台上线试运行，推动了各地区各部门政务服务平台互联互通、数据共享和业务协同，为全面推进政务服务"一网通办"提供了有力支撑。截至 2019 年 12 月，平台个人注册用户数量达 2.39 亿人，较 2018 年年底增加 7300 万人。

7. 上市企业市值普遍增长，独角兽企业发展迅速

截至 2019 年 12 月，中国互联网上市企业在境内外的总市值达 11.12 万亿元，较 2018 年年底增长 40.8%，创历史新高。2019 年年底在全球市值排名前 30 的互联网公司中，美国占据 18 个，中国占据 9 个，其中，阿里巴巴和腾讯稳居全球互联网公司市值前十强。截至 2019 年 12 月，中国网信独角兽企业总数为 187 家，较 2018 年年底增加 74 家，面向 B 端市场提供服务的网信独角兽企业数量增长明显。从网信独角兽企业的行业分布来看，企业服务类占比最高，达 15.5%。

8. 核心技术创新能力不断增强，产业融合加速推进

2019 年，中国在区块链、5G（第五代移动通信技术）、人工智能、大数据、互联网基础资源等领域，核心技术自主创新能力不断增强，产业融合加速推进。在区块链领域，区块链技术被政府、企业与各类社会组织作为驱动创新发展的重要工具之一；在 5G 领域，5G 商用环境持续完善，标准技术取得新突破，应用孵化进入全面启动期，产业总体发展迅速，达到世界领先水平；在人工智能领域，关键技术应用日趋成熟，引领各行业数字化变革；在大数据领域，产业布局持续加强，技术创新不断推进，带动产业持续发展。

1.1.2 信息技术的不断革新对网络安全的需求

云计算、大数据、移动互联网及社交网络的讯速发展给信息系统架构带来了巨大变化，信息安全也随之迎来挑战。基础架构的变化要求信息安全建设能够适应新的 IT 基础架构，从而满足新的安全需求。

1. 云计算、大数据等新应用的自身安全问题日益凸显

云计算是继互联网、计算机在信息时代的一种新的革新，云计算是信息时代的一个大飞跃，未来的时代可能是云计算的时代。虽然目前有关云计算的定义有很多，但从总体上来说，云计算的基本含义是一致的，即云计算具有很强的扩展性，可以为用户提供一种全新的体验。云计算的核心是可以将很多的计算机资源协调在一起，因此，用户通过网络就可以获取无限的资源，同时不受时间和空间的限制。

在云计算的架构下，云计算开放网络和业务共享场景更加复杂多变，安全性方面的挑战更加严峻，一些新型的安全问题变得更加突出，如多个虚拟机租户间并行业务的安全运行，公有云中海量数据的安全存储等。主要安全问题包括用户身份安全问题、共享业务安全问题、用户数据安全问题。

2. 工业 4.0 的发展，控制系统面临重大安全隐患

工业 4.0（Industry4.0）是基于工业发展的不同阶段划分的。按照目前的共识，工业 1.0 是蒸汽机时代，工业 2.0 是电气化时代，工业 3.0 是信息化时代，工业 4.0 则是利用信息化技术促进产业变革的时代，也就是智能化时代。工业 4.0 的本质是增加对工厂中设备控制的访问权限和可访问性。这意味着对数据的访问权限增加以扩大透明度，减少网络规划，缩减资本支出，降低运营支出，提高带宽并优化机器互通。增加对设备控制的访问权限和可访问性意味着工厂系统的网络安全风险评估正在发生变化。网络安全解决方案需要适应不断变化的风险，而传统的防范措施（如设置防火墙和将设备置于闭锁门之后）与工业 4.0 的目标相背。这意味着需要对设备进行安全加固，以便在确保安全的方法中实现更多功能。为了实现可信数据和安全操作，身份和完整性将成为此领域中每个设备的核心。

3. 网络技术的发展带来新的风险和挑战

以 IPv6 为基础的下一代互联网和 5G 网络、物联网及移动互联网、无线局域网，使上网行为更加丰富，网络技术的迅猛发展对网络安全保障也提出了更高的要求。新的网络技术应用，加快了数据的聚集，对网络海量数据资源的安全带来了更大的风险和挑战，等保 1.0 时代的信息安全技术手段已无法满足信息产业发展的需要。

1.1.3 中国面临复杂的网络安全环境

在全球网络黑客等犯罪活动频繁和少数国家网络战略威慑日益升级的情况下，中国网络安全和国家安全面临威胁。近年来世界上发生的重大安全事件再一次为我们敲响了警钟。

2016 年 10 月，恶意软件 Mirai 控制的僵尸网络对美国域名服务器管理服务供应商 Dyn 发起 DDoS 攻击，从而导致许多网站在美国东海岸地区宕机，如 GitHub、Twitter、PayPal 等，用户无法通过域名访问这些站点。

根据国外媒体的报道，此次攻击背后的始作俑者竟然是黑客组织 NewWorldHackers 和 Anonymous（匿名者）。

2015 年 12 月 23 日，乌克兰电网遭到黑客攻击，导致超过 3 个地区的变电站控制系统遭到破坏，圣诞节前夜超过 140 万户的家庭发生大面积停电事故，电力中断 3～6 小时。

2010 年 10 月，多家媒体报道，美国曾利用"震网"蠕虫病毒攻击伊朗的铀浓缩设备，造成伊朗核电站推迟发电，当时伊朗已有近 500 万网民及多个行业的领军企业遭到此病毒的攻击。这种病毒可能是新时期电子战争中的一种武器。截至 2011 年，"震网"蠕虫病毒感染了全球超过 4.5 万个网络和 60% 的个人计算机。

1.2　等保 2.0 时代的主要变化

近年来，随着信息技术的发展和网络安全形势的变化，传统的等保安全要求已无法有效应对安全风险和新技术应用所带来的新威胁，以被动防御为主的防御已经落后了，亟须建立主动保障体系。等保 2.0 标准适时而出，应对新形势、新风险，满足新要求，扩大新内容。

如此"新"的等保 2.0 标准，从法律法规、标准要求、安全体系、实施环节等方面都有了"变化"。

1．法律法规

从条例法规提升到法律层面。等保 1.0 的最高国家政策是《中华人民共和国计算机信息系统实行安全保护条例》，而等保 2.0 标准的最高国家政策是《中华人民共和国网络安全法》。

《中华人民共和国网络安全法》第二十一条要求，国家实行网络安全等级保护制度；第二十五条要求，网络运营者应当制定网络安全事件应急预案；第五十九条明确了，网络运营者不履行本法第二十一条、第二十五条规定的网络安全保护义务的，由有关主管部门责令改正，给予警告。

总而言之，不开展等级保护属于违法！

2．标准要求

等保 2.0 标准在对等保 1.0 标准基本要求进行优化的同时，针对云计算、物联网、移动互联网、工业控制、大数据新技术提出了新的安全扩展要求。也就是说，使用新技术的信息系统需要同时满足"通用要求 + 安全扩展"的要求。并且，针对新的安全形势提出了新的安全要求，标准覆盖度更加全面，安全防护能力有很大提升。

通用要求方面，等保 2.0 标准的核心是"优化"。删除了过时的测评项，对测评项进行合理性改写，新增对新型网络攻击行为防护和个人信息保护等要求，调整了标准结构，将安全管理中心从管理层面提升至技术层面。

安全扩展要求是等保 2.0 标准的"亮点"，在原有要求的基础上增加了云计算扩

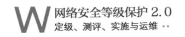
展要求、大数据扩展要求、物联网扩展要求、移动互联网扩展要求 4 个新技术要求。

3. 安全体系

等保 2.0 标准依然采用"一个中心、三重防护"的理念,从等保 1.0 标准以被动防御为主的安全体系向事前预防、事中响应、事后审计的动态保障体系转变。

建立安全技术体系和安全管理体系,构建具备相应等级安全保护能力的网络安全综合防御体系,开展组织管理、机制建设、安全规划、通报预警、应急处置、态势感知、能力建设、监督检查、技术检测、队伍建设、教育培训和经费保障等工作。

4. 实施环节

在等级保护定级、备案、建设整改、等级测评、监督检查的实施过程中,等保 2.0 标准进行了优化和调整。

定级对象的变化:等保 1.0 标准定级的对象是信息系统,等保 2.0 标准定级的对象扩展至基础信息网络、工业控制系统、云计算平台、物联网、移动互联网、其他网络以及大数据等多个系统平台,覆盖面更广。

定级级别的变化:公民、法人和其他组织的合法权益产生特别严重损害时,相应系统的等级保护级别从 1.0 的第二级调整到了第三级。

定级流程的变化:等保 2.0 标准不再自主定级,而是通过"确定定级对象→初步确定等级→专家评审→主管部门审核→公安机关备案审查→最终确定等级"这种线性的定级流程,系统定级必须经过专家评审和主管部门审核,才能到公安机关备案,整体定级更加严格。

相较于等保 1.0 标准,等保 2.0 标准测评周期、测评结果评定有所调整。等保 2.0 标准要求,第三级以上的系统每年开展一次测评,测评达到 70 分以上才算基本符合要求。基本分高了,要求更严苛了。

1.3　等保 2.0 时代网络安全项目概述

在等保 2.0 时代,如何着手开展网络安全等级保护项目,是从事网络安全工作人员关心的重点。按照《信息安全技术 网络安全等级保护实施指南》(GB/T 25058—2019)所列网络安全等级保护实施流程,网络安全等级保护项目分为等级保护对象定级与备案、总体安全规划、安全设计与实施、安全运行与维护、定级对象终止 5 个阶段,如

图 1-1 所示。本书根据此流程为主线规划设计方案，指导用户高质量完成等保 2.0 时代的网络安全项目。

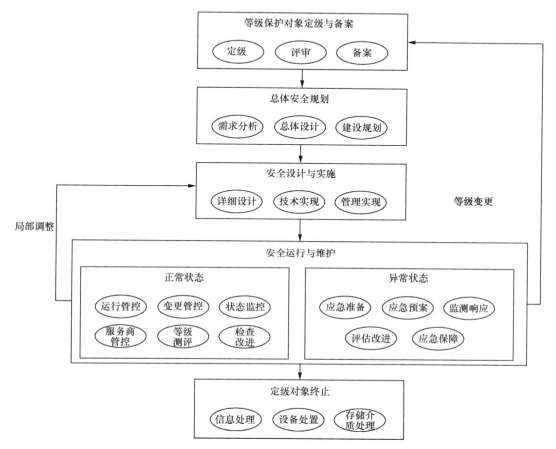

图 1-1　网络安全等级保护项目的基本流程

信息安全法律法规及标准规范

第 2 章

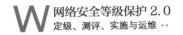
国家网络安全等级保护制度体系架构主要分为网络安全法律政策体系和网络安全标准体系两大类，法律政策体系为标准体系的制定提供了法律依据。

2.1 网络安全法律政策体系

根据中国的立法体系，网络安全立法体系框架分为三个层次，效力从上至下分别如下所示。

第一层：法律。

第二层：行政法规。

第三层：规章、地方性法规以及规范性文件。

与网络安全相关的主要法律有：《中华人民共和国宪法》《中华人民共和国刑法》《中华人民共和国国家安全法》《中华人民共和国网络安全法》《中华人民共和国密码法》《中华人民共和国保守国家秘密法》《中华人民共和国电子签名法》等。

与网络安全相关的行政法规有：《中华人民共和国计算机信息系统安全保护条例》《中华人民共和国计算机信息网络国际联网暂行规定》《计算机信息网络国际联网安全保护管理办法》《商用密码管理条例》《互联网信息服务管理办法》《计算机软件保护条例》等。

与网络安全相关的规章、地方性法规及规范性文件有：《计算机信息系统安全专用产品检测和销售许可证管理办法》《计算机病毒防治管理办法》《计算机信息系统保密管理暂行规定》《计算机信息系统国际联网保密管理规定》《广东省计算机信息系统安全保护管理规定》等。

中国信息安全行业受到多个部门的监督管理，包括国务院信息化工作办公室、工业和信息化部、国家发展和改革委员会、公安部、国家质检总局、国家保密局、国家密码管理局、国家版权局等。其中国家发展和改革委员会、工业和信息化部主要负责产业政策的研究制定、行业的管理与规划等；公安部主管全国计算机信息系统安全保护工作；国家保密局管理和指导保密技术工作，负责办公自动化和计算机信息系统的保密管理，指导保密技术产品的研制和开发应用，对从事涉密信息系统集成的企业资质进行认定；国家密码管理局主管全国商用密码管理工作，包括认定商用密码产品的科研、生产、销售单位，批准生产的商用密码产品品种和型号等。

在这些法律法规中，《中华人民共和国网络安全法》是中国第一部全面规范网络空间安全管理方面问题的基础性法律，是中国网络空间法治建设的重要里程碑性质的法律，是依法治网、化解网络风险的法律重器，是让互联网在法治轨道上健康运行的重要保障。《中华人民共和国网络安全法》将近年来一些成熟的好做法制度化，并为将来可能的制度创新做了原则性规定，为网络安全工作提供切实法律保障。

2.2 网络安全标准体系

二十多年来，公安部牵头组织国内专家、安全企业制定了一系列网络安全等级保护标准，形成了网络安全等级保护标准体系，为中国网络安全等级保护实施工作提供了标准依据。

网络安全等级保护标准体系由等级保护过程中所需的所有标准组成，整个体系可以从多个维度分析。从基础分类角度出发，可以分为：基础标准、技术标准以及管理类标准；从对象角度出发，可以分为：基础标准、系统标准、产品标准、安全服务标准以及安全事件标准等；从网络安全等级保护生命周期出发，可以分为：通用／基础标准、系统定级标准、建设标准、等级测评标准、运行维护及其他标准。本书作为信息安全项目实施规划设计指导用书，从网络安全等级保护生命周期角度对网络安全等级保护 2.0 主要相关标准进行梳理，便于读者理解。

2.2.1 通用/基础标准

1.《计算机信息系统安全保护等级划分准则》(GB 17859-1999)

《计算机信息系统安全保护等级划分准则》是强制性国家标准，也是等级保护的基础标准，以此为基础制定了网络安全等级保护技术类、管理类和产品类等标准，《计算机信息系统安全保护等级划分准则》是其他相关标准的基石。

2.《信息安全技术 网络安全等级保护实施指南》(GB/T 25058-2019)

2019 年更新的《信息安全技术 网络安全等级保护实施指南》是网络安全等级保护 2.0 的核心标准之一。本标准说明了网络安全等级保护实施的基本原则，参与角色以及在信息系统定级、总体安全规划、安全设计与实施、安全运行维护、信息系统终止等主要阶段中应按照网络安全等级保护政策、标准要求实施等级保护工作内容。

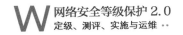
2.2.2 系统定级标准

1.《信息安全技术 网络安全等级保护定级指南》（GB/T 22240-2020）

本标准替代了《信息安全技术 信息系统安全等级保护定级指南》（GB/T 22240-2008），给出了非涉及国家秘密的等级保护对象的安全保护等级定级方法和定级流程，适用于指导网络运营者开展非涉及国家秘密的等级保护对象的定级工作。

2.《信息安全技术 网络安全等级保护定级指南》（GA/T 1389-2017）

定级是信息安全等级保护实施的首要环节，该标准综合考虑保护对象在国家安全、经济建设、社会生活中的重要程度，以及保护对象遭到破坏后对国家安全、社会秩序、公共利益以及公民、法人和其他组织合法权益的危害程度等因素，提出确定保护对象安全保护等级的方法。该标准为公共安全行业标准，对《信息安全技术 信息系统安全等级保护定级指南》（GB/T 22240-2008）进行修改完善，将对公民、法人和其他组织的合法权益产生特别严重损害，调整到第三级；增加了云计算平台、大数据平台、物联网、工业控制系统、大数据的定级方法。

2.2.3 建设标准

1.《信息安全技术 网络安全等级保护基本要求》（GB/T 22239-2019）

2019 年更新的《信息安全技术 网络安全等级保护基本要求》是网络安全等级保护 2.0 的核心标准之一。该标准在网络安全等级保护制度中非常关键，被广泛应用于各个行业的用户开展网络安全等级保护的等级测评、建设工作。该标准的主要内容包括网络安全等级保护技术通用要求、云计算安全扩展要求、移动互联网安全扩展要求、物联网安全扩展要求和工业控制系统安全扩展要求。

2.《信息安全技术 网络安全等级保护安全设计技术要求》（GB/T 25070-2019）

2019 年更新的《信息安全技术 网络安全等级保护安全设计技术要求》是网络安全等级保护 2.0 的核心标准之一。本标准针对等级保护对象突出安全计算环境设计技术要求、安全区域边界设计技术要求、安全通信网络设计要求、安全管理中心设计技术要求，以及针对无线移动接入、云计算、大数据、物联网和工业控制系统等新技术、新应用领域增加相应的安全设计要求等内容。

3.《信息安全技术 信息系统安全管理要求》（GB/T 20269-2006）

本标准对信息和信息系统的安全保护提出分等级安全管理的要求，阐述了安全管理要素及其强度，并将管理要求落实到信息安全等级保护所规定的 5 个等级上，有利于安全管理的实施、评估和检查。

4.《信息安全技术 信息系统安全工程管理要求》（GB/T 20282-2006）

本标准规定了信息系统安全工程的管理要求，是对信息系统安全工程中所涉及的需求方、实施方以及第三方工程实施的指导性文件，各方可根据此文件建立安全工程管理体系。

2.2.4　等级测评标准

1.《信息安全技术 网络安全等级保护测评要求》（GB/T 28448-2019）

2019 年更新的《信息安全技术 网络安全等级保护测评要求》是网络安全等级保护 2.0 的核心标准之一。该标准依据《信息安全技术 网络安全等级保护基本要求》规定了网络进行等级保护测试评估的内容和方法，用以规范和指导测评人员的等级测评活动。

2.《信息安全技术 信息系统安全等级保护测评过程指南》（GB/T 28449-2012）

该标准以测评机构为第三级网络的首次等级测评活动过程为主要线索，定义等级测评的主要活动和任务，包括测评准备活动、方案编制活动、现场测评活动、分析与报告编制活动 4 项工作，为等级测评机构、网络运营者在等级测评工作中提供指导。

2.2.5　运行维护及其他标准

1.《信息技术 安全技术 信息安全事件管理指南》（GB/Z 20985-2007）

本标准描述了信息安全事件管理的全过程，提供了规划和制定信息安全事件管理策略和方案的指南，给出了管理信息安全事件和开展后续工作的相关过程和规程。

2.《信息安全技术 信息安全事件分类分级指南》（GB/Z 20986-2007）

本标准为信息安全事件的分类分级提供指导，用于信息安全事件的防范与处置，为事前准备、事中应对、事后处理提供一个基础指南，可供信息系统和基础信息传输网络的运营和使用单位以及信息安全主管部门参考使用。

3.《信息安全技术 信息系统灾难恢复规范》（GB/T 20988-2007）

本标准规定了信息系统灾难恢复应遵循的基本要求，可用于指导信息系统灾难恢复的规划和实施工作，也可用于信息系统灾难恢复项目的审批和监督管理。

4.《信息安全技术 信息安全风险评估规范》（GB/T 20984-2007）

本标准提出风险评估的基本概念、要素关系、分析原理、实施流程和评估方法，以及风险评估在信息系统生命周期不同阶段的实施要点和工作形式。本标准适用于规范组织开展的风险评估工作。

5.《信息安全技术 信息系统物理安全技术要求》（GB/T 21052-2007）

本标准规定了信息系统物理安全分级技术的要求，适用于按 GB 17859-1999 的安全保护等级要求所进行的等级化的信息系统物理安全的设计和实现，按 GB 17859-1999 的安全保护等级的要求对信息系统物理安全进行的测试、管理可参照使用。

6.《信息安全技术 网络基础安全技术要求》（GB/T 20270-2006）

本标准根据 GB 17859-1999 的 5 个安全保护等级划分，根据网络系统中的作用，规定各个安全等级的网络系统所需要的基础安全技术要求。本标准适用于按等级化的要求进行的网络系统的设计和实现，按等级化要求进行的网络系统安全的测试和管理可参照使用。

受篇幅限制，本书未将所有网络安全标准罗列，读者可在相关网站查阅其他内容，网络安全等级保护相关标准体系架构如图 2-1 所示。

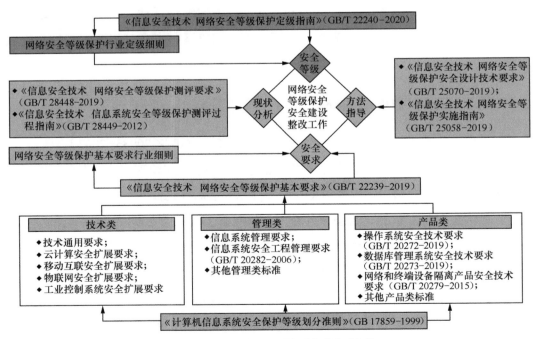

图 2-1 网络安全等级保护相关标准体系架构

W

网络安全定级与备案

第 3 章

3.1 定级原理及流程

3.1.1 安全保护等级

根据等级保护对象在国家安全、经济建设、社会生活中的重要程度，以及一旦遭到破坏、丧失功能或者数据被篡改、泄露、丢失、损毁后，对国家安全、社会秩序、公共利益，以及公民、法人和其他组织的合法权益的侵害程度等因素，等级保护对象的安全保护等级分为以下 5 级。

第一级，等级保护对象受到破坏后，会对相关公民、法人和其他组织的合法权益造成一般损害，但不危害国家安全、社会秩序和公共利益。

第二级，等级保护对象受到破坏后，会对相关公民、法人和其他组织的合法权益产生严重损害或特别严重损害，或者对社会秩序和公共利益造成危害，但不危害国家安全。

第三级，等级保护对象受到破坏后，或者对社会秩序和公共利益造成严重危害，或者对国家安全造成危害。

第四级，等级保护对象受到破坏后，会对社会秩序和公共利益造成特别严重损害，或者对国家安全造成严重危害。

第五级，等级保护对象受到破坏后，会对国家安全造成特别严重危害。

3.1.2 定级要素

1．定级要素概述

等级保护对象的定级要素包括以下 2 个方面。

（1）受侵害的客体。

（2）对客体的侵害程度。

2．受侵害的客体

等级保护对象受到破坏时所侵害的客体包括以下 3 个方面。

（1）公民、法人和其他组织的合法权益。

（2）社会秩序、公共利益。

（3）国家安全。

3．对客体的侵害程度

对客体的侵害程度由客观方面的不同外在表现综合决定。由于对客体的侵害是通过对等级保护对象的破坏实现的，因此，对客体的侵害外在表现为对等级保护对象的破坏，通过侵害方式、侵害后果和侵害程度加以描述。

等级保护对象受到破坏后对客体造成侵害的程度归结为以下 3 种。

（1）造成一般损害。

（2）造成严重损害。

（3）造成特别严重损害。

3.1.3　定级要素与安全保护等级的关系

定级要素与安全保护等级的关系如表 3-1 所示。

表 3-1　定级要素与安全保护等级的关系

受侵害的客体	对客体的侵害程度		
	一般损害	严重损害	特别严重损害
公民、法人和其他组织的合法权益	第一级	第二级	第三级
社会秩序、公共利益	第二级	第三级	第四级
国家安全	第三级	第四级	第五级

3.1.4　定级流程

等级保护对象定级工作的一般流程如图 3-1 所示。

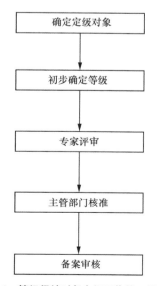

图 3-1　等级保护对象定级工作的一般流程

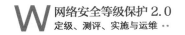
安全保护等级初步确定为第二级以上的等级保护对象，其运营使用单位应当依据本标准组织进行专家评审、主管部门核准和备案审核，最终确定其安全保护等级。

3.2 确定定级对象

3.2.1 信息系统

1. 定级对象的基本特征

作为定级对象的信息系统应具有如下基本特征。

（1）具有确定的主要安全责任主体。

（2）承载相对独立的业务应用。

（3）包含相互关联的多个资源。

在确定定级对象时，云计算平台／系统、物联网、工业控制系统在满足以上基本特征的基础上，还需分别遵循以下2～4条的相关要求。

2. 云计算平台／系统

在云计算环境中，云服务客户侧的等级保护对象和云服务商侧的云计算平台／系统需分别作为单独的定级对象定级，并根据不同服务模式将云计算平台／系统划分为不同的定级对象。

对于大型云计算平台，宜将云计算基础设施和有关辅助服务系统划分为不同的定级对象。

3. 物联网

物联网主要包括感知、网络传输和处理应用等特征要素，需将以上要素作为一个整体对象定级，各要素不单独定级。

4. 工业控制系统

工业控制系统主要包括现场采集／执行、现场控制、过程控制和生产管理等特征要素。其中，现场采集／执行、现场控制和过程控制等要素需作为一个整体对象定级，各要素不单独定级；生产管理宜单独定级。

对于大型工业控制系统，可根据系统功能、责任主体、控制对象和生产厂商等因素划分为多个定级对象。

3.2.2 通信网络设施

对于电信网、广播电视传输网等通信网络设施，宜根据安全责任主体、服务类型或服务地域等因素将其划分为不同的定级对象。

跨省的行业或单位的专用通信网可作为一个整体对象定级，或分区域划分为若干个定级对象。

3.2.3 数据资源

数据资源可独立定级。当安全责任主体相同时，大数据、大数据平台／系统宜作为一个整体对象定级；当安全责任主体不同时，大数据应单独定级。

3.3 初步确定安全保护等级

3.3.1 定级方法概述

定级对象的安全主要包括业务信息安全和系统服务安全，与之相关的受侵害客体和对客体的侵害程度可能不同，因此，安全保护等级也应由业务信息安全和系统服务安全两方面确定。从业务信息安全角度反映的定级对象安全保护等级称为业务信息安全保护等级；从系统服务安全角度反映的定级对象安全保护等级称为系统服务安全保护等级。

定级方法的流程如图 3-2 所示。

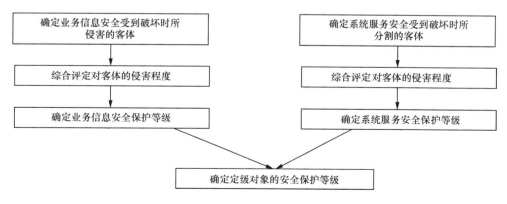

图 3-2　定级方法的流程示意图

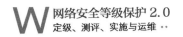
具体流程如下。

1. 确定受到破坏时所侵害的客体

（1）确定业务信息安全受到破坏时所侵害的客体。

（2）确定系统服务安全受到破坏时所侵害的客体。

2. 综合评定对客体的侵害程度

（1）根据不同的受侵害客体，评定业务信息安全被破坏时对客体的侵害程度。

（2）根据不同的受侵害客体，评定系统服务安全被破坏时对客体的侵害程度。

3. 确定安全保护等级

（1）确定业务信息安全保护等级。

（2）确定系统服务安全保护等级。

（3）将业务信息安全保护等级和系统服务安全保护等级的较高者确定为定级对象的安全保护等级。

3.3.2 确定受侵害的客体

定级对象受到破坏时所侵害的客体包括国家安全、社会秩序、公众利益以及公民、法人和其他组织的合法权益。

1. 侵害国家安全的事项

（1）影响国家政权稳固和领土主权、海洋权益完整。

（2）影响国家统一、民族团结和社会稳定。

（3）影响国家社会主义市场经济秩序和文化实力。

（4）其他影响国家安全的事项。

2. 侵害社会秩序的事项

（1）影响国家机关、企事业单位、社会团体的生产秩序、经营秩序、教学科研秩序、医疗卫生秩序。

（2）影响公共场所的活动秩序、公共交通秩序。

（3）影响人民群众的生活秩序。

（4）其他影响社会秩序的事项。

3. 侵害公共利益的事项

（1）影响社会成员使用公共设施。

（2）影响社会成员获取公开数据资源。

（3）影响社会成员接受公共服务等方面。

（4）其他影响公共利益的事项。

侵害公民、法人和其他组织的合法权益是指受法律保护的公民、法人和其他组织所享有的社会权利和利益等受到损害。

确定受侵害的客体时，首先判断是否侵害国家安全，然后判断是否侵害社会秩序或公众利益，最后判断是否侵害公民、法人和其他组织的合法权益。

3.3.3 确定对客体的侵害程度

1. 侵害的客观方面

在客观方面，对客体的侵害外在表现为对定级对象的破坏，其侵害方式表现为对业务信息安全的破坏和对系统服务安全的破坏。其中业务信息安全是指确保信息系统中信息的保密性、完整性和可用性等；系统服务安全是指确保定级对象可以及时、有效地提供服务，以完成预定的业务目标。由于业务信息安全和系统服务安全受到破坏时所侵害的客体和对客体的侵害程度可能会有所不同，在定级过程中，需要分别处理这两种侵害方式。

业务信息安全和系统服务安全受到破坏后，可能产生以下侵害后果。

（1）影响行使工作职能。

（2）导致业务能力下降。

（3）引起法律纠纷。

（4）导致财产损失。

（5）造成社会不良影响。

（6）对其他组织和个人造成损失。

（7）其他影响。

2. 综合评定侵害程度

侵害程度是客观方面的不同外在表现的综合体现，因此，首先根据不同受侵害客体、不同侵害后果分别确定其侵害程度。对不同侵害后果确定其侵害程度所采取的方法和所考虑的角度可能不同，例如，系统服务安全被破坏导致业务能力下降的程度可以从定级对象服务覆盖的区域范围、用户人数或业务量等不同方面确定；业务信息安全被破坏导致的财物损失可以从直接的资金损失大小、间接的信息恢复费用等方面进行确定。

在针对不同的受侵害客体进行侵害程度的评定时，可以参照以下不同的判别基准。

（1）如果受侵害客体是公民、法人或其他组织的合法权益，则以本人或本单位的总体利益作为判断侵害程度的基准。

（2）如果受侵害客体是社会秩序、公共利益或国家安全，则以整个行业或国家的总体利益作为判断侵害程度的基准。

不同侵害后果的 3 种侵害程度描述如下。

（1）一般损害：工作职能受到局部影响、业务能力有所降低但不影响主要功能的执行，出现较轻的法律问题、较低的财产损失、有限的社会不良影响，对其他组织和个人造成较低损害。

（2）严重损害：工作职能受到严重影响，业务能力显著下降且严重影响主要功能执行，出现较严重的法律问题、较高的财产损失、较大范围的社会不良影响，对其他组织和个人造成较高损害。

（3）特别严重损害：工作职能受到特别严重影响或丧失行使能力，业务能力严重下降或功能无法执行，出现极其严重的法律问题、极高的财产损失、大范围的社会不良影响，对其他组织和个人造成非常高的损害。

对客体的侵害程度由对不同危害后果的侵害程度进行综合评定得出。由于各行业定级对象所处理的信息种类和系统服务特点各不相同，业务信息安全和系统服务安全受到破坏后关注的侵害后果、侵害程度的计算方式均可能不同。各行业可根据本行业的信息特点和系统服务特点制定侵害程度的综合评定方法，并给出一般损害、严重损害、特别严重损害的具体定义。

3.3.4　初步确定等级

根据业务信息安全被破坏时所侵害的客体以及对相应客体的侵害程度，通过表 3-2 可得到业务信息安全保护等级。

表 3-2　业务信息安全保护等级矩阵表

业务信息安全被破坏时所侵害的客体	对相应客体的侵害程度		
	一般损害	严重损害	特别严重损害
公民、法人和其他组织的合法权益	第一级	第二级	第三级
社会秩序、公共利益	第二级	第三级	第四级
国家安全	第三级	第四级	第五级

根据系统服务安全被破坏时所侵害的客体以及对相应客体的侵害程度，通过表

3-3 可得到系统服务安全保护等级。

表 3-3　系统服务安全保护等级矩阵表

系统服务安全被破坏时所侵害的客体	对相应客体的侵害程度		
	一般损害	严重损害	特别严重损害
公民、法人和其他组织的合法权益	第一级	第二级	第三级
社会秩序、公共利益	第二级	第三级	第四级
国家安全	第三级	第四级	第五级

定级对象的安全保护等级由业务信息安全保护等级和系统服务安全保护等级的较高者决定。

3.4　确定安全保护等级

安全保护等级初步确定为第二级及以上的，定级对象的网络运营者需组织信息安全专家和业务专家对定级结果的合理性进行评审，并出具专家评审意见。有行业主管（监管）部门的，还需将定级结果报请行业主管（监管）部门核准，并出具核准意见。定级对象的网络运营者按照相关管理规定，将定级结果提交公安机关进行备案审核。审核不通过，其网络运营者需组织重新定级；审核通过后最终确定定级对象的安全保护等级。

对于通信网络设施、云计算平台 / 系统等定级对象，需根据其承载或将要承载的等级保护对象的重要程度确定其安全保护等级，原则上不低于其承载的等级保护对象的安全保护等级。

对于数据资源，综合考虑其规模、价值等因素及其遭到破坏后对国家安全、社会秩序、公共利益以及公民、法人和其他组织的合法权益的侵害程度确定其安全保护等级。涉及大量公民个人信息以及为公民提供公共服务的大数据平台 / 系统，原则上其安全保护等级不低于第三级。

3.5　等级变更

当等级保护对象所处理的业务信息和系统服务范围发生变化，可能导致业务信息安全或系统服务安全受到破坏后的受侵害客体和对客体的侵害程度发生变化时，需根据标准要求重新确定定级对象和安全保护等级。

W

网络安全总体
规划

第 **4** 章

4.1 总体安全规划工作流程

按照《信息安全技术 网络安全等级保护实施指南》工作流程，总体安全规划阶段的工作流程是根据信息系统的划分情况、信息系统的定级情况、信息系统的承载业务情况，通过分析，明确信息系统安全需求，设计合理的、满足等级保护要求的总体安全方案，并制订出安全实施计划，以指导后续的信息系统安全建设工程的实施（见图 4-1）。对于已运营（运行）的信息系统，需求分析应当首先分析判断信息系统的安全保护现状与等级保护要求之间的区分。

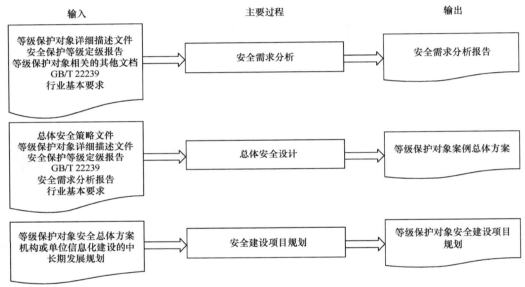

图 4-1　总体安全规划阶段的工作流程

4.2 系统安全风险及需求分析

4.2.1 系统安全风险分析

1. 安全技术风险分析

信息化技术快速发展，新技术的应用促使信息系统的业务服务模式也发生了很大变化，移动办公、虚拟化、大数据、云计算等新兴技术已经成为当今信息化建设和提供服务的主要模式。然而，新技术的应用并没有使信息系统更安全，相反，不仅传统的安全威胁依然存在，信息系统还面临着由于新技术、新服务模式的应用所带来的新的安全风险。

（1）信息安全风险

① 威胁分析

信息安全风险评估是围绕着资产、威胁、脆弱性和安全措施这些基本要素展开的，在对基本要素的评估过程中，需要充分考虑业务目标、资产价值、安全需求、安全事件、残余风险等与这些基本要素相关的各类属性。

信息安全风险分析原理如图 4-2 所示。

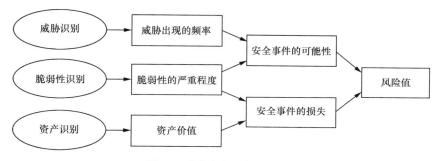

图 4-2　信息安全风险分析原理

由三者之间的关系可以得出以下结论。

a）业务目标的实现对资产具有依赖性，依赖程度越高，要求其风险越小。

b）资产是有价值的，组织的业务目标对资产的依赖程度越高，资产价值就越大。

c）风险是由威胁引发的，资产面临的威胁越多则风险越大，并可能演变成安全事件。

d）资产的脆弱性可能暴露资产的价值，其具有的弱点越多则风险越大。

e）脆弱性是未被满足的安全需求，威胁利用脆弱性危害资产。

f）风险的存在及对风险的认识导出安全需求。

g）安全需求可通过安全措施得以满足，需要结合资产价值考虑实施成本。

h）安全措施可抵御威胁，降低风险。

i）残余风险有些是安全措施不当或无效，需要加强才可控制的风险；而有些则是在综合考虑了安全成本与效益后不去控制的风险。

j）残余风险应受到密切监视，它可能会在将来诱发新的安全事件。

以下以某省某部门电子政务系统（以下简称 ××× 系统，如无特别说明，本书其他章节案例介绍均围绕此系统展开）为例，通过威胁主体、来源、途径等多种属性分

析 ××× 系统安全防护对象所面临的安全威胁。××× 系统的安全防护对象包括物理环境、通信网络、区域边界、计算环境，具体来说，物理环境包括机房、办公场所；通信网络包括广域网、局域网；区域边界包括互联网接入边界、其他专网接入边界、局域网内各安全域边界、无线接入边界等；计算环境包括服务器、终端、网络设备、安全设备自身，设备的操作系统、系统软件、中间件、数据库、应用系统及数据等。

安全威胁分析如表 4-1 所示。

表 4-1　安全威胁分析

威胁种类	威胁来源	防护对象	威胁描述
物理环境影响	环境因素	机房、办公场所、传输网络	对信息系统正常运行造成影响的物理环境问题和自然灾害
物理攻击	恶意人员	机房、办公场所	通过物理的接触造成对软件、硬件、数据的破坏
软硬件故障	环境因素	机房、办公场所、软硬件自身	对业务实施或系统运行产生影响的设备硬件故障、通信链路中断、系统本身或软件缺陷等问题
无作为或操作失误	非恶意人员	机房、软硬件自身、操作系统和系统软件、应用系统	应该执行而没有执行相应的操作，或无意地执行了错误的操作
网络攻击	恶意人员	广域网传输、局域网传输、互联网接入边界、其他专网接入边界、操作系统和系统软件	利用工具和技术通过网络对信息系统进行攻击和入侵
篡改	恶意人员	广域网传输、局域网传输、应用系统、数据	非法修改信息，破坏信息的完整性使系统的安全性降低或信息不可用
越权或滥用	恶意人员	局域网传输、网络架构、互联网接入边界、其他专网接入边界、内网安全域边界、操作系统和系统软件、应用系统、数据	通过采取一些措施，超越自己的权限访问本来无权访问的资源，或者滥用自己的职权，做出破坏信息系统的行为
恶意代码	恶意人员	操作系统和系统软件	故意在计算机系统上执行恶意任务的程序代码
抵赖	恶意人员	局域网传输、互联网接入边界、其他专网接入边界、内网安全域边界、应用系统、数据	不承认收到的信息和所做的操作和交易
身份假冒	恶意人员	互联网接入边界、其他专网接入边界、应用系统	伪造或盗取合法人员身份进行非法访问信息资源
泄密	恶意人员	数据	信息泄露给不应知悉的人
管理不到位	非恶意人员	全部	安全管理无法落实或不到位，从而破坏信息系统正常有序地运行

② 脆弱性分析

脆弱性分析是在充分评估现有资产及现有安全措施的基础上进行的，对资产和脆弱性的识别需要对信息系统进行深入的调研分析，并采用专业的技术工具检测评估系统的脆弱性。对于已经运行的信息系统，需要在安全评估的基础上，对照等级保护要求进行详细的差距分析，并结合系统实际面临的安全威胁，得出针对特定系统的安全风险。

③ 通用安全风险

对于采用传统网络架构的信息系统来说，随着国家实施"互联网＋"战略、电子政务、电子商务、互联网金融等互联网应用日新月异，传统的网络架构也发生了巨大变化，信息系统更加开放，面向更多的公众提供服务，接入网络更加复杂，终端分布范围更广且多样化，攻击者技术和手段不断提高。传统的安全架构和防护手段已经远不能应对新的安全风险，这些风险主要体现在以下几方面。

a）信息技术的快速发展使得安全边界不断扩大，传统的安全架构面临挑战。

在传统的信息系统网络架构中，局域网是单位办公的主要方式，信息系统的重要服务器和内部终端均部署在局域网内，对外互联的出口往往可控且较少。随着信息化的快速发展，终端范围不断扩大，传统意义上的安全边界已经不断外延，且政务、金融、企业对外服务及信息交互已经成为基本需求，系统对外的暴露面不断扩大，可被恶意人员利用攻击内部系统的途径也不断增加；传统的以防为主的安全架构受到了极大挑战，安全防御手段也明显不足，需要重新分析当前信息系统的架构，评估安全措施的有效性，实施以积极防御为主导思想的新的安全架构。

b）局部分散的防护措施无法应对更加多样化的攻击手段，安全需具备体系化建设思想。

信息系统是一个有机的整体，需要系统的、整体的安全保障体系，任何信息安全的短板都将成为攻击者的主要目标。安全防护的重要目标就是提高整个系统的"安全最低点"的安全保障能力，安全防护措施必须是有机的整体，是多层次纵深的防御体系，这样才能有效地避免和弥补安全短板。而企业在信息安全建设过程中往往为满足合规要求而堆砌安全产品，无法系统地、整体地规划安全体系，造成防护措施分散、无序，安全策略配置不到位、重复建设严重但安全短板依然存在，针对当前多样化的攻击手段，暴露出许多高风险点，需要进行整体的安全体系规划。

c）攻击防不胜防，安全监测、预警、响应能力成为关键。

"没有攻不破的网络,没有绝对的信息安全",这是信息安全业的普遍共识,随着攻击技术的提升,攻击者的团伙化、攻击技术的复杂化、攻击背景的国家化,使得攻击防不胜防,安全保障体系的最大作用是提高攻击者的攻击成本,减少信息安全风险带来的损失。单位也越来越意识到信息安全事件的发生是无法完全避免的,更加关注如何发现和快速处理信息安全事件,及时止损,降低影响。因此,安全监测、预警和响应能力成为主动防御的关键,这也是新等级保护的核心思想。

d)国家层面的网络攻击对抗不断升级,面临更严格的安全监管要求。

"没有网络安全就没有国家安全",国家层面的网络攻击对抗已经成为重要信息系统面临的主要风险,面对当今的信息安全形势,国家高度重视信息安全,不断加强监管,成立了国家层面的、多部门协同的信息安全领导组织,并相继出台了《中华人民共和国网络安全法》《网络安全等级保护条例》等法律法规,相关配套制度和标准也在不断完善。

(2)新技术、新威胁带来的安全风险

① 远程及移动办公安全风险分析

随着各类智能移动终端的快速普及,以及移动互联网的快速发展,人们越来越感受到移动终端给人们工作和生活带来的便利。但移动终端往往处在不受控的办公环境中,通过互联网连接到办公内网中,通过攻击移动终端及远程传输网络渗透到服务器系统,导致用户信息泄露,用户资产被盗的例子举不胜举。

此外,移动 APP 的互联性和易用性使其暴露在众多的网络安全风险和威胁之中,容易遭受病毒、木马、蠕虫等恶意程序的攻击,攻击者能够通过移动 APP 的安全漏洞入侵应用服务器,获取企业及个人用户的敏感信息,或通过技术手段对应用程序进行篡改,植入广告、盗链及数据窃取等功能,甚至对数据进行篡改,对信息系统进行恶意破坏,保护移动 APP 安全刻不容缓。

② 虚拟化技术安全风险分析

通过虚拟化技术可以生成一个和真实系统行为一样的虚拟机,虚拟机和真实的操作系统一样,同样存在着软件漏洞与系统漏洞。在关注宿主机安全的同时,必须像对待真正的操作系统一样加固虚拟机,给程序及时打补丁升级,以此来保障虚拟机的安全。

虚拟机之间的隔离主要通过虚拟化软件实现,软件的漏洞为攻击者提供了方便之门。虚拟机镜像、快照恢复的时候,由于缺乏及时的系统补丁,造成新创建的虚拟机极易受到攻击。

此外，传统网络可以通过交换机、IDS（入侵检测系统）等设备进行日常监测、审计，而虚拟主机间可能通过硬件背板而不是网络进行通信，这些通信流量对标准的网络安全控制来说是不可见的，因此，传统的安全防护措施毫无用处。

由于虚拟化环境自身的特性，单位需要充分考虑引入虚拟化所带来的风险，根据各个风险点带来的问题及威胁建设针对性的防护方案，以保障单位数据的安全及业务系统的平稳运行。

③ 新型攻击带来的安全风险分析

高级持续性威胁（Advanced Persistent Threat，APT）是一种典型的新型攻击模式，甚至已经成为各国面临的主要的信息安全威胁，其造成的破坏性和带来的危害远大于普通的安全事件。

APT 攻击可以绕过各种传统的安全检测防护措施，通过精心伪装、定点攻击、长期潜伏、持续渗透等方式，伺机窃取网络信息系统核心资料和各类情报。事实证明，传统安全设备已经无法抵御复杂、隐蔽的 APT 攻击。

传统的安全防御体系框架一般包括：接入控制、安全隔离、边界检测 / 防御、终端防御、网络审计、访问控制等；所涉及的安全产品包括：防火墙、IDS/IPS、杀毒软件、桌面管理软件、网络审计、双因素认证等。而 APT 攻击，其采用的攻击手法和技术都是未知漏洞（0 day）、未知恶意代码等未知行为，在这种情况下，依靠已知特征、已知行为模式进行检测的 IDS/IPS 在无法预知攻击特征、攻击行为模式的情况下，理论上就已经无法检测 APT 攻击了。

在国家新等级保护标准中，明确提出了"应采取技术措施对网络行为进行分析，实现对网络攻击特别是未知的新型网络攻击的检测和分析"，也就是应对当前信息安全威胁的新形势而提出的新的安全防护要求。

2. 安全管理风险分析

信息系统在建设和运营过程中，都面临着安全管理缺失带来的安全风险。

（1）系统建设期面临的安全管理风险

新系统的开发、新技术的应用、新的应用模式都加大了信息安全管理层面的难度和风险。

首先，新系统的开发时间紧、任务重，人员队伍建设无法迅速满足系统建设的需求，在很多环节上导致安全管理的缺失和不足，如应用系统在规划设计阶段未充分考虑安全功能的需求，导致系统在上线交付时无法满足安全要求，而系统已经开发完成，任何针对信息系统的重新设计或功能完善都将导致迭加的成本投入，甚至不可行。而在应用系统的整个开发过程中，代码编写不规范、人为设置的系统后门开发过程安全管理都是不可忽视的问题，如果不进行规范管理，系统上线后将导致各种安全问题。

其次，虚拟化、大数据、移动办公等新技术、新应用模式的应用，要求信息安全管理人员能充分认识到信息技术可能带来的安全技术风险和安全管理风险，传统的安全管理手段需要在新技术下进行调整和优化。如针对移动办公，安全管理边界明显扩大，安全管理要求必须配备技术手段的应用，此外，海量敏感的信息数据也需要严格的安全管理措施，在系统投入运营前，严格控制采用实际数据进行系统测试，并采取严格的人员管理措施。

（2）系统运营期面临的安全管理风险

系统投入运营后面临来自组织层面和系统运营层面的安全管理风险。

① 组织层面的安全管理包括安全策略、安全制度体系的建设和完善，以及安全管理机构的建设和人员安全管理。

首先，信息安全管理需要明确安全管理机构和专职的安全管理人员，目前，许多政府部门已经建立了比较完善的安全管理机构，并且配备了专职的安全管理人员，但随着系统规模的不断扩大，新上线系统的不断增加，人员不足已经成为普遍的问题。此外，内部人员的信息安全意识水平需要不断提高，事实证明，很多网络信息安全事件都是内部人员的疏忽或恶意行为导致的。

其次，随着单位信息化的快速发展，信息安全技术体系的不断完善，原有的安全管理策略和制度也需要不断完善。"三分技术、七分管理"，体现了信息安全管理的重要性，安全管理制度要体现和落实安全管理责任制，形成由安全策略、管理制度、操作规程、记录表单等构成的全面的信息安全管理制度体系，并切实执行落地。

② 系统运营层面的安全管理包括办公环境管理、资产管理、介质管理、设备维护管理、系统变更管理、配置管理、备份和恢复管理、应急管理等，体现在系统运营过程中的各个方面。运营安全管理的缺失可能导致信息系统崩溃，数据泄露、丢失，设备损害等风险，运营安全管理往往需要辅助技术手段措施，完善各操作环节的规章制度、安全配置基线，进行操作培训、安全培训、应急演练、备份与恢复演练。此外，还有加强对外包运维的管理。

3．系统运营风险分析

系统投入运营后，面对数量庞大的信息资产、海量的日志信息和复杂多变的策略体系，日常安全运营存在较大的安全隐患和风险，主要表现在以下几方面。

（1）数量庞大的资产信息无法完全掌控

单位的网络和业务越来越复杂，范围原来越广，变更越来越频繁；单位的安全管理员也常常搞不清楚单位内网的具体状况，如哪些资产是关键资产，哪些资产对外提供服务，哪些资产配置了安全策略等，如果连这些单位内网的基本环境都无法准确掌握的话，那就更谈不上对内部网络、资产的安全风险的掌握了。在这种情况下，攻击者即便是大摇大摆地出入企业的敏感数据区域也无人知晓，投入了大量资金建设的安全防御体系也成了摆设。因此，通过自动化的手段掌握全网的资产状况是系统安全运维的基础。

（2）分散多样的信息设备对策略的维护是巨大挑战

随着网络基础建设和网络安全控制的逐步健全，企业的网络环境规模和复杂度不断增加，部署在其中的防火墙及配置访问控制列表的路由交换设备日益增多。新的运维应用场景需求不断增加，加载于这些设备之上的网络安全策略规则也相应地变得更加繁冗和复杂。此外，实际的网络环境中，往往会跨越多个供应商、多个运维团队，管理控制方面呈现出多分支、多层级的复杂局面。策略控制的粒度日趋细化严格，网络复杂度不断增加导致运维效率更低，两者之间的矛盾在实际运维中会日趋明显。传统的依赖于人手动维护网络设备的管理方式将变得越来越难，且运维成本不断增加。

（3）高级威胁和未知病毒的检测和分析考验专业运维能力

随着攻击对抗技术的不断发展，越来越多的信息安全事件是由长期持续的、有组织的高级威胁和未知病毒所导致的，而面对这类问题，普通运维人员往往束手无策，攻击者的手段和变化形式越来越多样化，带来的危害也越来越大，仅依靠普通运维人员很难定位和解决这类安全问题，一旦安全事件得不到定位分析和处置，持续蔓延将可能造成重大损失，因此，在系统运营过程中，是否有及时发现问题的一线运维人员，以及能进行专业分析定位安全问题的技术专家是安全运维能力的集中体现，也是安全运营的重要因素。

（4）快速响应安全事件是安全运营的关键

本地化安全运维能确保对安全事件的应急响应速度，面对信息安全事件，快速响应和处置的能力体现在专业应急队伍的技术水平、应急服务网络的覆盖度、应急流程和体系的成熟度以及应急响应经验和资源准备情况等。针对×××系统庞大的网络结构和资产数量，专业应急队伍和应急支撑平台的建设是降低系统运营安全风险的必要措施，系统运营中应急技术能力的建设包括人员、工具、设备、流程、系统平台等多种因素，其中，人员是关键，但仅有人员，没有相关的工具、设备、应急指挥系统、应急预案等也无法提升系统运营过程中的应急响应能力，各因素缺一不可。

4.2.2 系统安全需求分析

1. 安全技术需求分析

×××系统是某单位重要的信息系统，承载着某单位的核心业务，并传输和存储着大量的敏感信息，面对来自信息系统内外部的各种安全威胁，以及新技术、新安全形势的发展，需要从多层级、多维度建设整体的、符合系统安全保护等级要求的安全防御体系。具体安全技术需求如下。

（1）物理和环境安全需求

物理和环境安全主要指由于网络运行环境和系统的物理特性引起的网络设备和线路的不可使用，从而会造成网络系统的不可使用，甚至导致整个网络的瘫痪。它是整个网络系统安全的前提和基础，只有保证了物理层的可用性，才能使得整个网络可用，进而提高整个网络的抗破坏力。

物理和环境安全包括机房选址、机房建设、设备设施的防盗、防破坏、防火、防水、电力供应、电磁防护等，需要在数据中心机房的建设过程中严格按照国家相关标准进行机房建设、综合布线、安防建设，并经过相关部门的检测和验收。

（2）通信网络安全需求

网络整体架构和传输线路的可靠性、稳定性和保密性是业务系统安全的基础，通信网络的安全主要包括以下内容。

① 网络架构安全

网络架构是否合理直接影响着是否能够有效地承载业务需要。因此网络结构需要具备一定的冗余性；带宽能够满足业务高峰时期数据交换的需求，并合理地划分网段和VLAN（虚拟局域网）。

② 通信完整性与保密性

由于网络协议及文件格式均具有标准、开发、公开的特征，因此数据在存储和传输过程中，不仅仅会面临信息丢失、信息重复或信息传送的问题，而且会遭受信息攻击或欺诈行为，导致最终信息收发的差异性。因此，在信息传输和存储过程中，必须要确保信息内容在发送、接收及保存时的一致性，并在信息遭受篡改攻击的情况下，提供有效的察觉与发现机制，实现通信的完整性。

而数据在传输过程中，为了能够抵御不良企图者采取的各种攻击，防止遭到窃取，应采用加密措施保证数据的机密性。

（3）区域边界安全需求

① 边界隔离与访问控制

边界安全包括对接入网络和外联的双重安全管控要求，随着移动办公的发展，网络范围不断延展，无线网络的使用相对传统办公而言，对网络边界的有效管控更是严峻的考验；对于一个不断发展的网络而言，为方便办公，在网络设计时保留大量的接入端口，这对于随时随地快速接入业务网络进行办公是非常便捷的，但同时也引入了安全风险，一旦外来用户不加阻拦地接入网络中，就有可能破坏网络的安全边界，使得外来用户具备对网络进行破坏的条件，由此而引入诸如蠕虫扩散、文件泄密等安全问题。因此需要对非法客户端实现禁入，同时，需要能够对内部用户非授权连到外部网络的行为进行限制或检查，并对无线网络的使用进行管控。

② 防入侵和防病毒

病毒的发展呈现出以下趋势：病毒与黑客程序相结合、蠕虫病毒更加泛滥。目前计算机病毒的传播途径与过去相比已经发生了很大的变化，更多的以网络形态进行传播，并且，一旦病毒通过网络边界传入局域网内部，就已经对信息系统造成了破坏，因此，病毒防护手段需要在系统边界进行部署，在网络层进行病毒查杀，防止感染系统内部主机。

此外，来自互联网、其他非可信网络的各类网络攻击也需要通过安全措施主动阻断针对信息系统的各种攻击，如病毒、木马、间谍软件、可疑代码、端口扫描、DoS/DDoS 等，实现对网络层及业务系统的安全防护，保护核心信息资产免受攻击的危害。

③ 网络安全审计

安全技术措施并不可能万无一失，一旦发生网络安全事件，需要进行事件的追踪与分析，针对网络的攻击行为和非授权访问等行为，需要在网络边界、重要网络节点上进行流量的采集和检测，并进行基于网络行为的审计分析，从而及时发现异常行为，规范正常的网络应用行为。

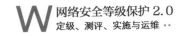
（4）计算环境安全需求

主机系统自身的漏洞一旦被攻击者利用，获取系统权限，将直接导致信息系统被破坏或数据泄露。此外，应用和数据是安全保护的对象，应用系统在开发过程中由于技术的局限性和开发管理的漏洞，总是存在一些安全漏洞，在系统上线后，被攻击者恶意利用，进而给单位的经济利益、业务，甚至声誉带来影响。

计算环境安全需求包括对主机和应用系统用户进行身份鉴别和访问控制、安全审计、对主机和各类终端的入侵防范和恶意代码防护、数据保密性和完整性保护、数据备份与恢复、剩余信息和个人信息保护。

① 主机身份鉴别

登录主机操作系统必须进行身份验证。过于简单的标识符和口令容易被穷举攻击破解。同时非法用户可以通过网络进行窃听，从而获得管理员权限，可以对任何资源非法访问及越权操作。因此必须提高用户名/口令的复杂度，并定期进行更换，或者采取更可靠的身份鉴别措施。

② 主机访问控制

主机访问控制主要是为了保证用户对主机资源的合法使用。非法用户可能企图假冒合法用户的身份进入系统，低权限的合法用户也可能企图执行高权限用户的操作，这些行为将为主机系统带来很大的安全风险。用户必须拥有合法的用户标识符，在制定好的访问控制策略下进行操作，杜绝越权非法操作。

③ 系统审计

登录主机后的操作行为则需要进行主机审计。对于服务器和重要主机需要进行严格的行为控制，对用户的行为、使用的命令等进行必要的记录审计，便于日后的分析、调查、取证，规范主机使用行为。

④ 恶意代码防范

病毒、蠕虫等恶意代码是对计算环境造成危害的最大隐患，当前病毒威胁非常严峻，特别是蠕虫病毒的爆发，会立刻向其他子网迅速蔓延，发动网络攻击和数据窃密。大量占据正常业务十分有限的带宽，造成网络性能严重下降、服务器崩溃甚至网络通信中断，信息损坏或泄露，严重影响正常业务的开展。因此除了在网络层采取必要的病毒防范措施外，还要在主机部署恶意代码防范软件进行监测与查杀，同时保持恶意代码库的及时更新。

⑤ 应用系统安全功能开发

应用系统在开发过程中需同步考虑安全功能的实现，包括系统用户管理、身份认证、访问控制和应用安全审计等相关功能，并在应用系统开发过程中通过采用密码技术实现数据的完整性和保密性。

实现对登录用户的身份标识和鉴别，身份标识具有唯一性，鉴别信息具有复杂度要求并定期更换；重要信息系统需要采用两种或两种以上组合的鉴别技术对用户进行身份鉴别，且其中一种鉴别技术至少应使用动态口令、密码技术或生物技术来实现。

提供访问控制功能，对登录的用户分配账号和权限；授予不同账户为完成各自承担任务所需的最小权限，并在它们之间形成相互制约的关系；访问控制的粒度应达到主体为用户级，客体为文件、数据库表级、记录或字段级。

提供安全审计功能，审计覆盖到每个用户，对重要的用户行为和安全事件进行审计；审计记录应包括事件的日期和时间、用户、事件类型、事件是否成功及其他与审计相关的信息。

提供数据有效性检验功能，保证通过人机接口输入或通信接口输入的内容符合系统设定要求；在故障发生时，应自动保存易失性数据和所有状态，保证系统能够恢复。

提供剩余信息保护功能，保证释放内存或磁盘空间前，上一个用户的登录信息和访问记录被完全清除或覆盖。

⑥ 数据完整性与保密性

数据是信息资产的直接体现，所有的措施最终无不是为了业务数据的安全。因此数据的备份十分重要，是必须考虑的问题。

通过采用校验码技术或密码技术保证重要数据在传输和存储过程中的完整性，包括但不限于鉴别数据、重要业务数据、重要审计数据、重要配置数据、重要视频数据和重要个人信息等。

通过采用密码技术保证重要数据在传输和存储过程中的保密性，包括但不限于鉴别数据、重要业务数据和重要个人信息等。

⑦ 数据备份和恢复

对于关键数据应建立数据的备份机制，而对于网络的关键设备、线路均须进行冗余配置，数据备份与恢复是应对突发事件的必要措施。

（5）集中安全管控需求

×××系统内部署着大量的安全设备和网络设备，各安全设备和网络设备每天采集大量的日志信息和流量信息，需要对设备进行统一的、集中的管控，主要包括以下几个方面。

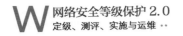
① 安全管理实现"三员"分离

该管理具备系统管理、安全管理和审计管理功能，功能权限分离，"三员"（系统管理员、安全管理员、审计管理员）分离，并能对"三员"进行身份鉴别和操作审计。

② 统一安全运营和管控的需求

对于资产规模和部署范围庞大的×××系统，必须建设统一的安全运营和管理中心，对全网资产、日志、事件信息进行统一的监测、检测、响应和分析，掌握全网的信息资产安全状况，及时发现和处置安全事件。

③ 集中安全策略管理需求

面对复杂的网络结构，多厂商安全设备，由人工进行安全策略的配置和动态调整，无论是从工作量和工作难度上来说都是不可接受的，需要能够采用自动化工具进行全网主要设备的安全策略自动下发和集中管理。

2. 安全管理需求分析

根据上述的针对建设期和运营期的安全管理风险分析，总结了以下安全管理需求。

（1）建设期安全管理需求

系统建设期包括系统的需求分析阶段、系统设计阶段、系统开发设计阶段、系统工程实施阶段、系统测试验收阶段和系统交付阶段，×××系统属于重要业务系统，在整个建设期间需要加强以下安全管理。

① 系统规划设计阶段需同步安全设计

在应用系统的需求分析阶段就需要同步考虑安全需求，并进行安全功能的规划和设计，并且在信息系统规划设计阶段，也需要同步考虑安全技术体系的设计，并在应用开发和系统建设过程中同步落实相关安全措施，安全产品和密码产品的选型要符合国家等级保护的相关要求。

② 加强外包软件开发管理

外包软件开发面临来自人为的恶意和非恶意的安全风险，数据表明，大部分软件开发都不可避免地存在代码漏洞，但严格的安全开发管理能大大降低应用系统漏洞带来的风险，因此，在外包软件开发过程中需要加强对开发人员、开发过程、编码规范、代码审查的管理，并要求外包厂商提供源代码。

③ 工程实施安全管理

在整个工程实施过程中，需要指定专门的部门和人员负责工程实施安全管理，指定工程实施方案控制安全工程实施过程，并引入第三方监理控制项目的实施过程。

④ 系统测试验收和交付管理

在系统正式上线前，需要进行必要的系统测试，制订测试验收方案，并依据测试验收方案实施测试验收，形成测试验收报告；需要进行上线前的安全性测试，并出具安全测试报告。在系统交付过程中，需要制订交付清单，并根据交付清单对所交接的设备、软件和文档等进行清点；对负责运行维护的技术人员进行相应的技能培训，确保提供了建设过程中的文档和指导用户进行运行维护的文档。

⑤ 系统测评和服务供应商选择

按照等级保护的要求，三级信息系统必须经过国家等级保护测评，并对不符合项进行整改，服务供应商的选择需要符合国家的有关规定。

（2）运营期安全管理需求

运营期指系统上线投入运营后到系统废止，运营期安全管理需要建设一整套信息安全管理体系并加以落实，且要按照等级保护和 ISO27001 的信息安全管理体系建设要求。信息安全管理体系包括信息安全方针和策略、信息安全制度、操作流程和规范、记录表单等分层级的信息安全管理制度系统。其中，每一层级文件都是对上一层级的具体化和落实，安全管理体系包括安全管理制度、安全管理机构、安全管理人员、安全运维管理等几个方面，每个方面都需要制定和落实相关的管理制度，信息安全制度体系与信息安全技术体系和信息安全运营体系相辅相成、缺一不可。

3. 安全运营需求分析

安全运营需求分析从技术角度分析系统上线运行后在整个较长的后续运营期间对安全运营的需求，主要包括以下几个方面。

（1）全面掌握信息安全资产需求

信息安全运营的前提是摸清网内信息资产的全貌，这些资产包括主机 / 服务器、安全设备、网络设备、Web 应用、中间件、数据库、邮件系统和 DNS 等。资产信息包括设备类型、域名、IP、端口、版本信息等，这是信息安全运营的前提和基础，而单位往往并不完全掌握这些资产信息，采用人工方式进行资产梳理对于庞大的信息系统既不可能，也不全面。因此，需要进行全网信息资产的自动化发现，并结合业务特点，对资产的重要性等情况进行梳理，形成资产清单，并能对变化进行周期性地监控。

（2）日常安全运营需求

单位信息系统上线后，需要对网络及系统进行日常安全运维，包括定期的系统安

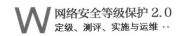
全评估、检查系统的配置是否满足安全防护的需求，定期检查设备的运行状态和系统漏洞情况，及时修补系统漏洞，对于应用系统新上线的功能模块或新上线的系统进行安全评估、代码审计，并在上线后定期进行渗透测试，针对暴露于互联网的 Web 应用，由于其面临的风险更大，还需要提供更专业、更实时的运维服务支撑。

（3）重要时期安全保障需求

对于重要行业，如政府、能源、教育、医疗、金融、广电等，重要时期的安全运营保障服务尤为重要，这是单位领导重点关注的工作。重要时期的安全运营保障包括事前、事中、事后整体的安全运营保障服务，需要更加全面的安全评估检查、渗透测试，以及应急演练、现场值守、应急处置和后续的工作总结等。重要时期的安全保障能力集中体现了单位安全运营的能力水平。

（4）专家级安全运营服务支撑需求

当前安全威胁形势已经发生了很大的变化，大部分安全事件都是由未知威胁或高级安全威胁导致的，如近两年发生的勒索病毒事件，单位内部的安全团队面对这样的威胁形势往往束手无策，一旦发生安全事件，如果无法及时处置，将导致不可估量的损失，对政府而言，还将导致政治影响和大量敏感数据的泄露。因此，新等级保护制度增加了单位对于未知威胁的检测、发现和分析能力的要求以及对日志的综合分析能力的要求。×××系统这类关键信息系统需要有专家级的安全分析和应急响应能力，在安全事件发生时，能将事件造成的损失和影响降至最低，并对安全事件进行分析溯源，防患于未然。

4.3 总体设计原则和思路

4.3.1 方案设计依据

设计过程必须按照国家的相关法律标准展开，在方案的设计过程中，既要考虑满足合规要求，又要符合单位的实际安全建设需求。

4.3.2 方案设计原则

×××系统安全防御体系设计以安全合规要求为基础，以实际业务安全需求为主导，构建信息安全等级保护深度防御体系。在建设过程中，遵循统一规划、统一标准、统一管理、适度保护、重点保护、强化管理的原则。除此之外，作为国家等级保护重点防护的信息系统，信息系统设计环节重点把握如下原则。

1. 统一性、整体性原则

×××系统是一个有机的整体，为适应目前及未来业务发展的需要，为业务系统提供可靠的安全保障，需要有一个完整的、可靠的安全体系。

对整个×××系统安全防御体系实行统一规划、统一标准，并进行一体化安全建设、安全管理和安全运营，按照总体规划、部署和要求，做好各层面的统一建设和管理工作。

2. 一致性原则

信息系统是一个复杂的计算机系统，它在物理上、操作上和管理上不同层次、不同位置上的种种漏洞构成了系统的安全脆弱性，尤其是多用户信息系统自身的复杂性、资源共享性使单纯的技术保护防不胜防。攻击者使用的是"最易渗透原则"，必然在系统中最薄弱的地方进行攻击。因此，充分、全面、完整地对系统的安全威胁和安全风险进行分析、评估和检测，这是设计信息安全系统的必要前提条件。安全机制和安全服务设计的首要目标是防止受到攻击，重要目标是提高整个系统的"安全最低点"的安全性能。

3. 多重保护原则

任何单一层次的安全措施都不是绝对安全的，都可能被攻破，必须建立系统性的安全防护措施，从多层次、多维度进行多重保护。各个层次的保护相互补充，形成统一协调的安全策略，避免防护短板，层层防护，即使某一层保护被攻破时，其他层保护仍可保护信息系统的安全。

4. 适应性及灵活性原则

×××系统的安全体系设计必须具备一定的冗余性和前瞻性，能随着网络性能及安全需求的变化而变化，要在整个系统内尽可能地引入更多的灵活自适应的因素，并具有良好的扩展性，能够为将来业务扩展提供足够的安全扩展能力。

4.3.3 方案设计思路

本项目在进行安全体系方案设计时，将根据国家信息安全等级保护相关要求，通过分析系统的实际安全需求，结合其业务信息的实际特性，并依据及参照相关政策标准，设计安全保障体系方案，综合提升信息系统的安全保障能力和防护水平，确保信息系统的安全稳定运行。具体设计将遵循以下思路。

1. **合规要求与业务风险分析相结合的设计思路**

信息安全风险分析是识别信息系统面临安全威胁和系统脆弱性的方法，通过风险分析方法可以全面掌握信息系统面临安全风险的全貌，并根据安全风险等级确定信息安全建设的重点，在等级保护建设中将采用《安全风险评估规范》中的信息安全风险评估模型，提取其中的关键要素，建立风险分析的最终方法。

在完成基于资产风险分析的基础上，对信息系统现状进行实际调研，掌握系统防护现状与等级保护基线要求间的实际差距，结合信息安全风险评估的方法，对信息系统进行全面的资产、脆弱性、威胁和业务风险等方面系统化的评估分析，发现基于业务的安全风险问题。将差距分析结果与风险评估结果进行充分结合与提炼，综合形成能够符合等级保护建设要求并充分保障业务安全的建设需求。

2. **纵深防御的安全体系设计思路**

信息系统安全体系建设的思路是根据分区、分域防护的原则，按照层次化的纵深防御的思想，建设纵深防御的安全体系（见图 4-3）。

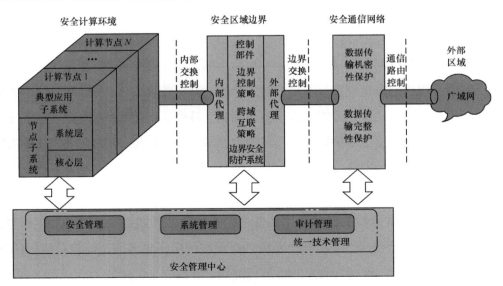

图 4-3　纵深防御的安全体系

按照信息系统业务处理过程将系统划分成安全计算环境、安全区域边界和安全通信网络 3 部分，以计算节点为基础对这 3 部分实施保护，构成由安全管理中心支撑的计算环境安全、区域边界安全、通信网络安全所组成的"一个中心、三重防护"结构。

3. 体系化安全保障框架设计思路

一个完整的信息安全体系应该是安全技术、安全管理、安全运营的结合，三者缺一不可。为了实现对信息系统的多层保护，真正达到信息安全保障的目标，国内外安全保障理论也在不断发展之中，根据信息系统的实际情况，参照国际安全控制框架的有关标准，符合信息系统的安全保障体系框架基本形成。

在方案设计中，"三个体系"（安全技术体系、安全管理体系和安全运营体系）既相对独立，又相互依赖和互补，共同形成整体的安全保障体系框架。

4. 安全体系叠加演进，以积极防御为主的设计思路

美国系统网络安全协会（SANS）提出的滑动标尺模型是网络安全保障建设的进化模型（见图4-4），它应用于网络安全建设者自我完善的发展过程。从最初的基础架构安全建设，到被动的合规性防御；再到由业务驱动的以监控为核心的积极防御；然后到采集威胁情报进行安全态势分析，掌控安全全局；最后就是进攻性防御阶段。每个阶段的建设都是在前一阶段的基础上，所以称为叠加演进。

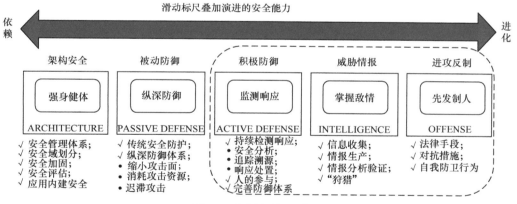

图 4-4　安全滑动标尺模型

等级保护制度经历了十几年的推广，大多数用户的安全建设已经进入第二阶段后期，有些重点行业已经到了第三阶段。因此，积极防御思想成为新等级保护制度的重要思想之一。传统的信息系统安全防护在各个技术控制点采用单一防护措施，而且主要是以安全产品的特征码和规则库进行防护，缺少把控动态安全的能力。当前，面对各种新的威胁形势，等级保护制度需要转变思路，进行积极主动防御。

（1）建立多维度防护体系，结合云端安全大数据产生威胁情报，提升自身的安全防护能力。

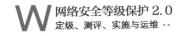
① 预警能力

利用云端的威胁情报、监控与检测、态势感知能力，赋予信息系统预警的能力，能够从海量的安全大数据中精确判断攻击行为，提前保护信息系统的安全。

② 防护能力

通过新技术产品进行替代并增强等级保护的安全技术控制措施，同时结合云防护的能力，提升整体的信息系统防护能力。

③ 溯源能力

利用威胁情报与本地全量数据进行整合，通过可视化分析技术，快速定位安全风险，形成智能的安全管理中心。

（2）改变传统安全运营的单兵作战，通过智能化安全运营、安全态势感知与防御协同联动，提升防护效率，降低运营成本。

4.4 安全防护体系总体设计

4.4.1 安全防护体系架构设计

信息系统安全保障体系是以"一个中心、三重防护、三个体系"为核心指导思想，构建集防护、检测、响应、恢复于一体的全面的安全保障体系。

"一个中心"指安全运营管理中心，即构建先进的、高效的安全运营管理中心，实现针对系统、产品、设备、策略、信息安全事件、操作流程等的统一管理。

"三重防护"指构建安全区域边界、安全计算环境、安全通信网络三位一体的技术防御体系。

"三个体系"指形成集安全技术体系、安全管理体系、安全运营体系于一个整体的安全防御体系，三个体系相互融合、相互补充。其中，安全技术体系是纵深防御体系的具体实现；安全管理体系是策略方针和指导思想；安全运营体系是支撑和保障。

安全防护体系架构如图4-5所示。

1. 安全技术体系

安全技术体系设计内容主要涵盖"一个中心、三重防护"，即安全运营和管理中心、计算环境安全、区域边界安全、通信网络安全。

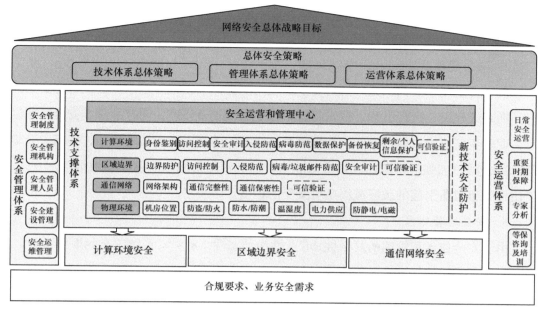

图 4-5　安全防护体系架构

（1）安全运营和管理中心

安全运营和管理中心是安全技术体系的核心和中枢，集安全监测中心、安全防御中心、安全运维中心和安全响应中心的功能为一体。

安全监测中心主要包括对系统、设备的安全监测和报警，并提供基于人工或工具的多层次的安全监测服务。

安全防御中心：在构建整体的技术防御体系的基础上，通过安全防御中心加强协调联动，进行积极主动防御，提升整体安全防御水平。

安全运维中心：实现安全运维操作的流程管理和标准化管理；实现自动化安全运维；实现运维策略可视化。

安全响应中心：采用"本地服务＋云端服务＋专家"的新型工作模式，结合云端的威胁情报、大数据提供及时的技术保障服务。

（2）三重防护

计算环境安全：为信息系统打造一个可信、可靠、安全的计算环境。从系统、应用的身份鉴别、访问控制、安全审计、数据机密性及完整性保护、资源控制等方面，全面提升信息系统在系统及应用层面的安全。

区域边界安全：从加强网络边界的访问控制粒度、网络边界行为审计以及保护网络边界完整性等方面，提升网络边界的可控性和可审计性。

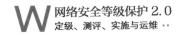
通信网络安全：从保护局域网和广域网的数据传输安全、整体网络架构可靠和可用等方面保障网络通信安全。

2. 安全管理体系

仅有安全技术防护，无严格的安全管理相配合，难以保障整个系统的稳定安全运行。在系统建设、运行维护、日常管理中都要重视安全管理，制订并落实安全管理制度，明确责任权力，规范操作，加强人员、设备的管理以及人员的培训，提高安全管理水平，同时加强对紧急事件的应对能力，通过预防措施和恢复控制相结合的方式，使由意外事故所引起的破坏减小至可接受的程度。

3. 安全运营体系

由于安全技术和管理的复杂性、专业性和动态性，×××系统安全的规划、设计、建设、运行维护均需要有较为专业的安全服务和运营队伍支持。基础的安全运营服务包括系统日常维护、安全加固、应急响应、安全评估、安全培训和安全咨询等工作。在系统建设上线后，安全运营体系需要逐步完善，以确保系统运行安全。

4.4.2 总体安全策略

1. 信息安全技术体系总体策略

① 以某部门网络环境及信息系统为保障对象，参照《信息安全技术 网络安全等级保护基本要求》中三级保护要求为控制要求，建设基础安全技术体系框架。

② 安全技术体系建设覆盖物理环境、通信网络、区域边界、计算环境和安全管理中心5个方面。

③ 通过业界成熟可靠的安全技术及安全产品，结合专业技术人员的安全技术经验和能力，系统化地搭建安全技术体系，确保技术体系的安全性与可用性的有机结合，达到适用性要求。

④ 建设集中的安全管理平台，实现对安全系统的集中管控和分权管理。

2. 信息安全管理体系总体策略

① 建立信息安全领导小组和信息安全工作组，形成等级保护基本要求的信息安全组织体系。

② 建立信息安全管理制度和策略体系，形成符合等级保护基本要求的安全管理制度要求。

③ 建立符合系统生命周期的安全需求、安全设计、安全建设和安全运维的运行

管理要求。

④ 系统安全建设过程应落实等级保护定级、备案、建设整改、测评等管理要求。

⑤ 系统安全运营过程应落实等级保护监督检查的管理要求。

3. 信息安全运营体系总体策略

① 通过互联网等领域所形成的新技术适当地提升安全能力，强化风险应对（监测、预警、防护、处置、溯源等）能力。

② 建立规范的信息化安全运营体系，以安全视角规范信息系统安全运营的整个过程，形成安全业务标准与流程。

③ 建立信息安全运营中心，安全运营实行分级保障，加强安全运营的可持续性建设。

4.5 安全建设项目规划

安全规划着眼于信息系统的长远安全目标，本节依照《信息安全技术 网络安全等级保护实施指南》，提出安全建设项目规划目标确定、内容规划、项目计划 3 个方面的具体内容并输出成果供读者参考。

4.5.1 安全建设目标确定

1. 活动目标

本活动是依据信息系统安全总体方案（一个或多个文件构成）、机构或单位信息化建设的中长期发展规划和机构的安全建设资金状况确定各个时期的安全建设目标。

参与角色：信息系统运营、使用单位，信息安全服务机构。

活动输入：信息系统安全总体方案、机构或单位信息化建设的中长期发展规划。

2. 活动描述

本活动主要包括以下子活动的内容。

① 信息化建设的中长期发展规划和安全需求调查

了解和调查单位信息化建设的现状、中长期信息化建设的目标、主管部门对信息化的投入，对比信息化建设过程中阶段状态与安全策略规划之间的差距，分析急迫和关键的安全问题，考虑可以同步进行的安全建设内容等。

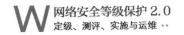
② 提出信息系统安全建设分阶段目标

制订系统在规划期内（一般安全规划期为 3 年）所要实现的总体安全目标；制订系统短期（1 年以内）要实现的安全目标，主要解决目前急迫和关键的问题，争取在短期内大幅度地提高安全性。

3. **活动输出**

本活动输出包括信息系统分阶段安全建设目标。

4.5.2 安全建设内容规划

1. **活动目标**

本活动的目标是根据安全建设目标和信息系统安全总体方案的要求，设计分期分批的主要建设内容，并将建设内容组合成不同的项目，阐明项目之间的依赖或促进关系等。

参与角色：信息系统运营、使用单位，信息安全服务机构。

活动输入：信息系统安全总体方案，信息系统分阶段安全建设目标。

2. **活动描述**

本活动主要包括以下子活动的内容。

（1）确定主要的安全建设内容

根据信息系统安全总体方案明确主要的安全建设内容，并将其适当地分解。主要的安全建设内容可能分解但不限于以下内容。

① 安全基础设施建设。

② 网络安全建设。

③ 系统平台和应用平台安全建设。

④ 数据系统安全建设。

⑤ 安全标准体系建设。

⑥ 人才培养体系建设。

⑦ 安全管理体系建设。

（2）确定主要的安全建设项目

组合安全建设内容为不同的安全建设项目，描述项目所解决的主要安全问题及所要达到的安全目标。对项目进行支持或依赖等相关性分析；对项目进行紧迫性分析；对项目进行实施难易程度分析；对项目进行预期效果分析；描述项目的具体工作内容、建设方案，形成安全建设项目列表。

3. 活动输出

活动输出包括安全建设项目列表（含安全建设内容）。

4.5.3　安全建设项目计划

1. 活动目标

本活动的目标是根据建设目标和建设内容，在时间和经费上对安全建设项目列表进行总体考虑，分到不同的时期和阶段，设计建设顺序，进行投资估算，形成安全建设项目计划。

参与角色：信息系统运营、使用单位，信息安全服务机构。

活动输入：信息系统安全总体方案，信息系统分阶段安全建设目标、安全建设内容等。

2. 活动描述

对信息系统分阶段安全建设目标、安全总体方案和安全建设内容等文档进行整理，形成信息系统安全建设项目计划。

安全建设项目计划可包括以下内容。

① 规划建设的依据和原则。

② 规划建设的目标和范围。

③ 信息系统安全现状。

④ 信息化建设的中长期发展规划。

⑤ 信息系统安全建设的总体框架。

⑥ 安全技术体系建设规划。

⑦ 安全管理与安全保障体系建设规划。

⑧ 安全建设投资估算。

⑨ 信息系统安全建设的实施保障等内容。

3. 活动输出

活动输出包括信息系统安全建设项目计划。

W

通用安全技术体系设计

第 **5** 章

本章将 GB/T 22239-2019《信息安全技术 网络安全等级保护基本要求》第一级至第四级（标准中没有第五级）相关通用技术要求进行整理和对比，并依照第三级安全要求对 ×××系统进行方案设计，供读者参考。

5.1 安全物理环境

5.1.1 安全物理环境技术标准

安全物理环境技术标准如表 5-1 所示。

表 5-1 安全物理环境技术标准

项目	第一级安全要求	第二级安全要求	第三级安全要求	第四级安全要求
物理位置选择	—	a）机房场地应选择在具有防震、防风和防雨等能力的建筑内； b）机房场地应避免设在建筑物的顶层或地下室，否则应加强防水和防潮措施	同第二级安全要求	同第二级安全要求
物理访问控制	机房出入口应安排专人值守或配置电子门禁系统，控制、鉴别和记录进入的人员	同第一级安全要求	在第一级安全要求的基础上调整： 机房出入口应配置电子门禁系统，控制、鉴别和记录进入的人员	在第三级安全要求的基础上增加： 重要区域应配置第二道电子门禁系统，控制、鉴别和记录进入的人员
防盗窃和防破坏	应将设备或主要部件进行固定，并设置明显的不易去除的标志	在第一级安全要求的基础上增加： 应将通信线缆铺设在隐蔽处	在第二级安全要求的基础上增加： 应设置机房防盗报警系统或设置有专人值守的视频监控系统	同第三级安全要求
防雷击	应将各类机柜、设施和设备等通过接地系统安全接地	同第一级安全要求	在第二级安全要求的基础上增加： 应采取措施防止感应雷，如设置防雷保安器或过压保护装置等	同第三级安全要求

续表

项目	第一级安全要求	第二级安全要求	第三级安全要求	第四级安全要求
防火	机房应设置灭火设备	在第一级安全要求的基础上调整和增加： a）机房应设置火灾自动消防系统，能够自动检测火情、自动报警，并自动灭火； b）机房及相关的工作房间和辅助房应采用具有耐火等级的建筑材料	在第二级安全要求的基础上增加： 对机房划分区域进行管理，区域和区域之间设置隔离防火措施	同第三级安全要求
防水和防潮	应采取措施防止雨水通过机房窗户、屋顶和墙壁渗透	在第一级安全要求的基础上增加： 应采取措施防止机房内水蒸气结露和地下积水的转移与渗透	在第二级安全要求的基础上增加： 应安装对水敏感的检测仪表或元件，对机房进行防水检测和报警	同第三级安全要求
防静电	—	应安装防静电地板并采用必要的接地防静电措施	在第二级安全要求的基础上增加： 应采取措施防止静电的产生，如采用静电消除器、佩戴防静电手环等	同第三级安全要求
温湿度控制	应设置必要的温湿度控制设施，使机房温湿度的变化控制在设备运行所允许的范围之内	在第一级安全要求的基础上调整： 应设置温湿度自动调节设施，使机房温湿度的变化控制在设备运行所允许的范围之内	同第二级安全要求	同第三级安全要求
电力供应	应在机房供电线路上配置稳压器和过电压防护设备	在第一级安全要求的基础上增加： 至少满足设备在断电情况下的正常运行要求	在第二级安全要求的基础上增加： 应设置冗余或并行的电力电缆线路为计算机系统供电	在第三级安全要求的基础上增加： 应提供应急供电设施
电磁防护	—	电源线和通信线缆应隔离铺设，避免互相干扰	在第二级安全要求的基础上增加： 应对关键设备实施电磁屏蔽	在第二级安全要求的基础上调整： 应对关键设备或关键区域实施电磁屏蔽

5.1.2　物理位置选择

1. 机房场地应选择在具有防震、防风和防雨等能力的建筑内。

2. 机房场地应避免设在建筑物的顶层或地下室，否则应加强防水和防潮措施。

机房所在的大楼具有防震、防风和防雨等能力。机房应采取铺设防水涂料，建立防水层保护等施工措施，加强了防水能力。同时，机房环境动力监控系统应具备漏水

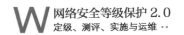
检测功能，将漏水检测带部署在机房地势最低洼处，一旦发生机房漏水或冷凝水，则会通过环境动力监控系统自动报警，通知管理人员处置。

5.1.3　物理访问控制

1. 机房出入口应配置电子门禁系统，控制、鉴别和记录进入的人员。

2. 重要区域应配置第二道电子门禁系统，控制、鉴别和记录进入的人员。

机房有一个出入口（如图 5-1 所示），内部划分为缓冲区、设备区。其中设备区内部署服务器、网络安全设备等关键设备，属于机房重要区域，设备区出入口配置第二道电子门禁系统，控制、鉴别和记录进入的人员。

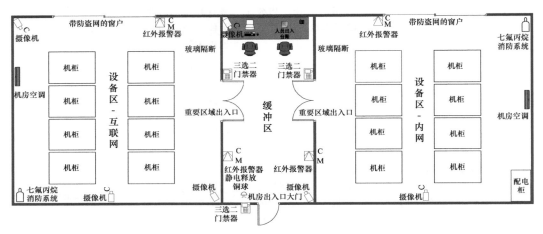

图 5-1　机房平面图

5.1.4　防盗窃和防破坏

1. 应将设备或主要部件进行固定，并设置明显的不易去除的标志。

2. 应将通信线缆铺设在隐蔽处。

3. 应设置机房防盗报警系统或设置有专人值守的视频监控系统。

4. 机房内所有设备和线缆按照统一格式打标签，标签使用黄色标签纸，用标签打印机打印出，避免手写或涂改，并将标签粘贴于设备表面明显处（通常粘贴在前面板或上面板）。具体设备和线缆标签格式见表 5-2 和表 5-3。

表 5-2　机房内所有设备统一粘贴设备信息标签

设备名称		设备用途		网络级别	内网 / 互联网
管理 IP		设备编号		责任部门及责任人	

表 5-3 所有设备网络接口 / 端口统一粘贴接口 / 端口标签

本端设备编号及 IP		对端设备编号及 IP		对端设备	
本端端口	FE0/4	对端端口	FE0/1	机柜号及配线架位置	

所有通信线缆均部署在线槽及架空铺设在机房桥架等隐蔽处，机房缓冲区、设备区均部署红外报警系统及视频监控系统，红外报警系统的警报端设置在大楼保安室，一旦发生安全事件，由安全人员第一时间接警处置。在机柜通道处，增设摄像头视频覆盖。视频监控服务器位于机房设备区，视频监控记录保存 6 个月。

5.1.5　防雷击

1. 应将各类机柜、设施和设备等通过接地系统安全接地。

2. 应采取措施防止感应雷，如设置防雷保安器或过压保护装置等。

3. 设备区的所有机柜和设备都有安全地线，电源采用 UPS，自带稳压及过压保护装置，可有效防止电压震荡及感应雷对信息设备的破坏。

5.1.6　防火

1. 机房应设置火灾自动消防系统，能够自动检测火情、自动报警，并自动灭火。

2. 机房及相关的工作房间和辅助房应采用具有耐火等级的建筑材料。

3. 机房应划分区域进行管理，区域和区域之间设置隔离防火措施。

4. 机房内设置了早期火灾预警系统，通过与环境动力监控系统联动，可自动发现并通过七氟丙烷气体自动消防灭火，通过声光信号自动向控制台报警及通过手机短信向管理员报警。

5. 机房区域划分为缓冲区和设备区，按分区管理，区域之间采用防火材料的隔断，具有物理隔离和防火隔离双重功能。

5.1.7　防水和防潮

1. 应采取措施防止雨水通过机房窗户、屋顶和墙壁渗透。

2. 应采取措施防止机房内水蒸气结露和地下积水的转移与渗透。

3. 应安装对水敏感的检测仪表或元件，对机房进行防水检测和报警。

4. 机房内窗户已长期关闭，并在边缘放置遇水变色的检测试纸，定期巡查机房。此外，机房地板低洼处部署了漏水检测线，可对漏水及凝结水自动报警。通知管理员

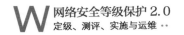
及时处置。机房精密空调单独建设了回水槽和防水坝，避免凝结水外溢到机房地板。此外，机房施工时，已做防水处理工艺。

5.1.8 防静电

1. 应安装防静电地板或地面采取必要的接地防静电措施。

2. 应采取防静电措施，如采用静电消除器、佩戴防静电手环等。

机房地面采用防静电地板，机房出入口安装有静电消除铜球，进入人员可提前释放静电。缓冲区办公桌内有防静电手环，可进一步消除及防止人体静电的产生。

5.1.9 温湿度控制

应设置温湿度自动调节设施，使机房温湿度的变化控制在设备运行所允许的范围之内。

机房内部署机房空调，24 小时运行，设置温度为 24° 恒温。空调内置状态监控，可自动监测运行状态，如出现设备故障可自动通过声音报警，并通过环境动力监控系统报警。

5.1.10 电力供应

1. 应在机房供电线路上配置稳压器和过电压防护设备。

2. 应提供短期的备用电力供应，至少满足设备在断电情况下的正常运行要求。

3. 应设置冗余或并行的电力电缆线路为计算机系统供电。

4. 应提供应急供电设施。

5. 机房供电线路上部署了 UPS 短期供电装置，包括 UPS 主机和配置电池，电池组支持机房全部设备 30 分钟电力供应，可应对临时短期断电。

6. 机房供电如有条件，可接两路市电，或者柴油发电机组，实现冗余供电。

5.1.11 电磁防护

1. 电源线和通信线缆应隔离铺设，避免互相干扰。

2. 关键设备或关键区域应实施电磁屏蔽。

项目中弱电线缆已实施综合集成布线工程，所有电源线与通信线缆均分开铺设，并且本项目所有垂直子系统布线均采用光纤，水平子系统采用超六类线缆，确保了数据通信不会被电力线缆电磁干扰。

项目中的关键设备指服务器、存储、VPN 加密机，均部署在屏蔽效能为 C 级的屏蔽机柜中，符合关键设备电磁屏蔽的相关要求。

5.2 安全通信网络

5.2.1 网络和通信安全技术标准

网络和通信安全技术标准如表 5-4 所示。

表 5-4 网络和通信安全技术标准

项目	第一级安全要求	第二级安全要求	第三级安全要求	第四级安全要求
网络架构	—	a）应划分不同的网络区域，并按照方便管理和控制的原则为各网络区域分配地址； b）应避免将重要网络区域部署在边界处，重要网络区域与其他网络区域之间应采取可靠的技术隔离手段	在第二级安全要求的基础上增加： a）应保证网络设备的业务处理能力满足业务高峰期的需要； b）应保证网络各个部分的带宽满足业务高峰期的需要； c）应提供通信线路、关键网络设备的硬件冗余，保证系统的可用性	在第三级安全要求的基础上增加： 应按照业务服务的重要程度分配带宽，优先保障重要业务
通信传输	应采用校验码技术保证通信过程中数据的完整性	同第一级安全要求	在第一级安全要求的基础上调整和增加： a）应采用校验码技术或密码技术保证通信过程中数据的完整性； b）应采用密码技术保证通信过程中敏感信息字段或整个报文的保密性	在第三级安全要求的基础上增加： a）应在通信前基于密码技术对通信的双方进行验证或认证； b）应基于密码模块对重要通信过程进行密码运算和密钥管理
可信认证	可基于可信根对通信设备的系统引导程序、系统程序等进行可信验证，并在检测到其可信性受到破坏后进行报警	可基于可信根对通信设备的系统引导程序、系统程序、重要配置参数和通信应用程序等进行可信验证，并在检测到其可信性受到破坏后进行报警，并将验证结果形成审计记录送至安全管理中心	可基于可信根对通信设备的系统引导程序、系统程序、重要配置参数和通信应用程序等进行可信验证，并在应用程序的关键执行环节进行动态可信验证。在检测到其可信性受到破坏后进行报警，并将验证结果形成审计记录送至安全管理中心	可基于可信根对通信设备的系统引导程序、系统程序、重要配置参数和通信应用程序等进行可信验证，并在应用程序的所有执行环节进行动态可信验证。在检测到其可信性受到破坏后进行报警，并将验证结果形成审计记录送至安全管理中心，并进行动态关联感知

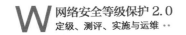
5.2.2 安全体系架构

为了对 ××× 系统实现良好的安全保障，参照等级保护的要求对系统安全区域进行划分设计，实现内部办公、数据共享交换与外部接入区域之间的安全隔离，并对核心区域进行冗余建设，用以保障关键业务系统的可用性与连续性。

1. 安全域划分原则

安全域由安全保护对象中安全计算环境和安全区域边界组成，根据安全域的描述可以对保护对象进行进一步的划分，同时使整个网络逻辑结构清晰。

安全域可以根据其更细粒度的防护策略，进一步划分成安全子域，其关键是能够区分防护重点，形成重要资源重点保护的策略。

安全域划分所遵循的根本原则有以下 6 项。

（1）业务保障原则

安全域划分的根本目标是更好地保障网络上承载的业务，在保证安全的同时，还要保障业务的正常运行和运行效率。

（2）适度安全原则

在安全域划分时会面临有些业务紧密相连，但是根据安全要求（信息密级要求、访问应用要求等），又要将其划分到不同安全域的矛盾。是将业务按安全域的要求强行划分，还是合并安全域以满足业务要求？必须综合考虑业务隔离的难度和合并安全域的风险（会出现有些资产保护级别不够），从而给出合适的安全域划分。

（3）结构简化原则

安全域划分的直接目的和效果是将整个网络变得更加简单，简单的网络结构便于设计防护体系。例如，安全域划分并不是粒度越细越好，安全域数量过多、过杂可能导致安全域的管理过于复杂和困难。

（4）等级保护原则

安全域划分要做到每个安全域的信息资产价值相近，具有相同或相近的安全等级、安全环境、安全策略等。

（5）立体协防原则

安全域的主要对象是网络，但是围绕安全域的防护需要考虑在各个层次上立体防守，包括在物理链路、网络、主机系统、应用等层次；同时，在部署安全域防护体系时，要综合运用身份鉴别、访问控制、检测审计、链路冗余、内容检测等各种安全功能实现协防。

（6）生命周期原则

对于安全域的划分和布防不仅仅要考虑静态设计，还要考虑不断地变化，另外，在安全域的建设和调整过程中要考虑工程化的管理。

2. ×××系统网络安全域划分

根据×××系统的网络整体安全需求并结合《信息安全技术　网络安全等级保护基本技术要求》和《信息安全技术　网络安全等级保护安全设计技术要求》中的相关要求，区域划分如下。

（1）远程用户接入区

该接入区包含互联网通信的路由设备和网络安全边界设备，与 DMZ 区、核心网络区有通信，向外连接互联网，向内连接外网 DMZ 区，负责×××系统对移动互联网用户的接入。

（2）DMZ 服务器区

DMZ 服务器区包含 DMZ 交换机和对外应用服务器，向外与其他单位专网有通信，直接连接专网接入区的边界设备，向内与安全管理区有通信。

（3）核心网络区

核心网络区包含核心交换机和安全设备，对网络信息系统起到数据通信的支撑作用。向外连接互联网接入区，负责内部网络与互联网的数据交互；向内连接业务服务器区、安全管理区、办公终端区等，主要负责各区域间的通信。这样部署提高了网络通信能力，增加了网络可靠性和安全性，为今后网络信息系统扩展提供了一个基础网络平台。

（4）安全管理区

安全管理区包含网络管理系统、防病毒系统、补丁升级系统、IDS 管理端、漏洞扫描系统等，与所有的区域都有通信，连接核心网络区。

（5）业务服务器区

业务服务器区向外连接核心网络区与其通信，这样调整增加了服务器区网络的稳定性同时具备更好的扩容能力。

（6）业务终端区

业务终端区包含楼层接入交换机，与业务服务器区和 DMZ 服务器区有通信，连接核心网络区。

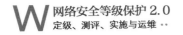

（7）共享交换区

共享交换区与其他网络，如视联网、其他专网进行数据共享交换，可供其他专网用户直接访问，通过两套网闸与内部应用逻辑隔离，分别由外向内导入和由内向外导出，连接核心交换区。

（8）专网接入区

业务与上级及下级进行通信，通过核心接入区与 DMZ 服务器区和业务服务器区连接。

5.2.3 网络通信安全

1. 基于专网的广域网传输安全

×××系统依托于电子政务外网，电子政务外网是与互联网逻辑隔离的专用网络，其广域网传输按照国家电子政务外网建设的相关规范要求进行建设，在整个传输链路上都有相关的传输加密的整体设计，符合等级保护对于通信传输加密的安全要求。

2. 基于互联网的广域网传输安全

（1）安全风险

随着远程办公、移动办公的普及，越来越多的单位内部的员工通过互联网接入内部办公系统，此外，随着业务规模的扩大，办公场所增加，不同地域的分支机构往往需要通过互联网将分散的办公地点进行网络互联。

×××系统由于业务需要，存在大量远程办公用户，这些用户通过互联网访问内部应用系统，远程办公方式为用户带来了很大便利，但是，也增加了安全风险。如果工作人员使用移动办公设备传输数据时发生了篡改，或者敏感数据发生泄露的话，后果将会非常严重。所以如何保证移动办公的远程传输安全、数据安全和身份安全等是单位需要考虑的重中之重。

（2）控制措施

通过部署安全接入网关（SSL VPN）可以实现远程用户的安全访问，从用户接入身份的安全性、终端设备的合法性、访问业务系统的权限合法性、业务数据传输的安全性等多个层面保障用户跨互联网远程接入的安全。主要控制措施如下。

① 采用密码技术，符合国家密码管理相关要求。为确保密码算法的安全性，远程传输加密的设备或组件除了需要支持 AES、DES、3DES、RSA 等多种国际主流的商用加密算法之外，还需要支持国密算法，包括 SM1、SM2、SM3、SM4 等。

② 数据远程传输加密保护。远程办公终端连接 VPN 以后，远程终端与网关之间采用加密传输协议进行数据传输，从而实现数据的保密性。

③ 数据远程传输完整性保护。远程办公终端在传输数据的过程中，通过采用校验码技术或密码技术对传输数据的完整性进行验证和保护。

④ 多因素认证，确保身份安全。采用多种认证方式的多因素组合认证，包括用户名密码方式、数字证书认证、指纹认证、Radius 动态口令等多种身份认证方式，支持采用密码技术的身份认证需求。

（3）产品部署

在互联网区部署安全接入网关（SSL VPN），实现非可信链路的传输层加密，确保信息通过互联网传输时的机密性和完整性。作为互联网远程接入解决方案的门户，为实现高可用性，可采用双机热备方式，根据实际业务场景选择"主—从"或"主—主"业务模式。

5.3 安全区域边界

5.3.1 安全区域边界技术标准

安全区域边界技术标准如表 5-5 所示。

表 5-5 安全区域边界技术标准

项目	第一级安全要求	第二级安全要求	第三级安全要求	第四级安全要求
边界防护	应保证跨越边界的访问和数据流通过边界防护设备提供的受控接口进行通信	同第一级安全要求	在第一级安全要求的基础上增加：a）应能够对非授权设备私自连到内部网络的行为进行检查或限制；b）应能够对内部用户非授权连到外部网络的行为进行检查或限制；c）应限制无线网络的使用，确保无线网络通过受控的边界防护设备接入内部网络	在第三级安全要求的基础上增加：a）应能够在发现非授权设备私自连到内部网络的行为或内部用户非授权连到外部网络的行为时，对其进行有效阻断；b）应采用可信验证机制对接入网络中的设备进行可信验证，确保接入网络的设备真实可信

项目	第一级安全要求	第二级安全要求	第三级安全要求	第四级安全要求
访问控制	a）应在网络边界根据访问控制策略设置访问控制规则，默认情况下除允许通信外，受控接口拒绝所有通信； b）应删除多余或无效的访问控制规则，优化访问控制列表，并保证访问控制规则数量最小化； c）应对源地址、目的地址、源端口、目的端口和协议等进行检查，以允许/拒绝数据包进出	在第一级安全要求的基础上调整和增加： a）应在网络边界或区域之间根据访问控制策略设置访问控制规则，默认情况下除允许通信外，受控接口拒绝所有通信； b）能根据会话状态信息为进出数据流提供明确的允许/拒绝访问的能力	在第二级安全要求的基础上增加： 应对进出网络的数据流实现基于协议和应用内容的访问控制	在第三级安全要求的基础上调整： 应在网络边界通过通信协议转换或通信协议等方式进行数据交换
入侵防范	—	应在关键网络节点处监视网络攻击行为	在第二级安全要求的基础上调整和增加： a）应在关键网络节点处检测、防止或限制从外部发起的网络攻击行为； b）应在关键网络节点处检测和限制从内部发起的网络攻击行为； c）应采取技术措施对网络行为进行分析，实现对网络攻击特别是未知的新型网络攻击的检测和分析； d）当检测到攻击行为时，记录攻击源IP、攻击类型、攻击目的、攻击时间，在发生严重入侵事件时应提供报警	同第三级安全要求
恶意代码和垃圾邮件防范	—	应在关键网络节点处对恶意代码进行检测和清除，并维护恶意代码防护机制的升级和更新	在第二级安全要求的基础上增加： 应在关键网络节点处对垃圾邮件进行检测和防护，并维护垃圾邮件防护机制的升级和更新	同第三级安全要求
安全审计	—	a）应在网络边界、重要网络节点进行安全审计，审计覆盖到每个用户，对重要的用户行为和安全事件进行审计； b）审计记录应包括事件的日期和时间、用户、事件类型、事件是否成功及其他与审计相关的信息； c）应对审计记录进行保护，定期备份，避免受到未预期的删除、修改或覆盖等	在第二级安全要求的基础上增加： 应能对远程访问的用户行为、访问互联网的用户行为等单独进行行为审计和数据分析	同第三级安全要求

续表

项目	第一级安全要求	第二级安全要求	第三级安全要求	第四级安全要求
可信验证	可基于可信根对边界设备的系统引导程序、系统程序等进行可信验证，并在检测到其可信性受到破坏后进行报警	可基于可信根对边界设备的系统引导程序、系统程序、重要配置参数和边界防护应用程序等进行可信验证，并在检测到其可信性受到破坏后进行报警，并将验证结果形成审计记录送至安全管理中心	可基于可信根对边界设备的系统引导程序、系统程序、重要配置参数和边界防护应用程序等进行可信验证，并在应用程序的关键执行环节进行动态可信验证，在检测到其可信性受到破坏后进行报警，并将验证结果形成审计记录送至安全管理中心	可基于可信根对边界设备的系统引导程序、系统程序、重要配置参数和边界防护应用程序等进行可信验证，并在应用程序的所有执行环节进行动态可信验证，在检测到其可信性受到破坏后进行报警，并将验证结果形成审计记录送至安全管理中心，并进行动态关联感知

5.3.2 边界访问控制

1. 边界防护与访问控制

（1）安全风险

边界是信息安全的第一道防线，所有访问内部应用的数据均会通过网络边界进入内部网络，随着攻击手段的不断演进，边界所面临的安全风险越来越高，频发突发、隐蔽性强、手段多样、实施体系化的复合型攻击，这已经成为当前网络边界威胁的主要特征。事实证明，每一次网络攻击的成功，都是攻击者通过技术手段数次突破网络边界防线的过程，传统的边界防御技术已经不能满足新的边界安全防护的需求。

（2）控制措施

针对新的边界安全威胁，边界访问控制已经成为基本安全措施，必不可少，但为了更加有效地应对当前的网络威胁，防火墙设备应当更加智能化、联动化，以满足安全有效性和防御实时性的切实需求。

当前，下一代防火墙技术已经逐步成熟，通过相关功能实现及策略配置，可实现上述要求，防火墙主要功能及配置要求如下。

① 访问控制

基于 IP、安全域、VLAN、时间、用户、地理区域、服务协议及应用等多种方式进行访问控制，一条安全策略可配置应用控制、入侵防护、URL 过滤、病毒检测、内容过滤、网络行为管理等高级访问控制功能，能对 HTTP、SMTP、POP3、IMAP、FTP、TELNET 协议进行细粒度的控制，过滤不受信任的网络行为。

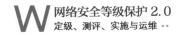
② 应用层访问控制

应用层访问控制能实现文件过滤、URL 过滤、邮件过滤等，以及实现针对主要的应用协议如 HTTP、FTP、POP3、SMTP、IMAP 等的双向内容传输过滤，可预定义或自定义敏感信息库。

③ 入侵防范

对于主要攻击能进行防范，该入侵防范包括 Flood(SYN Flood、ICMP Flood、UDP Flood、IP Flood)、恶意扫描（禁止 Tracert、IP 地址扫描攻击、端口扫描）、欺骗防护（IP 欺骗、DHCP 监控辅助检查）、异常包攻击（Ping of Death、Teardrop、IP 选项、TCP 异常、Smurf、Fraggle、Land、Winnuke、DNS 异常、IP 分片 ）、ICMP 管控（禁止 ICMP 分片、禁止路由重定向报文、禁止不可达报文、禁止超时报文、ICMP 报文大小限制 ）、应用层 Flood(DNS Flood、HTTP Flood)、SYN Cookie 等。

④ 负载均衡

基于 IP、ISP、应用、用户、服务等能实现多链路负载均衡、DNS 流量的负载均衡，以及基于服务器地址的负载均衡。

⑤ 高可靠性

防火墙具备双机热备功能，在路由和透明模式下支持"主—备""主—主"模式，能实现接口联动、链路探测。

⑥ 动态 QoS 功能

防火墙可配置带宽限制策略。策略类型包括共享型和独享型,用户优先级分为高、中、低，服务类型包括应用层的多种协议。在用户都满足保证带宽的情况下，高优先级用户将抢占中、低优先级用户带宽，中优先级用户将抢占低优先级用户带宽。当网络中存在空闲带宽时，防火墙系统会根据当前网络带宽分配情况，自动将空闲带宽分配给重要业务，保证重要业务的正常访问。

⑦ 支持 IPv6

防火墙能够支持完整的双栈协议，支持 IPv6 下的多种功能，如网络功能和安全功能，包括 IPv6 接口、IPv6 路由、IPv6 认证管理、IPv6 日志管理、IPv6 VPN、IPv6 安全功能及安全策略等。

⑧ 虚拟防火墙

虚拟防火墙具备虚拟系统功能，即将防火墙虚拟成多个相互隔离并独立运行的虚拟防火墙，每一个虚拟系统都可以为用户提供定制化的安全防护功能，并可配备独立的管理员账号。

⑨ 协同联动

防火墙能够实现与终端安全管理系统、云端的 URL 库、病毒库、应用识别库等资源协同联动，提升对已知威胁的识别效率，并能从网络层及时阻断在终端发现的威胁。

⑩ 日志管理

日志管理指对各类日志，如流量日志、威胁日志、URL 过滤日志、邮件过滤日志、行为日志等进行分析和日志外发，能基于 IP、用户、接口、地区、应用等过滤条件搜索自定义时间段内的历史日志。

各安全区域都应针对自身业务特点设定访问控制策略，表 5-6 描述了各安全区域之间的访问控制关系，在对各网络安全区域设置安全策略时，以此为参考原则进行设置。

表 5-6　网络安全区域设置安全策略原则

目的 源	核心交换区	DMZ 区	移动互联网接入区	专网接入区	共享交换区	安全管理区	业务服务器区	业务终端区
核心交换区	—	互通	互通	互通	互通	互通	互通	互通
DMZ 区	互通	—	互通	互通	禁止	禁止	禁止	禁止
移动互联网接入区	互通	互通	—	禁止	禁止	禁止	互通	互通
专网接入区	互通	互通	禁止	—	互通	互通	禁止	禁止
共享交换区	互通	禁止	禁止	互通	—	禁止	禁止	互通
安全管理区	互通	禁止	禁止	互通	禁止	—	互通	互通
业务服务器区	互通	禁止	互通	禁止	禁止	互通	—	互通
业务终端区	互通	禁止	互通	禁止	互通	互通	互通	—

访问控制策略应根据网络及业务变化和单位的安全基线进行合理配置和及时调整，删除多余或无效的访问控制规则，优化访问控制列表，并保证访问控制规则数量最小化。

（3）产品部署

防火墙一般部署在各安全域边界，在互联网接入区边界、安全管理区边界、核心业务区边界均建议单独部署防火墙设备，设置严格的访问控制规则，并定期进行策略的检查和优化。

2. 边界隔离与访问控制

（1）安全风险

×××系统作为×××单位重要的核心业务应用，其业务系统处理和存储了大量敏感业务信息，且需要与×××网进行频繁的业务数据的交换，但一旦与外网连接，将存在被恶意人员利用进行端口攻击、非授权访问等安全风险。为确保×××系统的核心业务数据安全，在设计上不能与其他网络直接互联，需要采用更高安全级别的产品来实现边界隔离，以确保核心业务边界不被非法侵入。

（2）控制措施

为保证数据信息实时传递的同时，实现强逻辑安全隔离，需要采用安全隔离与信息交换系统（网闸），保障"内外网安全隔离""适量的信息交换"。

安全隔离技术的工作原理是使用带有多种控制功能的固态开关读写介质连接两个独立的主机系统，模拟人工在两个隔离网络之间的信息交换。其本质在于：两个独立的主机系统之间，不存在通信的物理连接与逻辑连接和依据 TCP/IP 的信息包转发，只有格式化数据块的无协议"摆渡"。被隔离网络之间的数据传递方式采用完全私有的方式，不具备任何通用性。

网闸系统的主要功能包括以下几点。

（1）用户认证和授权

用户认证和授权能实现对网闸管理用户的多样灵活的身份认证，以及对设备自身的安全管理，认证方式包括本地用户名及口令认证、U-Key 认证、基于数字证书的认证、Radius 远程访问认证、LDAP 认证以及多方式结合的双因子认证等。

① 文件类型检查

网闸可对传输的文件进行类型检查，只允许符合安全策略的文件通过网闸传递，避免传输二进制文件可能带来的病毒和敏感信息泄露等问题。

② 高安全的文件交换

网闸可实现基于纯文件的交换方式，内网和外网的数据传输模块各自对文件进行病毒扫描、签名校验、文件类型校验、文件内容过滤，对符合要求的文件进行转发。为了避免网络漏洞，网闸不开放任何连通两侧的网络通道，在保证绝对安全的前提下，通过数据摆渡实现文件交换。

③ 数据库同步

网闸的数据库同步功能，完全内置于网闸内部，所有的同步操作由网闸自己独立完成，并能满足各种数据库同步工作的需要。由于是网闸自身发起的动作，所以网闸两侧不开放任何基于数据库访问或者定制 TCP 的网络服务端口，避免网络安全漏洞。

④ 传输方向控制

传输方向控制采用双通道通信机制，从可信网到非可信网的数据流与从非可信网到可信网的数据流采用不同的数据通道，对通道的分离控制保证各通道的传输方向可控。在特殊应用环境中可实现数据的单向传送，以避免信息的泄露。

⑤ 安全审计

网闸可根据特定的需要进行日志审计（包括系统日志、访问控制策略日志、应用层协议分析日志等），并能进行本地日志缓存，可实现本地日志的浏览查询等操作，以及日志的分级发送。

（2）产品部署

针对不同的业务场景，网闸有不同的部署方式，常见的部署方式如下。

① 数据库安全同步部署方式

针对电子政务等场景，该部署方式允许公众通过互联网提交服务申请并查询结果，但不允许直接访问核心数据库，可在核心数据库服务器和外部不可信网络间部署网闸，在 Web 服务区部署前置数据库，则来自互联网的用户只能通过 Web 服务器访问到前置数据库服务器。根据安全策略定时将前置数据库和核心数据库的内容进行同步，既可满足对外服务的要求又提供了安全保障。

② 文件安全交换部署方式

在内外网之间部署网闸系统，由安全管理员制定相应的信息交换策略，如交换方向、文件类型、只允许或不允许包含相应内容的文件通过等，可对文件进行内容检查、查病毒等处理，网闸定时进行文件交换。

5.3.3 边界入侵防护

1. 边界入侵防御

（1）安全风险

随着国家信息化的发展，网络攻击活动也愈演愈烈，而网络攻击造成的破坏性因信息化程度的高度集中也越来越大。主要呈现如下趋势：网络应用越来越复杂，单纯地依靠端口识别应用以达到攻击检测的目的不再有效；网络带宽的快速增长对入侵防护系统的处理能力带来挑战，仅依靠防火墙这样的边界防护设备实现网络攻击检测已经远远不能满足要求，具备大流量业务并发处理能力的专业设备尤其重要；除具备针对网络层 / 传输层的基础攻击防护外，针对应用层深度识别和防御能力越发重要。

因此，如何有效地对网络攻击行为、异常行为进行监测防御，是边界安全的重要一环。

（2）控制措施

在网络区域的边界处，需要通过部署入侵防御设备对网络攻击行为进行检测与阻断，并及时报警和产生详尽的报告。

入侵防御设备需要具备以下功能。

① 新一代检测分析技术

新一代检测引擎能结合异常检测与攻击特征数据库检测的技术，同时也包含了深层数据包检查能力，除了检查到第四层数据包外，能更深入检查到第七层的数据包内容，以阻挡恶意攻击的穿透，同时不影响正常程序的工作。

② 多层多类型攻击检测

多层多类型攻击检测可以检测多层多种类型攻击，如应用型攻击：包括 Web cc、http get flood、DNS query flood 等攻击；流量性攻击：包括 SYN Flood、UDP Flood、ICMP Flood、ARP Flood、Frag Flood、Stream Flood 等攻击；蠕虫连接型攻击；普通常见攻击：包括 ipspoof、sroute、land、TCP 标志位攻击、fraggle 攻击、winnuke、queso、sf_scan、null_scan、xmas_scan、ping-of-death、smurf、arp-reverse-query、arp-spoofing 等。

③ 双向攻击检测

通过对进出网络的流量进行采集分析，可对由内向外发起的网络攻击行为和由外向内发起的网络攻击行为均进行检测和告警。

④ 日志告警和阻断

网络入侵防御系统除了需要能检测和辨别出各种网络入侵攻击，保护网络及服务器主机的安全外，还需要提供完整的取证信息，提供客户追查黑客攻击的来源，这些信息包括黑客攻击的目标主机、攻击的时间、攻击的手法种类、攻击的次数、黑客攻击的来源 IP 地址等，并提供包括 Email/SNMP trap/ 声音等方式的告警。对于在线部署模式，可以对攻击行为进行实时阻断。

⑤ 高可用性

对于在线部署模式的设备，当出现软件故障、硬件故障、电源故障时，系统 bypass 电口自动切换到直通状态以保障网络可用性，能够避免单点故障，不会影响业务。

（3）产品部署

入侵防御系统支持在线部署和旁路部署，针对 ××× 系统的网络环境及业务需求，通过在互联网接入边界部署入侵防御系统，实现对网络事件的检测，入侵防御系统采用串接方式部署在防火墙和核心交换机之间，能够有效检测和阻断入侵攻击。

2. 高级威胁攻击检测

（1）安全风险

近年来，具备国家和组织背景的新型网络攻击日益增多，其中最为典型的为 APT 攻击，而 APT 攻击采用的攻击手法和技术都是未知漏洞（0 day）、未知恶意代码等，在这种情况下，依靠已知特征、已知行为模式进行检测的 IDS、IPS，在无法预知攻击特征、攻击行为模式时，理论上就已经无法检测 APT 攻击了。

APT 攻击的隐蔽性、持久性和复杂性远超普通的网络攻击行为，且针对的往往是政府、企业、金融等单位的关键应用系统，正是由于 APT 攻击的特点，其造成的破坏性往往也是巨大的，使单位、行业乃至国家安全面临严峻挑战，必须采用专门的技术措施对这类攻击进行检测、发现和分析，并能够追踪溯源。

（2）控制措施

通过部署专业的 APT 检测设备，实现对新型网络攻击行为的发现、分析、追溯，设备所需具备的功能包括以下几项。

① APT 攻击发现

由于 APT 攻击的复杂性和背景的特殊性，仅依赖于单一企业的数据经常无法有效地发现 APT 攻击，难以做到真正的追踪溯源，而从互联网数据进行发掘和分析，由于任何攻击线索都会有相关联的其他信息被互联网数据捕捉到，所以从互联网进行挖掘可极大地提升未知威胁和 APT 攻击的检出效率，而且由于数据的覆盖面更大，可以做到攻击的更精准溯源。

② APT 攻击定位、溯源与阻断

通过威胁情报的形式对各种攻击中常出现的特点和背景信息进行记录和传输，而威胁情报将通过统一的规范化格式将攻击中出现的多种攻击特征进行标准化，可对未来扩展攻击特征并进行精准攻击定位和溯源提供支撑。

对 APT 攻击的定位、溯源和阻断离不开专业的安全分析团队，需要能够针对用户网内发现的 APT 攻击等行为进行深度挖掘和分析，减少损失。

③ 未知恶意代码检测

针对新型攻击和病毒，需要采用机器学习等人工智能算法，通过恶意代码智能检测技术，对海量程序样本进行自动化分析，解决大部分未知恶意程序的发现问题。

④ 未知漏洞攻击检测

基于轻量级沙箱的未知漏洞攻击检测引擎对客户端应用中已知漏洞和未知 0 day 漏洞的攻击利用进行检测。

（3）产品部署

APT 攻击检测设备旁路部署在核心交换机上，对用户网络中的流量进行全量检测和记录，所有网络行为都将以标准化的格式保存于数据平台，云端威胁情报和本地文件威胁鉴定器分析结果与本地分析平台进行对接，为用户提供基于情报和文件检测的威胁发现与溯源的能力。

5.3.4 边界完整性检测

1. 网络安全准入

（1）安全风险

目前大多数企业构建的还是开放式的网络，这种开放式的网络为企业业务的开展带来便捷，但也有严重的安全风险，开放的内部网络访问已经严重影响到企业 IT 基础设施的稳定运行和数据安全，因此需要构建新一代的内部终端准入安全防御体系。

为了防止企业网络资源不受非法终端接入所引起的各种威胁，在有效管理用户和终端接入行为的同时，需采用技术手段保障终端入网的安全可信，同时达到规范化地管理计算机终端的目的。

（2）控制措施

针对网络层的非授权连接行为管控可以通过网络安全准入系统进行控制，网络安全准入系统可实现以下功能。

① 安全管理与访问控制

利用网络安全准入系统的动态检测技术和安全策略管理，可针对接入用户和终端进行网络访问控制。对不符合安全策略的计算机终端进行隔离，并友好提示，提供向导式的安全修复指引。拦截可疑的计算机终端或设备、恶意尝试认证的用户，支持强制下线和账号锁定功能。对接入用户进行动态 VLAN 的分配管理，有效地对网络访问权限进行控制。

② 终端安全合规检查

网络安全准入系统的安全检查策略会检测终端入网安全状态，能快速定位发现入网计算机终端的安全合规状态，并利用其本地防火墙隔离管控技术立即将该设备与网络上的其他设备隔离起来，只能够访问修复区，同时依照策略进行引导修复。对于已授权的合规终端，如发现运行阶段有不符合安全检查策略，可调用周期检查或定时检查引擎，对该终端的安全状态进行二次检查，其间如发现不合规进行再次隔离，禁止其访问企业核心资源，可提供安全检查结果详情和全网安全状态统计等日志报表。

③ 访客注册申请

针对外来人员临时性的访问需求，能够进行访客入网管理，包括访客用户注册申请、访客认证、用户审批流程，经管理员审批或系统自动审批后才能认证入网，审批结果可通过邮件通知用户。

④ 第三方认证源联动

能够实现多种认证源认证方式，包括本地用户、AD 认证、LDAP 认证、Email 认证、Http 认证，以适应不同网络环境，满足用户实名制认证、集中统一管理的入网需求。

⑤ 认证绑定管理

支持多种条件绑定认证，即用户和终端、交换机、VLAN、交换机端口等进行绑定认证，提高入网安全强度。

⑥ 设备例外管理

用户网络中存在大量的哑终端设备，如网络打印机、视频会议系统等设备，并分散在各地，能够提供设备的白名单管理，添加到白名单的合法设备可以直接接入网络，反之非法设备不允许接入，此方式可适应于多种认证技术方式，如 Portal 和 802.1x 认证方式。

⑦ 强制隔离

用户正常的 802.1x 认证成功后，如果认证会话没有过期，网络会持续可用，系统专有的认证客户端可以实时接收认证服务器的控制指令，管理员可以在任何时候强制在线的用户和终端下线、注销当前登录的网络账号，确保非正常情况下可对终端入网进行控制和强制隔离处理。

（3）产品部署

网络安全准入系统采用旁路部署，通过监听来发现和评估哪些终端入网符合遵从条件，判断哪些终端允许安全访问企业核心资源。不符合会被自动拦截要求认证或安装客户端才能进行访问，并可配置入网安全检查策略；不符合需进行隔离和修复，达

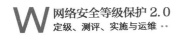
到合规入网的管理规范要求。

2. 违规外联检测

（1）安全风险

互联网应用已经渗透到社会生活的每一个角落，成为人们学习、工作和生活中不可或缺的工具，成为企业高效运营、提高竞争力的基础平台。互联网的开放性、交互性、延伸性为人们快速获取知识、即时沟通以及跨地域交流提供了极大的便利。与此同时，互联网的开放性与虚拟性也为单位和个人带来巨大的安全隐患，如果不对单位的互联网访问行为加以控制，将导致单位的数据、业务面临安全风险。

（2）控制措施

终端的非法外联可以通过终端安全管理系统或者采用专业的上网行为管理设备进行控制。终端安全管理系统可对终端的外联端口、外联能力进行检查和阻断，上网行为管理设备通过在网络出口处进行安全策略的配置，限制单位用户的外联访问行为，具体功能如下。

① 上网行为管理系统

- URL 访问审计与过滤

URL 访问审计与过滤采用 URL 分类数据库，通过管理员配置基于 URL 分类的控制策略（策略条件可包括用户、部门、时间段、访问类别、URL 关键字、网页内容关键字、下载文件类型等），进行 Web 访问控制，发现非法访问可进行阻断、记录或报警。

- 应用控制

应用控制是通过应用特征与行为特征对应用进行识别。所谓应用特征，是指在成序列的数据包的应用层信息中，存在有规律的字节特征，它可以唯一地标识某种应用协议；行为特征，是指连续多个包或者多个并发的网络连接表现出来的某种行为模式具有一定的规律性。通过这些行为模式可以识别特征值不明显的应用类型；通过精细化的控制策略设置，可以实现对单位应用访问的精细化管理。

- 内容审计和过滤

对内容的审计可以有效控制信息的传播范围，控制敏感信息的泄露，避免可能引起的安全风险，内容审计和过滤包括邮件收发审计和过滤、论坛发帖审计和过滤、搜索引擎关键字审计和过滤、HTTP 文件传输审计和过滤、FTP 文件传输审计和过滤等。

- 共享接入监控

共享接入是指使用 NAT 等技术将一个网络出口共享到多个主机，共享接入监控能够对接入网络的设备进行观察、控制，能够检测到一个用户或 IP 所共享的终端数量，并可以对数量做策略控制，以达到掌控用户终端数量的目的，在监控到用户使用的终端数量后，可以对此进行控制，屏蔽该用户的上网流量。

- 日志审计

能够完整地记录内网用户网络访问的日志，包括上网时间、网络流量、Web 访问记录、接收与发送的邮件等，为进一步的查询统计与报表分析提供了完整的基础信息。

② 终端安全管理系统

为了防止计算机终端轻易通过拨号、私设代理、多网卡通信等非法外联手段，造成内部机密外泄的情况发生，终端安全管理系统提供非法外联管控功能，可根据探测类型，使用对应的技术手段如域名解析，对传入的 IP 或是网址进行连接，如果连接成功则根据策略处理措施，进行对应的提示、断网或关机处理。

- 外联设备控制（可以禁用终端上可能运行的外联设备——冗余有线网卡、移动数据网卡、Modem 设备、ISDN 设备、ADSL 设备、Wi-Fi 及 SSID 等）。
- 外联能力探测（选择探测方式发现终端是否具有外联能力）。
- 外联控制措施（发现终端具有外联能力后的处理措施——提示、断网、关机）。

（3）产品部署

上网行为管理系统可以串接和旁路镜像部署在单位的互联网出口处。在串接模式下，串接方式能实现对上网行为的控制，并完整审计所有上网数据。串接包括网桥和网关两种模式，采用网桥模式时，当单位拥有两个互联网出口，且单位内部不同子网需要通过不同的互联网出口连接互联网时，上网行为管理系统可提供双入双出、双网桥的部署模式。通过一台设备即可同时管控两条链路内的用户互联网行为。

5.3.5　边界恶意代码检测

1. 安全风险

当前，病毒的产生速度、种类、危害程度已经发生了巨大的变化，电子邮件和互联网已经成为网络病毒传播的主要途径，由于网络传播的速度快，对于越来越多的混合型病毒和未知病毒更加难以防范，影响范围也更大，而病毒一旦进入网络内部植入主机，往往已经对单位造成了危害，因此，需要在网络边界处入手，及时检测出病毒，

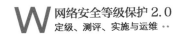
并切断传播途径，采取更加积极、主动的防病毒措施。

2. 控制措施

下一代防火墙一般均具有专业的 AV 模块，能在网络重要节点处（如互联网入口）进行病毒的检测和清除，但考虑到部分单位已有的防火墙性能不高，也可以采用专业的防病毒网关，在网络边界处进行病毒的检测和阻断。

下一代防火墙通过启用一体化安全防护策略，将反病毒、漏洞防护、防间谍软件、恶意 URL 防护等功能集成到一条策略，并基于优越的架构设计保障高性能的安全能力。

通过在互联网边界启用下一代防火墙的漏洞防护、防间谍软件、反病毒、URL 过滤等功能，基于本地安全引擎，能高效地拦截常见的漏洞入侵、间谍软件、病毒、木马、钓鱼网站、恶意 URL 访问等网络威胁。

同时，防火墙通过云端协同可以极大地提高特征库数量级，补充本地识别库，并提高防火墙对高级威胁的识别能力，以及防火墙拦截的精确度和高效性。

防火墙的特征库支持自动升级，定期进行病毒库的升级和系统的更新。

3. 产品部署

为实现对病毒的实时阻断，在互联网边界须串接防火墙、开启 AV 模块，或在防火墙后串接专业的防病毒网关，从网络层检测和阻断恶意代码。

5.3.6 网络安全审计

1. 安全风险

随着《中华人民共和国网络安全法》的颁布实施，安全审计已经成为网络安全建设的必要措施。随着威胁的多样化，传统信息安全以"防"为主的思路已经发生重大转变，在攻击防不胜防的情况下，持续监测、快速响应并追踪溯源成为新等级保护体系的主要思想，因而，安全审计变得尤为重要。

自《中华人民共和国网络安全法》实施以来，已经有许多单位因为安全审计没有达到合规要求而面临处罚，因此，新等级保护制度下，安全审计措施的缺失不仅仅使单位存在安全防护短板，更会给单位带来严重的合规风险。

2. 控制措施

网络安全审计系统通过镜像获取核心交换机上的数据流量，可对整个网络的流量进行审计分析，并对用户的行为进行审计。审计包括以下内容。

① 对用户的 HTTP、邮件、FTP、Telnet 等应用进行审计。

② 对远程桌面、QQ 等远程访问行为进行审计。

③ 对用户的互联网访问行为进行审计。

④ 本地日志可以通过 FTP、USB 等方式导出，支持将日志发送至外置日志存储系统，确保日志记录满足合规要求。

网络安全事件一般分布在网络的边界设备、安全设备、访问控制设备的日志中，除对网络流量中用户的行为进行审计分析外，发现网络安全事件也是网络安全审计的重要目标。集中安全审计系统通过收集网络设备、安全设备、服务器、应用系统等的日志信息，结合网络流量日志进行关联分析，可以快速发现网络安全事件，并进行定位和报警，相关功能描述可参见 5.5.3 节内容。

3. 产品部署

网络安全审计系统通过旁路部署在核心交换机，通过分析网络流量进行用户行为的分析审计。

5.4 安全计算环境设计

5.4.1 安全计算环境技术标准

安全计算环境技术标准如表 5-7 所示。

表 5-7 安全计算环境技术标准

项目	第一级安全要求	第二级安全要求	第三级安全要求	第四级安全要求
身份鉴别	a）应对登录的用户进行身份标识和鉴别，身份标识具有唯一性，身份鉴别信息具有复杂度要求并定期更换； b）应具有登录失败处理功能，并配置且启用结束会话、限制非法登录次数和当登录连接超时自动退出等相关措施	在第一级安全要求的基础上增加： 当进行远程管理时，应采取必要的措施，防止鉴别信息在网络传输过程中被窃听	在第二级安全要求的基础上增加： 应采用动态口令、密码技术、生物技术等两种或两种以上组合的鉴别技术对用户进行身份鉴别，且其中一种鉴别技术至少应使用密码技术来实现	同第三级安全要求

续表

项目	第一级安全要求	第二级安全要求	第三级安全要求	第四级安全要求
访问控制	a）应对登录的用户分配账号和设置权限； b）应重命名或删除默认账户，修改默认账户的默认口令； c）应及时删除或停用多余的、过期的账户，避免共享账户的存在	在第一级安全要求的基础上增加： 应授予管理用户所需的最小权限，实现管理用户的权限分离	在第二级安全要求的基础上增加： a）应由授权主体配置访问控制策略，访问控制策略规定主体对客体的访问规则； b）访问控制的粒度应达到主体为用户级或进程级，客体为文件、数据库表级； c）应对重要主体和客体设置安全标记，并控制主体对有安全标记信息资源的访问	在第三级安全要求的基础上调整： 应对所有主体、客体设置安全标记，并依据安全标记和强制访问控制规则确定主体对客体的访问
安全审计	—	a）应启用安全审计功能，审计覆盖到每个用户，对重要的用户行为和安全事件进行审计； b）审计记录应包括事件的日期和时间、用户、事件类型、事件是否成功及其他与审计相关的信息； c）应对审计记录进行保护定期备份，避免受到未预期的删除、修改或覆盖等	在第二级安全要求的基础上增加： 应对审计进程进行保护，防止未经授权的中断	在第三级安全要求的基础上调整： 审计记录应包括事件的日期和时间、类型、主体标识、客体标识和结果等
入侵防范	a）应遵循最小安装的原则，仅安装需要的组件和应用程序； b）应关闭不需要的系统服务、默认共享和高危端口	在第一级安全要求的基础上增加： a）应通过设定终端接入方式或网络地址范围对通过网络进行管理的终端进行限制； b）应提供数据有效性检验功能，保证通过人机接口输入或通信接口输入的内容符合系统设定的要求； c）应发现可能存在的漏洞，并在经过充分测试评估后，及时修补漏洞	在第二级安全要求的基础上增加： 应能够检测到对重要节点进行入侵的行为，并在发生严重入侵事件时提供报警	同第三级安全要求
恶意代码防范	应安装防恶意代码软件或配置具有相应功能的软件，并定期进行升级和更新防恶意代码库	同第二级安全要求	应采用免受恶意代码攻击的技术措施或主动免疫可信验证机制及时识别入侵和病毒行为，并将其有效阻断	应采用主动免疫可信验证机制及时识别入侵和病毒行为，并将其有效阻断

续表

项目	第一级安全要求	第二级安全要求	第三级安全要求	第四级安全要求
可信验证	可基于可信根对计算设备的系统引导程序、系统程序等进行可信验证，并在检测到其可信性受到破坏后进行报警	可基于可信根对计算设备的系统引导程序、系统程序、重要配置参数和应用程序等进行可信验证，并在检测到其可信性受到破坏后进行报警，并将验证结果形成审计记录送至安全管理中心	可基于可信根对计算设备的系统引导程序、系统程序、重要配置参数和应用程序等进行可信验证，并在应用程序的关键执行环节进行动态可信验证，在检测到其可信性受到破坏后进行报警，并将验证结果形成审计记录送至安全管理中心	可基于可信根对计算设备的系统引导程序、系统程序、重要配置参数和应用程序等进行可信验证，并在应用程序的所有执行环节进行动态可信验证，在检测到其可信性受到破坏后进行报警，并将验证结果形成审计记录送至安全管理中心，并进行动态关联感知
数据完整性	应采用校验码技术保证重要数据在传输过程中的完整性	同第一级安全要求	在第一级安全要求的基础上调整和增加： a）应采用校验码技术或密码技术保证重要数据在传输过程中的完整性，包括但不限于鉴别数据、重要业务数据、重要审计数据、重要配置数据、重要视频数据和重要个人信息等 b）应采用校验码技术或密码技术保证重要数据在存储过程中的完整性，包括但不限于鉴别数据、重要业务数据、重要审计数据、重要配置数据、重要视频数据和重要个人信息等	在第三级安全要求的基础上增加： 在可能涉及法律责任认定的应用中，应采用密码技术提供数据原发证据和数据接收证据，实现数据原发行为的抗抵赖和数据接收行为的抗抵赖
数据保密性	—	—	a）应采用密码技术保证重要数据在传输过程中的保密性，包括但不限于鉴别数据、重要业务数据和重要个人信息等 b）应采用密码技术保证重要数据在存储过程中的保密性，包括但不限于鉴别数据、重要业务数据和重要个人信息等	同第三级安全要求

项目	第一级安全要求	第二级安全要求	第三级安全要求	第四级安全要求
数据备份恢复	应提供重要数据的本地数据备份与恢复功能	在第一级安全要求的基础上增加： 应提供异地数据备份功能，利用通信网络将重要数据定时批量传送至备用场地	在第二级安全要求的基础上调整和增加： a）应提供异地实时备份功能，利用通信网络将重要数据实时备份至备份场地； b）应提供重要数据处理系统的热冗余，保证系统的高可用性	在第三级安全要求的基础上增加： 应建立异地灾难备份中心，提供业务应用的实时切换
剩余信息保护	—	应保证鉴别信息所在的存储空间被释放或重新分配前得到完全清除	在第二级安全要求的基础上调整和增加： 应保证存有敏感数据的存储空间被释放或重新分配前得到完全消除	同第三级安全要求
个人信息保护	—	a）应仅采集和保存业务必需的用户个人信息； b）应禁止未授权访问和非法使用用户个人信息	同第二级安全要求	同第三级安全要求

5.4.2 主机身份鉴别与访问控制

1．安全风险

信息系统主要面临的一个安全威胁就是身份信息被假冒，随着攻击技术的发展，对于常见的身份鉴别方式，如用户名＋密码，采用字典攻击等手段进行破解仅仅需要几分钟甚至更短的时间。因此，对于重要的操作系统和应用系统，用户的身份鉴别信息应具有不易被冒用的特点，采用口令或指纹等生物识别方式＋基于密码技术的身份鉴别手段实现双因素认证，这是实现身份安全可靠的重要手段。

×××系统的主机环境涵盖了服务器、终端和网络设备操作系统、系统软件、应用系统、数据库等。这些设备和系统用户在登录时，应进行身份鉴别，并对系统进行最小化授权。

×××系统涉及的所有系统用户（包括技术支持人员，如操作人员、网络管理员、系统程序员以及数据库管理员等）应当具备仅供个人或单独使用的独一无二的标识符（用户ID），以便跟踪后续行为，从而责任到人。

2. 控制措施

针对主机的双因素身份鉴别一般可采用专业的终端安全登录产品，终端安全登录产品可结合单位的 CA 系统实现基于数字证书的双因素认证，其所使用的密码设备应符合国家密码管理的相关要求。

针对主机访问控制的要求，采用服务器加固系统，并进行以下安全配置。

① 启用访问控制功能，依据安全策略控制用户对资源的访问。

② 根据管理用户的角色分配权限，实现管理用户的权限分离，仅授予管理用户所需的最小权限。

③ 严格限制默认账户的访问权限，重命名系统默认账户，修改该账户的默认口令。

④ 及时删除多余的、过期的账户，避免共享账户的存在。

⑤ 对重要信息资源设置敏感标记。

⑥ 依据安全策略严格控制用户对有敏感标记重要信息资源的操作。

重要的主机系统应采用专业的主机安全加固系统对主机进行整体安全防护，设置强制安全访问控制策略，从而使操作系统达到 B1 级高安全级别。数据库应进行安全配置，对于存储大量敏感数据的数据库采用安全数据库或数据库防火墙进行保护。

3. 产品部署

终端安全登录产品分为服务器端和客户端，服务器端作为重要的管理端设备一般部署在安全管理区，客户端部署在各业务终端上。

5.4.3 一体化终端安全防护

1. 安全风险

系统内部面临的各种威胁，尤其是大量的终端系统，面临着来自木马病毒的入侵、各种类型设备接入不同网络区域，不易管理、容易引发泄密等问题，需要人工维护各类系统进行补丁升级等工作所带来的巨大工作量等一系列问题都为单位终端安全管理带来了极大的挑战。

随着单位安全建设的推进，由于受条件和其他因素限制，在针对上述解决问题制定解决方案的时候，企业往往采取了分而治之的方式，某一类问题就采用一套独立的系统解决问题。现在再回顾的话，企业内部可能部署了多套系统，而这些系统甚至来自不同的厂商，彼此独立完成不同的功能。同时，这些各种各样的安全系统也为企业安全带来了一些新的问题。

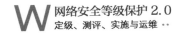
（1）终端被各种软件占据，资源耗费巨大

各系统均有独立的数据库、内存加载项、数据扫描行为等一系列资源需求，包括对磁盘存储需求、内存需求、CPU需求等，这些资源需求往往出于自身软件设计的考虑，极易导致对整体终端系统资源的较大消耗，影响用户实际使用体验，干扰用户正常业务工作。

（2）系统之间容易产生冲突

终端安全软件实现方式往往采用进程注入、API挂载、驱动挂载等系统级的处理方式，使得安全软件之间的兼容性，安全软件与其他软件的兼容性出现问题。譬如某软件安装后，其他软件出现功能无法使用、软件无法启动、系统蓝屏等问题。由于终端系统的复杂性，这种兼容性所带来的问题往往都比较难处理。

（3）系统之间独立，无法联动

安全从过去的孤立针对某个方面的防护已经全面进入大数据阶段，通过各种数据的整合、分析、处置是应对新型威胁的有效办法。而过去安全建设所产生的多种安全防护体系彼此孤立，无论从系统层面还是数据层面都无法进行有效整合，从而造成实际防护效果大打折扣，在应对未知威胁时捉襟见肘。

（4）管理维护困难

多个安全系统的存在意味着针对每个系统要有不同的运维管理的工作量，如系统的安全策略的定义、细化、调优、更改，系统的更新、日志管理、数据库管理等一系列工作。这无疑给安全管理人员提出了非常高的要求，这不仅仅增加了工作量，而且要求管理员在不同的系统之间进行管理切换，必须充分了解每个系统之间细微的差别，以确保对系统的设置不会出错。

2. 控制措施

综合分析单位面临的终端安全风险，需要一个综合的终端安全管理系统，以应对不同层面的安全需求，满足合规要求，而满足这些安全需求的同时，又不会割裂这些系统之间的关系，使得他们能在统一的安全环境中执行一致的安全策略，并互相协同，发挥最大的安全防护效率。

采用终端安全管理系统作为终端合规管控一体化解决方案。通过建设恶意代码防范体系、落实终端安全管理技术措施、启用统一终端运维、开启安全审计功能，来建设终端合规一体化体系。一体化终端安全管理的建设内容如下。

（1）终端恶意代码防范

全网部署终端安全管理系统客户端代理，通过集中管理端实现对病毒查杀策略、病毒库的统一升级管理。通过采用云查杀引擎、未知病毒检测等新技术，解决传统防病毒软件本地特征库对新型病毒查杀效果不明显的问题。

（2）终端统一安全管控

在终端安全管理系统的控制中心制定策略，进行全网终端的流量监控、非法外联监控、应用程序黑白名单控制、外设管控、桌面安全加固等。

（3）终端软件管理

通过策略配置和日志报表功能，管理员可以掌握网内软件使用情况，及时发现异常，保证企业内部网软件的正常运行和软件安全性，支持单位软件的统一分组、定时分发，并可实现自动安装应用以及强制卸载应用，帮助管理员按照企业规定管理终端用户软件的安装。

（4）统一补丁升级和管理

办公网络中存在各种不同类型的操作系统及不同版本的操作系统都需要进行全面的补丁管理，终端安全管理系统控制中心对全网计算机进行漏洞扫描，把计算机与漏洞进行多维关联，根据终端或漏洞进行分组管理，并且能够根据不同的计算机分组与操作系统类型将补丁错峰下发，并能实现对补丁库的统一升级和管理。

（5）终端统一安全运维

终端安全管理系统统一运维，实现全网终端硬件资产管理，并且通过远程协助功能，当终端需要远程帮助的时候，运维人员向终端用户发送远程控制请求，等终端用户确认后，协助 IT 维护人员高效地完成终端运维的工作。

（6）终端综合审计

终端安全管理系统通过综合审计功能，对终端用户的行为进行审计，审计内容包括软件使用日志、外设使用日志、开关机日志、系统账号日志、文件操作日志、文件打印日志、邮件记录日志等；并提供报表功能，对终端安全日志、漏洞修复、病毒日志、木马查杀、插件清除、安全配置、文件及应用日志、终端事件告警等信息进行报表统计。

3．产品部署

在网络内部部署终端安全管理系统控制中心和终端，终端通过控制中心连接到升级服务器进行升级、更新等。终端根据控制中心制定的安全策略，进行杀毒、修复漏洞、运维管控、移动存储管理等安全操作。

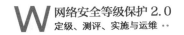
5.4.4　主机脆弱性评估与检测

1.　安全风险

漏洞是系统固有的弱点，是由软硬件开发设计缺陷导致的，而这些设计缺陷往往是不可能完全避免的，只能尽可能消除。这些漏洞有些是人为的，有些是技术能力所导致的，但一旦这些漏洞被人员恶意利用，都将会给系统带来巨大的威胁，而有目的的攻击组织行为往往利用未被公开的漏洞进行恶意攻击，造成的后果往往是灾难性的，因此，单位不允许持续发现和关注系统内的漏洞，尤其是高危漏洞，需及时地修补漏洞或者采取其他措施规避风险。

2.　控制要求

按照等级保护的要求，主机系统应定期进行漏洞评估并进行安全配置，这些要求包括以下内容。

① 应能发现可能存在的已知漏洞，并在经过充分测试评估后，及时修补漏洞。

② 应关闭不需要的系统服务、默认共享和高危端口。

3.　控制措施

漏洞扫描系统针对传统的操作系统、网络设备、防火墙、远程服务等系统层漏洞进行渗透性测试。测试系统补丁更新情况、网络设备漏洞情况、远程服务端口开放情况等，并进行综合评估，在黑客发现系统漏洞前提供给客户安全隐患评估报告，提前进行漏洞修复，预防黑客攻击事件的发生。

通过部署漏洞扫描系统，可以帮助用户快速建立针对自己网络的安全风险评估体系。

（1）发现内部资产

帮助用户快速发现内部资产，避免未知资产带来的安全风险，实现内部IT资产的标识和分类管理，方便安全扫描策略的部署和风险评估的进行。

（2）实现针对内部网络的脆弱性评估

通过漏洞知识库以及多样的漏洞扫描策略，针对网络设备、系统主机、应用程序等存在的漏洞和风险进行有效评估，并产生完善的评估报告，帮助用户建立起高效的安全漏洞管理解决方案。

（3）建立完善的漏洞管理和风险评估体系

通过定期的漏洞扫描和漏洞验证帮助用户形成规范的全网漏洞管理体系，并辅以风险报表以及解决方案建议，为用户提供了完整的从漏洞发现、验证到修复建议的流程。

（4）解决因漏洞造成的安全问题

实时扫描漏洞，定期评估安全漏洞帮助用户及时修复当前系统中存在的漏洞，避免漏洞问题造成的安全威胁和带来的安全隐患。

4．产品部署

漏洞扫描系统可旁路部署在待评估网络中的核心交换机上，网络可达待评估的主机、网络设备和系统软件。

5.4.5 虚拟机安全防护

1．安全风险

虚拟化技术的采用在传统计算架构上增加了一个新的虚拟化软件层，也就引入了新的攻击面，而且虚拟化软件层往往运行在核心态，具有最高特权，针对虚拟软件化层的攻击将直接对上层的虚拟机和应用带来安全威胁。

（1）核心的宿主机安全问题

一直以来，无论是虚拟化厂商，还是安全厂商都将安全的关注点放在虚拟机系统和应用层面，直到"毒液"安全漏洞的出现，才将人们的目光转移到宿主机。由于宿主机系统本身也都是基于 Windows 或 Linux 系统进行底层重建，因此宿主机不可避免地会面对此类漏洞和风险问题，一旦宿主机的安全防护被忽略，黑客可以直接攻破虚拟机，从而造成虚拟机逃逸，即进程越过虚拟机范围，进入宿主机的操作系统中。所以，宿主机的安全问题是虚拟化安全的根本。

（2）虚拟机之间的攻击问题

虚拟化就是将现有资源进行重复利用和系统应用集中化的过程，在向虚拟化迈进的过程中需要将原有物理服务器中的系统和应用进行数据迁移，当把不同安全等级或不同防护策略的虚拟机集中运行在同一台宿主机上时，就会出现安全问题。虚拟机和虚拟机之间的通信依靠虚拟交换机，由于虚拟交换机的宽泛性，所有的虚拟机都可以随时互相通信，那么当其中一台虚拟机感染病毒或存在漏洞时，攻击者便可以利用漏洞控制这台虚拟机，然后向宿主机上的其他虚拟机发起攻击。由于传统的硬件安全设备无法对虚拟机之间的交互进行检测防护，不能对其他虚拟机提供安全防护能力，攻击者就可以无阻地攻击其他虚拟机。

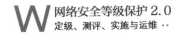
（3）漂移导致的安全域混乱

虚拟化技术带来了弹性扩展的特性，这是通过虚拟机漂移技术实现的，当宿主机资源消耗过高或者出现故障时，为了保证虚拟机上的业务稳定，虚拟机会漂移到其他的宿主机上。企业的数据中心在虚拟化后，一旦发生虚拟机漂移，原有安全管理员配置好的安全域将被完全打破，甚至会出现部分物理服务器和虚拟机服务器处于同一个安全域的情况。而依靠传统防火墙和 VLAN 的方式将没有办法维持原来的安全域稳定，使得安全域混乱，安全管理出现风险。

2. 控制措施

针对虚拟主机可以采用虚拟化安全管理平台系统对虚拟主机进行统一的安全防护。

虚拟化安全管理系统可以实现以下功能。

① 恶意软件防护：无须在虚拟机内部安装杀毒软件，防止其受病毒、间谍软件、木马和其他恶意软件的侵害，能实现恶意代码特征库的自动更新。

② 进程管控：支持白名单和黑名单方式，可针对不同的用户场景灵活配置管控规则，未被允许的进程将无法使用，彻底阻止勒索软件或其他恶意软件执行。

③ 防火墙：对虚拟机进行微隔离，不但能控制南北向流量，还可以控制云平台内部虚拟机之间的东西向流量。按照 IP 地址、端口、流量类型以及流量方向来配置防火墙规则。

④ 应用控制：对应用协议进行分类，针对分类配置阻断、放行策略，对于新增的应用，能自动应用分类的配置策略，自动更新应用解析的规则库，不断增加新应用的支持，及时识别更新后的网络应用。

⑤ 入侵防护：对已知的漏洞进行虚拟修补，在虚拟机系统及应用不进行安全补丁升级的情况下，防御针对漏洞的攻击。防护 SQL 注入，跨站脚本攻击及其他利用 Web 应用程序漏洞的攻击，并能及时防御针对最新漏洞的攻击。

⑥ DDoS 防护：对 TCP、UDP 和 ICMP Flood 攻击的防护，能针对每台虚拟机单独进行流量清洗。

3. 产品部署

虚拟化安全管理系统由管理中心和安全组件两部分组成。

（1）管理中心

管理中心接收安全组件上传的安全事件和网络流量日志，通过多维度、细粒度的大数据分析，并以可视化的形式展现给用户，从而帮助用户对已知威胁进行溯源，并对未知威胁进行预警。

（2）安全组件

安全组件安装在数据中心的每个计算节点和物理服务器上，接收管理中心配置的安全策略，对虚拟机或物理终端进行文件、网络和系统的安全防护，并将安全事件及行为日志上传到管理中心进行分析。

5.4.6　应用身份鉴别与访问控制

1.　安全风险

随着移动信息化的到来，企业办公也不局限于固定工位，办公人员可以在任何时间（Anytime）、任何地点（Anywhere）处理与业务相关的任何事情（Anything），从而打造 3A 办公新模式。

移动办公给企业员工带来方便的同时，随之而来的就是移动办公的安全问题，如何防范终端安全威胁、保障身份安全、管理用户权限、保护数据安全是每个企业所重点关注的，也是每个安全厂商亟须解决的问题。

2.　控制措施

需要实现对应用系统访问的双因素认证，采用身份认证服务系统可以实现对用户身份的统一管理和多种方式组合的强身份认证。

身份认证服务系统可以与安全接入网关（SSL VPN）共同构建应用身份解决方案，该解决方案主要实现以下功能。

（1）多因素身份认证

根据不同的应用场景，可以提供动态口令、数字证书、指纹、二维码等身份安全机制。

（2）口令传输安全加密

身份认证系统与终端间传输的认证信息进行加密处理，加密算法采用 RSA、DES、3DES、AES 等多种加密算法组合。为了满足国家信息安全的需要，系统同时支持 SM 系列国密算法，大大降低了认证信息被劫持和破译的风险。

（3）数据传输加密

在用户通过认证接入 SSL VPN 后，客户端和服务端通信，传输的数据都默认使用安全的 SSL 传输技术，确保用户账号密码、动态密钥、应用数据传输的高安全性

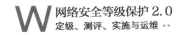
及稳定性。同时支持移动终端隧道控制策略，实现移动终端连接 VPN 以后，移动终端数据只能通过 VPN 传输，不能访问互联网，从而防止数据泄密。

同时，为了满足国密办信息安全的相关规定，加强密码算法的安全性，SSL VPN 完整支持国密算法，包括 SM1、SM2、SM3、SM4。

（4）访问控制

不同职责人员匹配不同业务应用，精细化访问控制技术能够细粒度控制接入到用户级、资源级，甚至下到 URL 和文件级的权限，这样不同的用户拥有不同的访问权限。

（5）虚拟工作区

为防止工作区的数据遗落到个人数据区，SSL VPN 采用虚拟工作区进行数据分离。个人数据与企业数据进行隔离，落地数据加密，第三方应用或转发到其他设备中无法打开查看。启用虚拟工作区之后，终端数据落地加密，数据采用 AES256 或者 SM4 加密算法，防止终端数据被拷贝而造成数据泄密。

当 VPN 客户端被卸载、设备进行了 Root 或者设备超过一定时间不能连接上网关的情况下，移动终端数据可以远程擦除，防止数据泄密。

3．产品部署

身份认证系统分为两部分：硬件平台与客户端 APP。硬件平台采用旁路部署在企业内网，与用户的业务系统 / 认证系统做到网络可达即可，客户端兼容支持 PC、平板、手机（Android 与 iOS 系统都可以）。

5.4.7　Web应用安全防护

1．安全风险

传统网络层对 Web 服务器的防护方式主要是，使用防火墙作为安全防护的基础设施，同时辅以 IPS 设备作为应用层安全检测设备，同时在服务器端安装杀毒软件作为最后一道防线。这样的解决方案存在如下弱点。

（1）防火墙设备对于开放端口的 Web 服务没有防护能力

一般的网络中都会部署防火墙作为安全防护设备，但防火墙仅能控制非授权 IP 对内不得访问，对外应用服务器可以访问。由于实现原理的限制，防火墙对于病毒或黑客在应用层面的入侵攻击"视而不见"。

（2）入侵检测防御系统（IPS）对于病毒的攻击行为反应缓慢

IPS 主要负责监测网络中的异常流量，对受保护的网络提供主动、实时的防护，特别是利用系统漏洞进行攻击和传播的黑客工具以及蠕虫病毒。由于 IPS 对 Web 的检测粒度很粗，随着网络技术和 Web 应用的发展复杂化，IPS 在更需要专业安全防护特性的 Web 防护领域已经开始力不从心了。

Web 服务器端是 Web 安全防护的重要环节，虽然 Web 服务器做了相关的安全防护，但服务器端的安全设置较为专业、复杂，一旦设置不合理，就使得 Web 服务器端很容易成为恶意攻击入侵的对象。

2. 控制措施

安全防护可以采用 Web 应用防火墙。Web 应用防火墙可针对 Web 应用实现以下防护功能。

（1）漏洞防护

Web 应用防火墙能够对 SQL 注入、跨站脚本、代码执行、目录遍历、脚本源代码泄露、CRLF 注入、Cookie 篡改、URL 重定向等多种漏洞攻击进行有效防护。

（2）攻击防护

Web 应用防火墙能够对用户请求提供多重检查机制和智能分析，确保对高安全风险级别攻击事件的准确识别率。针对 Flood 攻击、SQL 注入、跨站脚本、目录遍历等主要攻击手段，WAF 系统提供了有效识别、阻断并告警。

（3）网页代码检查

Web 应用防火墙能够对用 ASP、ASPX、JSP、PHP、CGI 等语言编写的页面，对用 SQL Server、MySQL、Oracle 等数据库构建的网站进行检查，能够在客户网站被挂马之前发现网站的脆弱点，从而使客户可以未雨绸缪，避免挂马事件的发生。

（4）访问加速

Web 应用防火墙通过在现有的互联网中增加一层新的网络架构，将网站服务器内容缓存到系统内存中，使用户可以就近取得所需内容，降低服务器的压力，解决互联网拥挤的状况，提高用户访问服务器的响应速度，从而解决由于网络带宽小、用户访问量大、网点分布不均等造成的用户访问网站响应速度慢的问题。

（5）挂马检测

多数攻击者在成功入侵并不采取直接的网站篡改，为了获取更多的经济利益往往采取比较隐蔽的方式，其最终目的是盗取用户的敏感信息，如各类账号密码，甚至使用户沦为攻击者的"肉鸡"。一旦网站服务器成为传播木马病毒的"帮凶"，将会严重影响网站的公众信誉度。

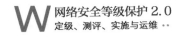
（6）网页防篡改

Web 应用防火墙内置有网页防篡改监控平台，可以对网页防篡改客户端进行实时监控。当网页防篡改客户端与 Web 应用防火墙的网络中断时，网页文件会被自动锁定，所有"写"的权限被封锁，只有"读"的权限。当网络恢复中，所有相关权限会自动下发，网站正常恢复更新。

3. 产品部署

部署采用纯透明串行接入模式，交换机上串行接入 Web 应用防火墙，所有 Web 请求和恶意访问攻击均由 Web 应用防火墙来承担处理，清洗、过滤后，Web 应用防火墙向真实的服务器提交请求并将响应进行整形、压缩等处理后送交给请求客户端。这样可以很好地防范来自互联网的威胁，保障网站安全、稳定、高性能地运行。

5.4.8　应用开发安全与审计

1. 安全风险

许多应用系统在设计之初往往只注重业务功能的实现，对系统安全功能的需求重视不够，在开发过程中没有进行安全功能的同步设计和实现，导致系统在上线后，自身安全机能不足，需要靠外挂安全机制进行弥补，既增加成本，又无法达到较好的效果。

应用系统承载着单位的重要业务，应用开发过程中也应按照"三同步"的原则，同步设计和开发安全功能，并在系统上线后同步进行应用安全配置。

2. 控制措施

在系统开发过程中，应当在设计阶段同步考虑安全功能的设计，并在系统编码阶段同步实现安全功能，按照等级保护的要求，应用系统应具备以下安全功能。

（1）身份鉴别

① 应对登录的用户进行身份标识和鉴别，身份标识具有唯一性，鉴别信息具有复杂度要求并定期更换。

② 应提供并启用登录失败处理功能，多次登录失败后应采取必要的保护措施。

③ 首次登录时应强制用户修改初始口令。

④ 用户身份鉴别信息丢失或失效时，应采用技术措施确保鉴别信息重置过程的安全。

⑤ 应采用两种或两种以上组合的鉴别技术对用户进行身份鉴别，且其中一种鉴

别技术至少应使用动态口令、密码技术或生物技术来实现。

（2）访问控制

① 应提供访问控制功能，对登录的用户分配账号和权限。

② 应重命名或删除默认账户，修改默认账户的默认口令。

③ 应及时删除或停用多余的、过期的账户，避免共享账户的存在。

④ 应授予不同账户为完成各自承担任务所需的最小权限，并在它们之间形成相互制约的关系。

⑤ 应由授权主体配置访问控制策略，访问控制策略规定主体对客体的访问规则。

⑥ 访问控制的粒度应达到主体为用户级，客体为文件、数据库表级、记录或字段级。

⑦ 应对敏感信息资源设置安全标记，并控制主体对有安全标记信息资源的访问。

（3）安全审计

① 应提供安全审计功能，审计覆盖到每个用户，对重要的用户行为和安全事件进行审计。

② 审计记录应包括事件的日期和时间、用户、事件类型、事件是否成功及其他与审计相关的信息。

③ 应对审计记录进行保护，定期备份，避免受到未预期的删除、修改或覆盖等。

④ 应确保审计记录的留存时间符合法律法规的要求。

⑤ 应对审计进程进行保护，防止未经授权的中断。

（4）入侵防范

应提供数据有效性检验功能，保证通过人机接口输入或通信接口输入的内容符合系统设定的要求。

（5）数据完整性

① 应采用校验码技术或密码技术保证重要数据在传输过程中的完整性，包括但不限于鉴别数据、重要业务数据、重要审计数据、重要配置数据、重要视频数据和重要个人信息等。

② 应采用校验码技术或密码技术保证重要数据在存储过程中的完整性，包括但不限于鉴别数据、重要业务数据、重要审计数据、重要配置数据、重要视频数据和重要个人信息等。

（6）数据保密性

① 应采用密码技术保证重要数据在传输过程中的保密性，包括但不限于鉴别数据、重要业务数据和重要个人信息等。

② 应采用密码技术保证重要数据在存储过程中的保密性，包括但不限于鉴别数据、重要业务数据和重要个人信息等。

（7）剩余信息保护

① 应保证鉴别信息所在的存储空间被释放或重新分配前得到完全清除。

② 应保证存有敏感数据的存储空间被释放或重新分配前得到完全清除。

（8）个人信息保护

① 应仅采集和保存业务必需的用户个人信息。

② 应禁止未授权访问和非法使用用户个人信息。

3．产品部署

第三方软件开发商应具备相应的开发资质，在应用开发过程中采用安全开发过程管理，并采用代码安全检测工具进行代码安全检测与审计，以及要求第三方开发厂商提供系统源代码。

5.4.9　数据加密与保护

1．安全风险

数据是单位的核心资产，也是攻击者的最终目标，数据分布在单位信息系统的各个组件中，被大量终端用户进行访问和处理，数据的分散性和流动性将导致数据在产生、处理、流转、存储等生命周期中各个环节都面临着巨大的安全风险，必须系统地、全面地对数据安全风险进行分析，并采取有效的措施保护数据安全。

2．控制措施

数据的完整性和保密性保护措施可以在应用系统开发过程中同步采取基于密码技术的相关功能实现，但数据保护是个复杂的过程，由于数据的分散性和流动性，在终端、网络、数据库等各层面也需要采用相关的数据防护措施。

建议通过以下具体的技术保护手段，在数据和文档的生命周期过程中对其进行安全相关防护，确保内部数据在整个生命周期过程中的安全。

（1）加强对于数据的分级分类管理

对关键敏感数据须设置标记，对于重要的数据应对其本身设置相应的认证机制。

（2）加强对于数据的授权管理

对文件系统的访问权限进行一定的限制，对网络共享文件夹进行必要的认证和授权。除非特别必要，可禁止在个人的计算机上设置网络文件夹共享。

（3）数据和文档加密

保护数据和文档的另一个重要方法是进行数据和文档加密。数据加密后，即使别人获得了相应的数据和文档，也无法获得其中的内容。

网络设备、操作系统、数据库系统和应用程序的鉴别信息、敏感的系统管理数据和用户数据应采用加密或其他有效措施实现传输保密性和存储保密性。

当使用便携式和移动式设备时，应加密或者采用可移动磁盘存储敏感信息。

（4）加强对数据和文档日志的审计管理

使用审计策略对文件夹、数据和文档进行审计，审计结果记录在安全日志中，通过安全日志就可查看哪些组织或用户对文件夹、文件进行了什么级别的操作，从而发现系统可能面临的非法访问，并通过采取相应的措施，将这种安全隐患减到最低。

（5）通信保密

用于特定业务通信的通信信道应符合相关的国家规定，密码算法和密钥的使用应符合国家密码管理的规定。

对于存在大量敏感信息的系统，还可针对信息系统和数据在使用过程中面临的具体风险进行整体地分析，采用专业的数据防泄密系统（DLP）对数据进行全生命周期防护。

5.4.10　数据访问安全审计

1.　安全风险

单位的大量敏感数据都保存在数据库中，数据库存在的安全风险主要表现在以下几个方面。

① 无法通过本地部署访问控制，及时发现或阻断超级用户对数据发起的访问。

② 分布式技术的部署，导致用户对数据的真实存储位置不可知。

③ 虚拟化技术的运用，使用户难以获知正与哪些其他用户共享相同的存储或处理设备，对于提供商在解决数据隔离保护问题方面部署措施的有效性更是难以获得充分、可信的信息。

2.　控制措施

数据库审计系统能够对业务网络中的各种数据库进行全方位的安全审计，具体包

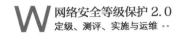
括以下信息。

① 数据访问审计：记录所有对保护数据的访问信息，包括文件操作、数据库执行 SQL 语句或存储过程等。系统审计所有用户对关键数据的访问行为，防止外部黑客入侵访问和内部人员非法获取敏感信息。

② 数据变更审计：统计和查询所有被保护数据的变更记录，包括核心业务数据库表结构、关键数据文件的修改操作等，防止外部和内部人员非法篡改重要的业务数据。

③ 用户操作审计：统计和查询所有用户的登录成功和失败尝试记录，记录所有用户的访问操作和用户配置信息及其权限变更情况，可用于事故和故障的追踪和诊断。

④ 违规访问行为审计：记录和发现用户违规访问，支持设定用户黑白名单，定义复杂的合规规则，以及支持告警。

3. 产品部署

一般情况下，数据库审计系统旁路部署在服务器区，对数据库访问行为进行审计。

5.4.11　数据备份与恢复

等级保护制度中，针对数据的备份和恢复要求，应用数据的备份和恢复应具有以下功能。

① 应提供重要数据的本地数据备份与恢复功能。

② 应提供异地实时备份功能，利用通信网络将重要数据实时备份至备份场地。

③ 应提供重要数据处理系统的热冗余，保证系统的高可用性。

目前，×××项目信息系统需要建立异地备份机房，实现数据信息和业务系统的实时备份，在本方案设计中，将对信息系统的网络架构采用冗余网络，其技术架构将完全满足备份和恢复的要求。

5.5　安全运营管理中心

5.5.1　安全运营管理中心技术标准

安全运营管理中心技术标准如表 5-8 所示。

表 5-8　安全运营管理中心技术标准

项目	第一级安全要求	第二级安全要求	第三级安全要求	第四级安全要求
系统管理	—	a）应对系统管理员进行身份鉴别，只允许其通过特定的命令或操作界面进行系统管理操作，并对这些操作进行审计； b）应通过系统管理员对系统的资源和运行进行配置、控制和管理，包括用户身份、系统资源配置、系统加载和启动、系统运行的异常处理、数据和设备的备份与恢复等	同第二级安全要求	同第二级安全要求
审计管理	—	a）应对审计管理员进行身份鉴别，只允许其通过特定的命令或操作界面进行安全审计操作，并对这些操作进行审计； b）应通过审计管理员对审计记录进行分析，并根据分析结果进行处理，包括根据安全审计策略对审计记录进行存储、管理和查询等	同第二级安全要求	同第二级安全要求
安全管理	—	—	a）应对安全管理员进行身份鉴别，只允许其通过特定的命令或操作界面进行安全管理操作，并对这些操作进行审计； b）应通过安全管理员对系统中的安全策略进行配置，包括安全参数的设置，主体、客体进行统一安全标记，对主体进行授权，配置可信验证策略等	同第三级安全要求
集中管控	—	—	a）应划分出特定的管理区域，对分布在网络中的安全设备或安全组件进行管控； b）应能够建立一条安全的信息传输路径，对网络中的安全设备或安全组件进行管理；	

项目	第一级安全要求	第二级安全要求	第三级安全要求	第四级安全要求
集中管控	—	—	c）应对网络链路、安全设备、网络设备和服务器等的运行状况进行集中监测； d）应对分散在各个设备上的审计数据进行收集汇总和集中分析； e）应对安全策略、恶意代码、补丁升级等安全相关事项进行集中管理； f）应对网络中发生的各类安全事件进行识别、报警和分析	在第三级安全要求的基础上增加： 应保证系统范围内的时间由唯一确定的时钟产生，以保证各种数据的管理和分析在时间上的一致性

5.5.2 设备安全运维与审计

1. 安全风险

在日常信息系统运维过程中，由于未进行安全运维，可能会带来以下安全问题。

① 特权账号的存在，操作系统自身难以实现权限最小化，从而导致过度授权、数据泄露等一系列安全风险。

② 运维过程引入第三方服务已是常态，运维人员的误操作、恶意操作行为时有发生。

③ 缺乏有效的审计和控制手段，系统无法满足等级保护需求。

2. 控制措施

运维审计堡垒机技术主要将运维人员与被管理设备或系统隔离开，所有的运维管理访问必须通过堡垒机进行。运维人员在操作过程中首先连接到堡垒机，由堡垒机进行身份认证和权限检查后，代替用户连接到目标设备完成远程管理操作，并将操作结果返回给运维人员，同时堡垒机对所有的运维操作及结果进行审计记录。

堡垒机实现了运维管理的集中权限管理和行为审计，同时也解决了加密协议和图形协议等无法通过协议还原进行审计的问题。堡垒机的主要功能包括以下几项。

（1）资产管理与统一访问

运维人员可以通过 B/S、C/S 两种方式登录堡垒机并进行服务器的安全管理工作。系统支持单点登录功能，运维人员登录系统时，只需输入一次系统的主账号，无须输入服务器的操作系统账号密码即可访问所有授权范围内的服务器等资源。

（2）身份管理

服务器账号和密码共享是一种普遍存在的现象，账号共享会导致安全事件无法清晰地定位责任人。堡垒机为每一个运维人员创建唯一的运维账号（主账号），并与服务器账号（从账号）均进行关联，确保所有运维行为审计记录均可定位至自然人，能够有效地解决账号共用问题。

（3）身份认证

堡垒机支持多种双因素身份认证方式：本地认证、短信认证、手机令牌、动态令牌、数字证书等。

（4）访问控制与授权

通过集中统一的访问控制和细粒度的命令授权策略，确保每个运维用户拥有的权限是完成任务所需的最合理权限。

（5）操作审计

管理用户的操作审计包括：事件查询、历史操作图形回放、审计报告。能按照不同方式进行事件查询，审计人员可以根据操作时间、源 IP 地址、目标 IP 地址、用户名（运维、主机）、操作指令等条件对历史数据进行查询，快速定位历史事件。

视频回放方式，可根据操作记录定位回放或完整重现运维、外包人员对远程主机的整个操作过程，从而真正实现对操作内容的完全审计。

（6）审计报表

堡垒机具有报表功能，内置能够满足不同用户审计需求的安全审计报表模板，可以自动或手动生成运维审计报告，便于管理员全面分析运维的合规性。

3. 产品部署

堡垒机采用旁路部署，运维操作本身不会产生大规模的流量，堡垒机不会成为性能的瓶颈。

5.5.3 集中安全运营与管理

1. 安全风险

信息系统上线运行后，面临大量的日常运维工作，随着信息化的发展，用户网络日益复杂，而各种安全威胁呈现爆发式增长，传统的安全运维工作面临着巨大挑战，网络中主要面临以下安全风险。

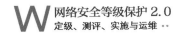
（1）复杂的网络环境让安全工作无从下手

政府的网络和业务越来越复杂，政府的安全管理员也常常搞不清楚企业内网的具体状况，如内部网络总共有多少互联网出口？总共有哪些资产？哪些服务器是重点服务器？网络中都有哪些常见行为？安全策略是否都已生效？……如果连这些企业内网的基本环境都无法准确掌握，那就更谈不上对内部网络、资产的安全风险的掌握了。在这种情况下，攻击者即便是大摇大摆地出入政府的敏感数据区域也无人知晓，投入了大量资金建设的安全防御体系也成了摆设。

（2）围墙式的防御体系不再适应当前的网络环境

传统的安全体系建设往往是根据不同业务的安全需求，将内网分割成不同的区域分而治之，大家认为只要在边界上做好了安全控制，就能实现攻击的有效检测和防御。但随着互联网＋时代的到来，云计算、移动互联网等新技术、新产品、新服务在企业或组织内部的应用越来越广泛，原来的边界已经变得非常模糊。虽然网络中部署了一些安全设备和系统，但这些设备和系统基本都是各自独立的，形成了一个个安全孤岛。对于一些复杂的攻击行为，依靠单一的安全设备往往不是难以发现问题就是产生过多误报。只有将这些安全孤岛整合起来，打通数据间的隔阂，形成企业或组织的全面数字安全感知体系，才能真正实现安全威胁的积极防御和有效应对。

2. 控制措施

态势感知与安全运营平台可以实现对系统的集中安全管控，其作为单位集中安全运营的主要技术支撑平台，可以实现以下功能。

（1）威胁管理

态势感知与安全运营平台提供面向威胁全生命周期的管理功能，可以通过多种威胁检测手段对威胁进行发现，并集中呈现全网的各种威胁情况。用户可结合各自需求对威胁进行筛选、标记和处置。同时该平台也支持针对威胁的处置工单下发，管理者可以指定对应威胁的处置责任人，通过邮件、短信、消息中心等方式进行通知，尤其是对威胁进行处理，并跟踪工单流转状态。该平台也支持根据设定的动作进行自动化通知下发告警，提升日常运营工作的效率。

（2）资产管理

资产管理是态势感知与安全运营平台的重要功能模块，能够提供对网内资产的扫描发现、手工管理、资产变更比对、资产信息整合展示等基本功能。资产发现部分，态势感知与安全运营平台可以通过 IP 扫描、SNMP 扫描、流量发现等手段对网内 IP

的存活情况进行跟踪，一旦发现超出当前管理范围的 IP，用户可以导出相关数据进行编辑后录入资产数据库。而对于已经录入资产数据库的资产，用户可以通过分组、标记等方式对资产做更加细致的管理，且该平台也会提供长期的与服务、流量、威胁相关的监控，所有与资产相关的监控数据在资产详情页均可查看。而且为了方便用户快速掌握资产信息，态势感知与安全运营平台上任何一个威胁如果涉及资产信息，用户均可直接在告警上查看到相关资产的基本信息并能够快速切换到资产页面查看对应的详情。资产详情中将展现资产属性基本信息、资产相关告警信息、资产相关漏洞信息及资产相关账号信息，可视化呈现资产的多维度信息。

（3）拓扑管理

态势感知与安全运营平台可以对单位网络拓扑进行扫描和发现，用户可以将管理好的资产直接添加到任何一个自定义网络拓扑中，并对拓扑进行相关编辑。在拓扑管理页面，用户可以连接任意资产、调整拓扑的展示布局、隐藏连接关系、隐藏资产名称、查看资产详情，完成拓扑绘制相关的所有工作。同时为了实现逻辑拓扑和实际拓扑的映射，态势感知与安全运营平台提供了实际拓扑与逻辑拓扑图映射的功能，用户可以将实际拓扑上的关键设备映射到逻辑拓扑图上的指定区域，以此帮助用户快速理解实际拓扑对应的管理责任。拓扑管理生成的拓扑图在态势感知模块中将作为重要展示元素结合风险值进行展示，以从宏观层面体现企业内网的安全情况。

（4）漏洞管理

态势感知与安全运营平台能够直接调度指定厂家的漏洞扫描器，实现扫描任务的创建和下发。同时该平台支持导入多种厂家的漏洞报告，并且支持灵活自定义的漏洞报告解析规则，可以轻松适配不同用户的漏洞管理需求。对于导入的漏洞，该平台将按照资产的情况进行漏洞的归并展示，帮助用户直观地掌握资产漏洞情况。漏洞详情描述支持关联查询漏洞知识库，漏洞详细信息为处置提供依据。该平台支持针对漏洞进行处置状态管理、处置任务的工单下发，实现漏洞的闭环管理。

（5）日志搜索

态势感知与安全运营平台提供了针对事件／流量日志／终端日志的查询、检索模式，分别为快捷模式、高级模式及专家模式。用户可以使用快捷模式对日志中的各种字段进行查询。高级模式中支持"与或非"等逻辑语法，精确匹配、模糊匹配、通配符查询多种匹配方式，同时支持时间段、地址区间、数值范围等一系列区间查询，为用户提供了多样化的查询条件。态势感知与安全运营平台创新提供了专家模式搜索，通过学习成本较低的类 SQL 数据分析语言，实现数据累加求和、排序、筛选、剔除重复数据、计算差值、替换空值、格式化、提取正则表达式、比较差异、计算相关性等统计计算功能，并支持查询结果的可视化展现。

为了方便用户的查询操作，态势感知与安全运营平台提供搜索欢迎页面和搜索帮助中心，可快速了解快捷模式、高级模式、专家模式的使用说明和搜索结果字段说明，同时支持搜索规则的收藏和搜索历史记录。态势感知与安全运营平台也提供了快速筛选和字段统计功能，每次查询完成后，都会形成搜索结果的时间轴分布图，用户可以直接在图表上通过拖拽进行时间段的筛选。

（6）场景化分析

场景是指在特定的主题下，通过一系列图、表等可视化手段，依据攻防等经验构造的数据展示形式。场景化分析旨在提供与用户相关的视角来查看相关数据，为其发现、判断网络安全问题提供帮助。解决了规则判定时，无法确定具体阈值的问题，用户可根据自己网络的特点和经验进行判断。态势感知与安全运营平台可提供丰富的场景化分析结果，包括内网安全、VPN 安全、账号安全及邮件安全等。

（7）工单

态势感知与安全运营平台可提供流程化的工单管理功能，能够派发或接收针对威胁告警和漏洞的处置工单，并对与责任人相关的工单流转状态及处置进展进行跟踪。同时该平台支持根据待处置内容定义工单的级别及通知方式，可查看、编辑处置内容和工单任务，也支持对处置中的工单任务进行撤销及根据查询条件批量导出工单列表。

（8）调查分析

在单位的日常安全管理中，安全工程师经常需要不断地对安全事件进行分析、定性、处置。这一系列工作中都需要广泛地调取各种数据信息以保证每次判断都是有事实依据的，而传统的 SOC 产品均忽略了相关功能，安全工程师只能以纸质报告和截图代替。为此，态势感知与安全运营平台特别开发了调查分析模块。用户可使用该功能针对任何需要调查的安全问题创建实例（Case），将所有与要调查的问题相关的告警、日志，甚至其他文本、图片信息都录入 Case 中；然后通过时间趋势展示、标注等功能可以回溯并记录问题的发展过程和相关影响；再通过搜索等功能不断地扩展其他的日志线索，丰富该问题的相关证据；最后在有支撑的情况下形成调查结论。

（9）知识库

态势感知与安全运营平台提供知识库功能，预置漏洞知识库等。漏洞知识库可根据漏洞名称、漏洞类型、CVE 编号、CNNVD 编号进行快速查询搜索，同时支持对漏洞扫描报告结果详情进行关联查询，也允许用户在系统使用过程中不断丰富和完善知识库。

（10）报表管理

态势感知与安全运营平台可以提供灵活的报表管理功能，可以支持快速报表，实时输出期望的报表内容，也可按照客户指定的周期自动生成报表以帮助用户周期回顾安全情况。同时，系统提供了报表模板的灵活编辑，用户可以根据自身需要在数十个预置报表展示内容中选择自身需要的内容，调整顺序以形成自身需要的报表，并能够对报表进行定制。

（11）仪表展示

态势感知与安全运营平台能够提供人性化的首页仪表板展示，用户可根据个人需要创建自己的仪表板，通过拖拽、拉伸等交互调整仪表板上每一个展示内容的布局和大小，以形成用户化的仪表板展示。同时用户可以选择是否将相关仪表板设置为首页，分享给其他用户。仪表板上预置了几十种具体展示内容，其中，覆盖了威胁统计、资产统计、日志统计、漏洞统计、工单分析等多个方面，可以帮助用户宏观地查看或监控整个单位的安全情况和系统的工作情况，而且用户可以直接通过仪表板跳转到对应功能页面，实现由宏观到微观的工作流程。

（12）安全态势

安全问题纷繁复杂，如何整体查看政府的安全情况并做出准确判断一直以来是安全管理的难题。态势感知与安全运营平台可以在多种安全功能基础之上提供态势感知模块，该模块可以帮助用户快速地、宏观地了解整个单位的安全情况。

在常规态势以外，不同用户经常有自身的感知需求，可针对不同场景进行态势感知定制。

3. **产品部署**

态势感知与安全运营平台主要包括流量传感器、日志采集探针、关联规则引擎和分析平台 4 个硬件模块，对于设备运营需专业的驻场安全运营队伍进行系统运维。

（1）流量传感器

流量传感器的功能主要是采集网络中的流量数据，将原始的网络全流量转化为按会话方式记录的格式化流量日志，全流量日志会加密传输给分析平台存储用于后期的

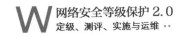
审计和分析，同时对网络流量中传输的文件进行还原，还原后的文件会传输给文件威胁鉴定器用于判定文件是否有威胁。

流量传感器通常部署在网络出口交换机旁，或者其他需要监听流量的网络节点旁，接收镜像流量。

（2）日志采集探针

日志采集器的主要功能是对网络内各业务应用系统、设备、服务器、终端等通过主动采集或被动接收等方式对日志进行采集并进行归一化预处理，方便数据流后面的关联规则和数据分析能够快速使用。同时，日志采集器还负责对内网资产进行扫描识别，收集资产数据。

（3）关联规则引擎

关联规则引擎主要负责对来自日志采集器的大量日志信息进行实时流解析，并匹配关联规则，对异常行为产生关联告警。通常关联规则引擎与分析平台和日志采集探针部署在同一位置。

（4）分析平台

分析平台用于存储流量传感器和日志采集器提交的流量日志、设备日志和系统日志，并同时提供应用交互界面。分析平台底层的数据检索模块采用了分布式计算和搜索引擎技术对所有数据进行处理，可通过多台设备建立集群以保证存储空间和计算能力的供应。

态势感知与安全运营平台也可提供 EDR/NDR 自动响应功能，将相关告警推送到终端安全管理系统执行在主机上的调查分析和阻断操作，完成威胁检测与响应闭环。

（5）威胁情报

态势感知与安全运营平台引入了核心威胁情报数据，可以通过失陷类威胁情报直接对高级威胁或 APT 攻击进行检测和跟踪，并使用云端威胁情报中心的海量数据情报对各种告警中的 IP、域名、文件 MD5 进行进一步的分析和解释。

同时，态势感知与安全运营平台也支持用户威胁情报的自定义和第三方威胁情报的导入，通过这种方式可以为用户提供更加灵活和开放的失陷类情报管理。

（6）专业运维服务

态势感知与安全运营平台的核心是，对安全事件进行检测告警并进行关联分析，同时以大数据技术为支撑，以云端威胁情报作为辅助，来发现安全事件并进行分析处理。而这些分析处理的人员需要掌握专业的安全事件分析的技术和能力，如果没有这种能力来运营,则平台的效果和作用就会大打折扣。需要辅助用户共建安全运营能力,可以提供安全驻场服务对安全事件进行分析,协助用户进行安全事件的处理,并定期出具安全分析报告。同时安全服务人员也是用户和厂商沟通的桥梁和纽带,可以将用户需求反馈给公司,并将公司的能力向用户推送。

5.5.4 策略集中管理与分析

1. 安全风险

随着单位设备的增加,安全策略的有效性和时效性已经成为运维的一大难题,需要通过技术手段实现集中化、可视化的网络边界访问控制管理,协助网络安全管理人员统一管理网络访问控制策略,并结合网络安全域管理和安全策略的定义,实时分析网络安全策略执行情况,通过细粒度的按需申请自动化部署安全策略,最小化网络受攻击,从而提升网络安全运维人员的效率,简化网络权限管理的复杂度,避免人工操作造成的错误配置,保障配置管理和变更管理的规范和合规。

2. 控制措施

采用防火墙策略集中管理与分析系统可以实现多网内防火墙设备策略的统一管理和集中监控,系统的主要功能如下。

（1）防火墙策略统一下发

通过管理分析系统可以配置防火墙的安全策略、NAT 策略、安全认证策略、SSL 解密策略、IP-MAC 绑定、黑白名单、会话限制策略,并可以配置防火墙的对象,通过策略一起下发到防火墙上。

（2）统一升级

通过管理分析系统可以升级防火墙系统版本、打补丁或升级防火墙的资源库。

（3）防火墙状态监控

管理分析系统支持对被管设备进行状态监控,对包括 CPU 使用率、内存使用率、CPU 温度、系统盘使用率、当前是否在线等的参数进行监控显示,并支持在地图中显示设备的位置和状态。

（4）防火墙日志管理和可视化报表

管理分析系统支持接收防火墙的所有类型的日志,并可以对日志进行存储,支持日志模糊搜索和按条件搜索。

管理分析系统支持对防火墙日志进行统计和分析。可视化展示威胁统计、流量统计、网络行为统计、阻止活动统计、日志量统计的结果，以及应用分析、威胁分析、资产安全分析、终端行为分析的结果，并支持本地生成日报、周报或月报，可支持邮件发送给用户。

3. 产品部署

防火墙集中管理与分析平台可部署在安全管理区，对网内防火墙策略进行统一管理。

5.5.5 安全运营平台升级

近几年，国家对网络安全的事件检测、威胁分析、安全运营、态势感知等方面非常重视，"加强网络与信息安全保障"作为中国信息化建设的一个重要的指导思想，随着"十二五"建设的完成，中国各政府、部委、央企、金融及运营商等行业各自依据国家标准及各自的行业标准，逐步完成了各自的信息安全技术体系建设和信息安全管理体系建设，达到了国家和主管单位对于信息系统安全保障的基础要求。进入"十三五"期间，信息系统面临新的安全威胁形势，根据国家政策法规要求以及各行业的业务发展需求，需要各单位进一步全面提升网络安全防护能力。

当今的网络安全有几个主要特点。一是网络安全是整体的而不是割裂的。在信息时代，网络安全对国家安全牵一发而动全身，同许多其他方面的安全都有着密切关系。二是网络安全是动态的而不是静态的。信息技术变化越来越快，过去分散独立的网络变得高度关联、相互依赖，网络安全的威胁来源和攻击手段不断变化，那种依靠安装几个安全设备和安全软件就想永保安全的想法已不合时宜，需要树立动态、综合的防护理念。三是网络安全是开放的而不是封闭的。只有立足开放环境，加强对外交流、合作、互动、博弈，引进先进技术，网络安全水平才会不断提高。四是网络安全是相对的而不是绝对的。没有绝对的安全，要立足基本国情保安全，避免不计成本追求绝对安全，那样不仅会背上沉重负担，甚至可能顾此失彼。五是网络安全是共同的而不是孤立的。网络安全为人民，网络安全靠人民，维护网络安全是全社会共同的责任，需要政府、企业、社会组织、广大网民共同参与，共筑网络安全防线。要全天候、全方位感知网络安全态势，只有加强大数据挖掘分析，更好地感知网络安全态势，才能做到知己知彼，百战不殆。

《中华人民共和国网络安全法》第一章第五条规定："国家采取措施，监测、防御、处置来源于中华人民共和国境内外的网络安全风险和威胁，保护关键信息基础设施免受攻击、侵入、干扰和破坏，依法惩治网络违法犯罪活动，维护网络空间安全和秩序"。这说明国家对网络安全风险和威胁非常重视，对关键信息基础设施的安全非常关注。《中华人民共和国网络安全法》第五章"监测预警与应急处置"则将监测预警机制提到了一个全新的高度，要求各行业和各领域均建立完善的网络安全监测预警机制。

在系统建设完成后，随着运营数据的不断增多，系统运行使用过程中各种安全问题不断出现，需要持续优化安全运营能力。安全运营能力不仅需要技术与平台，还要结合人的能力，既需要对日常安全事件持续处理的运维人员，也需要能够对数据进行深度分析的研判分析人员，最终的汇总信息还需要能进行决策与行动安排的决策者。

综上所述，在安全能力建设中后续需考虑不断升级集中安全运营平台的技术服务能力，清晰梳理要监测与防护的最关键的业务资产，然后应用合理的技术从基础网络层面获取尽可能完整的安全要素数据，这些数据越全，对威胁发生的过程、攻击链条看的就越全。再结合态势感知与安全运营平台以及集成了安全大数据能力的威胁情报，从整体层面来分析数据、发现威胁与异常，并结合安全服务来落地安全能力，发挥态势感知的真正作用。

5.6　整体安全防护效果

5.6.1　技术防护措施总结

整个 ××× 系统的网络拓扑结构如图 5-2 所示。

整个技术防护体系采取的主要安全措施总结如下。

1. 采用防火墙系统对区域边界进行访问控制，根据业务需求，设置访问控制策略，定期进行安全策略的优化和维护。

2. 采取网闸系统对内外网之间进行安全隔离，同时，保证内外网数据的高效交换需求。

3. 采用入侵防御系统，并开启防火墙的 AV 模块（或部署防病毒网关），对网络入侵行为和网络层病毒进行检测和阻断，并进行告警。

4. 采用专业抗 APT 攻击系统实现对新型网络攻击行为的检测、发现，并结合专家服务进行分析处置。

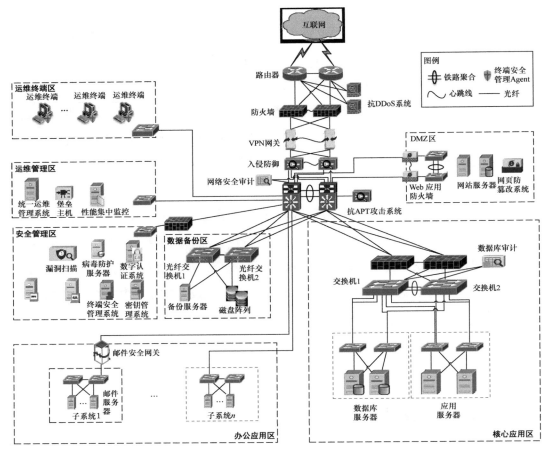

图 5-2 ×××系统的网络拓扑图 （示例）

5. 采用一体化终端安全管理系统、虚拟机化安全管理平台实现对物理主机、虚拟主机的安全防护，并对终端进行集中安全管控、集中病毒管理、统一补丁管理和安全审计。

6. 采用 SSL VPN 实现对远程通信传输、远程终端数据的安全防护，实现基于互联网的传输加密和数据安全，并进行远程接入用户身份认证和访问控制。

7. 采用堡垒机实现对设备的集中管理和运维审计，并实现运维管理日志的集中存储和安全运维。

8. 应用系统开发同步考虑相关安全功能的实现，对重要的业务数据和系统鉴权数据进行加密存储。

9. 采用应用身份认证服务平台实现对应用的双因素认证，并通过集成 SSL VPN

实现应用数据的传输安全。

10．采用网络审计系统、数据库审计系统、上网行为审计系统、一体化终端安全管理系统的审计功能实现对用户行为审计的全覆盖，并满足远程访问和上网行为审计需求。

11．采用态势感知与安全运营平台和抗 APT 攻击系统实现全网安全设备日志和安全事件的统一分析和告警，实现对高级威胁和未知威胁的发现、检测和告警，并提供安全事件报表。

12．采用防火墙集中管理与分析平台实现全网防火墙的自动化策略优化、下发和维护，实现策略可视化。

5.6.2 与等级保护合规技术要求的对标

技术设计方案与等级保护合规技术要求的对标见表 5-9 至表 5-12。

表 5-9 安全通信网络对标情况表

安全要求点	安全要求项	对应技术措施
网络架构	a）应保证网络设备的业务处理能力满足业务高峰期的需要	主要满足网络设备和安全设备的性能要求
	b）应保证网络各个部分的带宽满足业务高峰期的需要	防火墙、核心交换机、网管系统的带宽管理功能
	c）应划分不同的网络区域，并按照方便管理和控制的原则为各网络区域分配地址	防火墙区域隔离、网络设备 VLAN 划分
	d）应避免将重要网络区域部署在网络边界处且没有边界防护措施	内部应用区域等重要网络区域采用防火墙（网闸或网关）进行隔离和访问控制
	e）应提供通信线路、关键网络设备的硬件冗余，保证系统的可用性	主干链路、核心交换机、防火墙采用双机双链路冗余
通信传输	a）应采用校验码技术或密码技术保证通信过程中数据的完整性	IPSec VPN/SSL VPN
	b）应采用密码技术保证通信过程中敏感信息字段或整个报文的保密性	IPSec VPN/SSL VPN
可信验证	可基于可信根对通信设备的系统引导程序、系统程序、重要配置参数和通信应用程序等进行可信验证，并在应用程序的关键执行环节进行动态可信验证，在检测到其可信性受到破坏后进行报警，并将验证结果形成审计记录送至安全管理中心	（可选项）

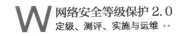

网络安全等级保护2.0
定级、测评、实施与运维

表 5-10　安全区域边界对标情况表

安全要求点	安全要求项	对应技术措施
边界防护	a）应保证跨越边界的访问和数据流通过边界防护设备提供的受控接口进行通信	边界设备（防火墙、交换机、网闸、路由器等）的访问控制策略（外部边界和内部边界）
	b）应能够对非授权设备私自连到内部网络的行为进行限制或检查	关闭网络设备闲置端口，部署网络准入控制设备（网络准入）
	c）应能够对内部用户非授权连到外部网络的行为进行限制或检查	终端安全管理系统（违规外连模块），上网行为管理系统
	d）应限制无线网络的使用，确保无线网络通过受控的边界防护设备接入内部网络	无线接入网关
访问控制	a）应在网络边界或区域之间根据访问控制策略设置访问控制规则，默认情况下除允许通信外受控接口拒绝所有通信	防火墙、网闸、交换机、路由器等的访问控制策略
	b）应删除多余或无效的访问控制规则，优化访问控制列表，并保证访问控制规则数量最小化	防火墙、网闸、交换机、路由器等的访问控制策略
	c）应对源地址、目的地址、源端口、目的端口和协议等进行检查，以允许/拒绝数据包进出	防火墙、网闸、交换机、路由器等的访问控制策略
	d）应能根据会话状态信息为数据流提供明确的允许/拒绝访问的能力，控制粒度为端口级	防火墙、网闸、交换机、路由器等的访问控制策略
	e）应在关键网络节点处对进出网络的信息内容进行过滤，实现对内容的访问控制	防火墙的应用层访问控制功能，Web防火墙
入侵防范	a）应在关键网络节点处检测、防止或限制从外部发起的网络攻击行为	IPS、抗DDoS攻击系统、APT检测设备
	b）应在关键网络节点处检测和限制从内部发起的网络攻击行为	IPS、抗DDoS攻击系统、抗APT攻击系统
	c）应采取技术措施对网络行为进行分析，实现对网络攻击特别是未知的新型网络攻击的检测和分析	抗APT攻击系统、安全服务
	d）当检测到攻击行为时，记录攻击源IP、攻击类型、攻击目的、攻击时间，在发生严重入侵事件时应提供报警	IPS、抗APT攻击系统、抗DDoS攻击系统
恶意代码和垃圾邮件防范	a）应在关键网络节点处对恶意代码进行检测和清除，并维护恶意代码防护机制的升级和更新	防火墙的AV模块、防病毒网关
	b）应在关键网络节点处对垃圾邮件进行检测和防护，并维护垃圾邮件防护机制的升级和更新	防垃圾邮件网关

安全要求点	安全要求项	对应技术措施
安全审计	a）应在网络边界、重要网络节点进行安全审计，审计覆盖到每个用户，对重要的用户行为和安全事件进行审计	网络审计系统、网络安全设备的审计功能、上网行为管理系统、态势感知与安全运营平台
	b）审计记录应包括事件的日期和时间、用户、事件类型、事件是否成功及其他与审计相关的信息	网络审计系统、网络安全设备的审计功能、上网行为管理系统、态势感知与安全运营平台
	c）应对审计记录进行保护，定期备份，避免受到未预期的删除、修改或覆盖等	网络审计系统、网络安全设备的审计功能、上网行为管理系统、态势感知与安全运营平台
	d）应确保审计记录的留存时间符合法律法规要求	日志留存时间不小于 6 个月
	e）应能对远程访问的用户行为、访问互联网的用户行为等单独进行行为审计和数据分析	SSL VPN、网络审计系统、上网行为管理系统
可信验证	可基于可信根对边界设备的系统引导程序、系统程序、重要配置参数和边界防护应用程序等进行可信验证，并在应用程序的关键执行环节进行动态可信验证，在检测到其可信性受到破坏后进行报警，并将验证结果形成审计记录送至安全管理中心	（可选项）

表 5-11　安全计算环境对标情况表

安全要求点	安全要求项	对应技术措施
身份鉴别	a）应对登录的用户进行身份标识和鉴别，身份标识具有唯一性，身份鉴别信息具有复杂度要求并定期更换	身份认证系统、堡垒机、终端安全登录系统、服务器安全加固系统
	b）应具有登录失败处理功能,配置并启用结束会话、限制非法登录次数和当登录连接超时自动退出等相关措施	身份认证系统、堡垒机、终端安全登录系统、服务器安全加固系统
	c）当进行远程管理时，应采取必要措施，防止鉴别信息在网络传输过程中被窃听	身份认证系统、堡垒机、终端安全登录系统、服务器安全加固系统
	d）应采用两种或两种以上组合的鉴别技术对用户进行身份鉴别，且其中一种鉴别技术至少应使用动态口令、密码技术或生物技术来实现	身份认证系统、堡垒机、终端安全登录系统、服务器安全加固系统

续表

安全要求点	安全要求项	对应技术措施
访问控制	a）应对登录的用户分配账号和设置权限	堡垒机策略、网络设备、安全设备策略、应用访问控制功能及策略
	b）应重命名或删除默认账户，修改默认账户的默认口令	配置检查工具
	c）应及时删除或停用多余的、过期的账户，避免存在共享账户	配置检查工具
	d）应授予管理用户所需的最小权限，实现管理用户的权限分离	堡垒机策略、网络设备、安全设备策略、应用系统管理用户权限及策略（三员分离）、服务器安全加固系统
	e）应由授权主体配置访问控制策略，访问控制策略规定主体对客体的访问规则	堡垒机策略、网络设备、安全设备策略、应用系统管理用户权限及策略（三员分离）、服务器安全加固系统
	f）访问控制的粒度应达到主体为用户级或进程级，客体为文件、数据库表级	应用系统访问控制功能、可信应用代理、服务器安全加固系统
	g）应对重要主体和客体设置安全标记，并控制主体对有安全标记信息资源的访问	应用系统访问控制功能、安全数据库、可信应用代理、服务器安全加固系统
安全审计	a）应启用安全审计功能，审计覆盖到每个用户，对重要的用户行为和安全事件进行审计	终端安全审计系统、上网行为审计系统、数据库审计系统、应用系统审计功能等
	b）审计记录应包括事件的日期和时间、用户、事件类型、事件是否成功及其他与审计相关的信息	终端安全审计系统、上网行为审计系统、数据库审计系统、应用系统审计功能等
	c）应对审计记录进行保护，定期备份，避免受到未预期的删除、修改或覆盖等	终端安全审计系统、上网行为审计系统、数据库审计系统、应用系统审计功能、日志数据定期备份
	d）应对审计进程进行保护，防止未经授权的中断	终端安全审计系统、数据库审计系统记录保护功能
入侵防范	a）系统应遵循最小安装的原则，仅安装需要的组件和应用程序	终端安全管理系统、配置检查工具
	b）应关闭不需要的系统服务、默认共享和高危端口	配置检查工具
	c）应通过设定终端接入方式或网络地址范围对通过网络进行管理的管理终端进行限制	终端安全管理系统、堡垒机
	d）应提供数据有效性检验功能，保证通过人机接口输入或通信接口输入的内容符合系统设定的要求	应用系统输入有效性验证功能、代码审计
	e）应能发现可能存在的漏洞，并在经过充分测试评估后，及时修补漏洞	终端安全管理系统、漏洞扫描设备
	f）应能够检测到对重要节点进行入侵的行为，并在发生严重入侵事件时提供报警	WAF、服务器安全加固系统
恶意代码防范	应采用免受恶意代码攻击的技术措施或主动免疫可信验证机制及时识别入侵和病毒行为，并将其有效阻断	防病毒系统

续表

安全要求点	安全要求项	对应技术措施
可信验证	可基于可信根对计算设备的系统引导程序、系统程序、重要配置参数和应用程序等进行可信验证，并在应用程序的关键执行环节进行动态可信验证，在检测到其可信性受到破坏后进行报警，并将验证结果形成审计记录送至安全管理中心	（可选项）
数据完整性	a）应采用校验技术或密码技术保证重要数据在传输过程中的完整性，包括但不限于鉴别数据、重要业务数据、重要审计数据、重要配置数据、重要视频数据和重要个人信息等	应用系统功能、<u>数据防泄密系统（DLP）</u>
	b）应采用校验技术或密码技术保证重要数据在存储过程中的完整性，包括但不限于鉴别数据、重要业务数据、重要审计数据、重要配置数据、重要视频数据和重要个人信息等	应用系统功能、<u>数据防泄密系统（DLP）</u>
数据保密性	a）应采用密码技术保证重要数据在传输过程中的保密性，包括但不限于鉴别数据、重要业务数据和重要个人信息等	SSL VPN、应用系统功能
	b）应采用密码技术保证重要数据在存储过程中的保密性，包括但不限于鉴别数据、重要业务数据和重要个人信息等	数据库安全配置、<u>数据防泄密系统（DLP）</u>
数据备份恢复	a）应提供重要数据的本地数据备份与恢复功能	数据备份系统、备份策略
	b）应提供异地实时备份功能，利用通信网络将重要数据实时备份至备份场地	数据备份系统、备份策略
	c）应提供重要数据处理系统的热冗余，保证系统的高可用性	应用系统双冗余
剩余信息保护（S）	a）应保证鉴别信息所在的存储空间被释放或重新分配前得到完全清除	应用系统功能、<u>主机安全加固系统</u>
	b）应保证存有敏感数据的存储空间被释放或重新分配前得到完全清除	应用系统功能、<u>主机安全加固系统</u>
个人信息保护（S）	a）应仅采集和保存业务必需的用户的个人信息	业务应用需求
	b）应禁止未授权访问和非法使用用户的个人信息	应用系统访问控制功能

表 5-12　安全管理中心对标情况表

安全要求点	安全要求项	对应技术措施
系统管理	a）应对系统管理员进行身份鉴别，只允许其通过特定的命令或操作界面进行系统管理操作，并对这些操作进行审计	堡垒机、态势感知与安全运营平台（NGSOC）
	b）应通过系统管理员对系统的资源和运行进行配置、控制和管理，包括用户身份、系统资源配置、系统加载和启动、系统运行的异常处理、数据和设备的备份与恢复等	堡垒机、态势感知与安全运营平台、网管系统

续表

安全要求点	安全要求项	对应技术措施
审计管理	a）应对审计管理员进行身份鉴别，只允许其通过特定的命令或操作界面进行安全审计操作，并对这些操作进行审计	数据库审计、堡垒机、态势感知与安全运营平台
	b）应通过审计管理员对审计记录进行分析，并根据分析结果进行处理，包括根据安全审计策略对审计记录进行存储、管理和查询等	数据库审计、堡垒机、态势感知与安全运营平台
安全管理	a）应对安全管理员进行身份鉴别，只允许其通过特定的命令或操作界面进行安全管理操作，并对这些操作进行审计	堡垒机、态势感知与安全运营平台
	b）应通过安全管理员对系统中的安全策略进行配置，包括安全参数的设置，主体、客体进行统一安全标记，对主体进行授权，配置可信验证策略等	堡垒机、态势感知与安全运营平台
集中管控	a）应划分出特定的管理区域，对分布在网络中的安全设备或安全组件进行管控	区域划分有单独的安全管理区部署安全管理设备
	b）应能够建立一条安全的信息传输路径，对网络中的安全设备或安全组件进行管理	堡垒机
	c）应对网络链路、安全设备、网络设备和服务器等的运行状况进行集中监测	网管系统、态势感知与安全运营平台
	d）应对分散在各个设备上的审计数据进行收集汇总和集中分析	态势感知与安全运营平台、<u>日志审计系统</u>
	e）应对安全策略、恶意代码、补丁升级等安全相关事项进行集中管理	防火墙集中管理系统、天擎控制中心
	f）应能对网络中发生的各类安全事件进行识别、报警和分析	态势感知与安全运营平台

注：1. 安全物理环境对标情况略。

2. 表中下划线标注的设备表示在技术措施中可选择，但在设计方案中未进行详细描述的产品。

W

扩展安全技术
体系设计

第 6 章

为了贯彻落实《中华人民共和国网络安全法》相关要求，同时适应云计算、移动互联网、物联网、工业控制和大数据等新技术、新应用情况下，网络安全等级保护工作的开展。GB/T 22239-2019《信息安全技术 网络安全等级保护基本要求》针对云计算、移动互联网、物联网、工业控制和大数据等新技术、新应用领域的特殊安全保护目标提出了特殊的安全技术要求。本章根据 GB/T 22239-2019《信息安全技术 网络安全等级保护基本要求》和 GB/T 25070-2019《信息安全技术 网络安全等级保护安全设计技术要求》对这些新技术、新应用的安全标准进行整理，并提出相应的技术设计框架。

6.1 云计算安全

6.1.1 云计算安全扩展要求技术标准

云计算安全扩展要求技术标准如表 6-1 所示。

表 6-1 云计算安全扩展要求技术标准

项目	第一级安全要求	第二级安全要求	第三级安全要求	第四级安全要求
安全物理环境				
基础设施位置	应保证云计算基础设施位于中国境内	同第一级安全要求	同第一级安全要求	同第一级安全要求
安全通信网络				
网络架构	a) 应确保云计算平台不承载高于其安全保护等级的业务应用系统； b) 应实现不同云服务客户虚拟网络之间的隔离	在第一级安全要求的基础上增加： 应具有根据云服务客户业务需求提供通信传输、边界防护、入侵防范等安全机制的能力	在第二级安全要求的基础上增加： a) 应具有根据云服务客户业务需求自主设置安全策略的能力，包括定义访问路径、选择安全组件、配置安全策略； b) 应提供开放接口或开放性安全服务，允许云服务客户接入第三方安全产品或在云计算平台选择第三方安全服务	在第三级安全要求的基础上增加： a) 应提供对虚拟资源的主体和客体设置安全标记的能力，保证云服务客户可以依据安全标记和强制访问控制规则确定主体对客体的访问； b) 应提供通信协议转换或通信协议隔离等的数据交换方式，保证云服务客户可以根据业务需求自主选择边界数据交换方式； c) 应为第四级业务应用系统划分独立的资源池

项目	第一级安全要求	第二级安全要求	第三级安全要求	第四级安全要求
安全区域边界				
访问控制	应在虚拟化网络边界部署访问控制机制，并设置访问控制规则	在第一级安全要求的基础上增加： 应在不同等级的网络区域边界部署访问控制机制，设置访问控制规则	同第二级安全要求	同第二级安全要求
入侵防范	—	a）应能检测到云服务客户发起的网络攻击行为，并能记录攻击类型、攻击时间、攻击流量等； b）应能检测到对虚拟网络节点的网络攻击行为，并能记录攻击类型、攻击时间、攻击流量等； c）应能检测到虚拟机与宿主机、虚拟机与虚拟机之间的异常流量	同第二级安全要求	在第二级安全要求的基础上增加： 应在检测到网络攻击行为、异常流量情况时进行告警
安全审计	—	a）应对云服务商和云服务客户在远程管理时执行的特权命令进行审计，至少包括虚拟机删除、虚拟机重启； b）应保证云服务商对云服务客户系统和数据的操作可被云服务客户审计	同第二级安全要求	同第二级安全要求
安全计算环境				
身份鉴别	—	—	当远程管理云计算平台中的设备时，管理终端和云计算平台之间应建立双向身份验证机制	同第三级安全要求
访问控制	a）应保证当虚拟机迁移时，访问控制策略随其迁移； b）应允许云服务客户设置不同虚拟机之间的访问控制策略	同第一级安全要求	同第一级安全要求	同第一级安全要求
入侵防范	—	—	a）应能检测虚拟机之间的资源隔离失效，并进行告警； b）应能检测非授权新建虚拟机或者重启虚拟机，并进行告警； c）应能检测恶意代码感染及在虚拟机间蔓延的情况，并提出告警	同第三级安全要求

项目	第一级安全要求	第二级安全要求	第三级安全要求	第四级安全要求
镜像和快照保护	—	a）应针对重要业务系统提供加固的操作系统镜像或操作系统安全加固服务； b）应提供虚拟机镜像、快照完整性校验功能，防止虚拟机镜像被恶意篡改	在第二级安全要求的基础上增加： 应采取密码技术或其他技术手段防止虚拟机镜像、快照中可能存在的敏感资源被非法访问	同第三级安全要求
数据完整性和保密性	应确保云服务客户数据、用户个人信息等存储于中国境内，如需出境应遵循国家相关规定	在第一级安全要求的基础上增加： a）应确保只有在云服务客户授权下，云服务商或第三方才具有云服务客户数据的管理权限； b）应确保虚拟机迁移过程中重要数据的完整性，并在检测到完整性受到破坏时采取必要的恢复措施	在第二级安全要求的基础上调整和增加： a）应使用校验码或密码技术确保虚拟机迁移过程中重要数据的完整性，并在检测到完整性受到破坏时采取必要的恢复措施； b）应支持云服务客户部署密钥管理解决方案，保证云服务客户自行实现数据的加解密过程	同第三级安全要求
数据备份恢复	—	a）云服务客户应在本地保存其业务数据的备份； b）应提供查询云服务客户数据及备份存储位置的能力	在第二级安全要求的基础上增加： a）云服务商的云存储服务应保证云服务客户数据存在若干个可用的副本，各副本之间的内容应保持一致； b）应为云服务客户将业务系统及数据迁移到其他云计算平台和本地系统提供技术手段，并协助完成迁移过程	同第三级安全要求
剩余信息保护	—	a）应保证虚拟机所使用的内存和存储空间回收时得到完全清除； b）云服务客户删除业务应用数据时，云计算平台应确保云存储中所有副本被删除	同第二级安全要求	同第二级安全要求

续表

项目	第一级安全要求	第二级安全要求	第三级安全要求	第四级安全要求
安全管理中心				
集中管控	—	—	a）应能对物理资源和虚拟资源按照策略做统一管理调度与分配； b）应保证云计算平台管理流量与云服务客户业务流量分离； c）应根据云服务商和云服务客户的职责划分，收集各自控制部分的审计数据并实现各自的集中审计； d）应根据云服务商和云服务客户的职责划分，实现各自控制的部分，包括集中监测虚拟化网络、虚拟机、虚拟化安全设备等的运行状况	同第三级安全要求

6.1.2 云计算安全框架设计

云计算安全框架设计由管理体系与技术体系两部分组成，其中，管理体系包括人员与组织、安全策略、系统安全建设和系统安全运维 4 部分；技术体系包括计算环境安全、区域边界安全、通信网络安全和安全管理中心 4 部分。安全管理中心支持的云计算安全框架设计如图 6-1 所示，该图指出了云计算平台的 3 层架构和 3 种主要的安全区域划分方式，以及计算环境安全、区域边界安全（图 6-1 中纵向虚线所示）、通信网络安全（图 6-1 中的双向箭头）在云计算平台中的位置。

云计算平台中典型的安全区域边界划分包括云计算平台的接入边界、计算环境以及安全管理中心，区域间或区域内的数据交互均由安全通信网络负责完成，而安全计算环境则由硬件设施层、资源层和服务层 3 部分组成，分别与云计算平台架构中的云用户层、云访问层、云服务层、云资源层、硬件设施层和云管理层相对应。

外部用户通过终端设备采用互联网或专网等方式访问云计算平台的接入边界区域，实现对云计算平台中提供服务的相关业务系统的浏览访问或远程管理，访问或管理的内容及层次由用户所具备的权限决定。内部用户则通过安全管理中心对硬件设施层、资源层和服务层进行日常管控。

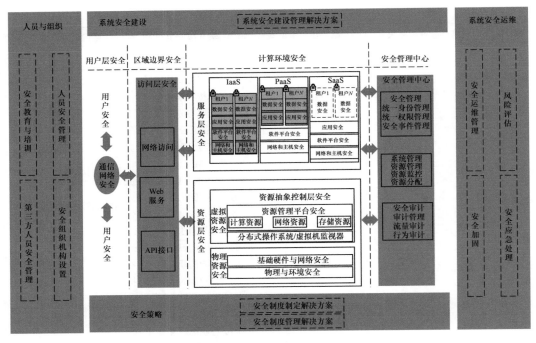

图 6-1   云计算安全框架设计

6.2   移动互联网安全

6.2.1   移动互联网安全扩展要求技术标准

移动互联网安全扩展要求技术标准如表 6-2 所示。

表 6-2   移动互联网安全扩展要求技术标准

项目	第一级安全要求	第二级安全要求	第三级安全要求	第四级安全要求
安全和物理环境				
无线接入点的物理位置	应为无线接入设备的安装选择合理位置，避免过度覆盖和电磁干扰	同第一级安全要求	同第一级安全要求	同第一级安全要求
安全区域边界				
边界防护	应保证有线网络与无线网络边界之间的访问和数据流通过无线接入安全网关设备	同第一级安全要求	同第一级安全要求	同第一级安全要求

续表

项目	第一级安全要求	第二级安全要求	第三级安全要求	第四级安全要求
访问控制	无线接入设备应开启接入认证功能，并且禁止使用 WEP 方式进行认证，如使用口令，长度不小于 8 位字符	同第一级安全要求	无线接入设备应开启接入认证功能，并支持采用认证服务器认证或国家密码管理机构批准的密码模块进行认证	同第三级安全要求
入侵防范	—	a）应能够检测到非授权无线接入设备和非授权移动终端的接入行为； b）应能够检测到针对无线接入设备的网络扫描、DDoS 攻击、密钥破解、中间人攻击和欺骗攻击等行为； c）应能够检测到无线接入设备的 SSID 广播、WPS 等高风险功能的开启状态； d）应禁用无线接入设备和无线接入网关存在风险的功能，如 SSID 广播、WEP 认证等； e）应禁止多个 AP 使用同一个认证密钥	在第二级安全要求的基础上增加： 应能够阻断非授权无线接入设备或非授权移动终端	同第三级安全要求
安全计算环境				
移动终端管控	—	—	a）应保证移动终端安装、注册并运行终端管理客户端软件； b）移动终端应接受移动终端管理服务端的设备生命周期管理、设备远程控制，如远程锁定、远程擦除等	在第三级安全要求的基础上增加： 应保证移动终端只用于处理指定业务
移动应用管控	应具有选择应用软件安装、运行的功能	在第一级安全要求的基础上增加： 应只允许指定证书签名的应用软件安装和运行	在第二级安全要求的基础上增加： 应具有软件白名单功能，应能根据白名单控制应用软件安装、运行	在第三级安全要求的基础上增加： 应具有接受移动终端管理服务端推送的移动应用软件管理策略，并根据该策略对软件实施管控能力

6.2.2 移动互联网安全技术框架设计

移动互联网安全技术框架设计如图 6-2 所示，其中，安全计算环境由核心业务域、DMZ 域和远程接入域 3 个安全域组成；安全区域边界由移动终端区域边界、传统计算终端区域边界、核心服务器区域边界、DMZ 区域边界组成；安全通信网络由移动运营商或用户自己搭建的无线网络组成。

1. 核心业务域

核心业务域是移动互联网系统的核心区域，该区域由移动终端、传统计算终端和服务器构成，完成对移动互联业务的处理和维护等。核心业务域应重点保障该域内服务器、计算终端和移动终端的操作系统安全、应用安全、网络通信安全、设备接入安全。

2. DMZ 域

DMZ 域是移动互联网系统的对外服务区域，部署对外服务的服务器及应用，如 Web 服务器、数据库服务器等，该区域和互联网相联，来自互联网的访问请求应经过该区域中转才能访问核心业务域。DMZ 域应重点保障服务器操作系统及应用安全。

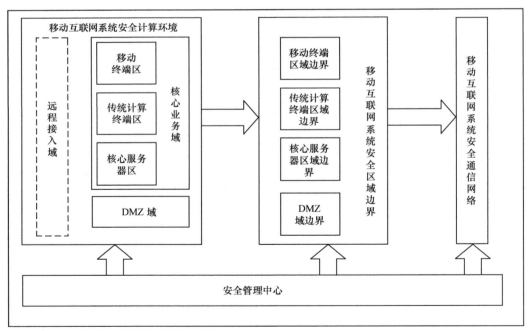

图 6-2 移动互联网安全技术框架设计

3. 远程接入域

远程接入域由移动互联网系统运营使用单位可控的、通过 VPN 等技术手段远程接入移动互联网系统运营使用单位网络的移动终端组成，完成远程办公、应用系统管控等业务。远程接入域应重点保障远程移动终端自身运行安全、接入移动互联网应用系统安全和通信网络安全。

在设计标准中，移动互联网系统中的计算节点分为两类：移动计算节点和传统计算节点。移动计算节点主要包括远程接入域和核心业务域的移动终端；传统计算节点主要包括核心业务域的传统计算终端和服务器等。传统计算节点及其边界安全设计可以参考通用安全设计要求，下文提到的移动互联网计算环境、区域边界、通信网络的安全设计都是特指移动计算节点的。

6.3 物联网安全

6.3.1 物联网安全扩展要求技术标准

物联网安全扩展要求技术标准如表 6-3 所示。

表 6-3 物联网安全扩展要求技术标准

项目	第一级安全要求	第二级安全要求	第三级安全要求	第四级安全要求
安全物理环境				
感知节点设备物理防护	a）感知节点设备所处的物理环境应不对感知节点设备造成物理破坏，如挤压、强振动；b）感知节点设备在工作状态所处的物理环境应能正确反映环境状态（如温湿度传感器不能安装在阳光直射区域）	同第一级安全要求	在第一级安全要求的基础上增加：a）感知节点设备在工作状态所处的物理环境应不对感知节点设备的正常工作造成影响，如强干扰、阻挡屏蔽等；b）关键感知节点设备应具备可供长时间工作的电力供应能力（关键网关节点设备应具有持久的、稳定的电力供应能力）	同第三级安全要求
安全区域边界				
接入控制	应保证只有授权的感知节点可以接入	同第一级安全要求	同第一级安全要求	同第一级安全要求
入侵防范	—	a）应能够限制与感知节点通信的目标地址，以避免对陌生地址的攻击行为；b）应能够限制与网关节点通信的目标地址，以避免对陌生地址的攻击行为	同第二级安全要求	同第二级安全要求

续表

项目	第一级安全要求	第二级安全要求	第三级安全要求	第四级安全要求
安全计算环境				
感知节点设备安全	—	—	a）应保证只有授权的用户可以对感知节点设备上的软件应用进行配置或变更； b）应具备对其连接的网关节点设备（包括读卡器）进行身份标识和鉴别的能力； c）应具备对其连接的其他感知节点设备（包括路由节点）进行身份标识和鉴别的能力	同第三级安全要求
网关节点设备安全	—	—	a）应具备对合法连接设备（包括终端节点、路由节点、数据处理中心）进行标识和鉴别的能力； b）应具备过滤非法节点和伪造节点所发送的数据的能力； c）授权用户应能够在设备使用过程中对关键密钥进行在线更新； d）授权用户应能够在设备使用过程中对关键配置参数进行在线更新	同第三级安全要求
抗数据重放	—	—	a）应能够鉴别数据的新鲜程度，避免历史数据的重放攻击； b）应能够鉴别历史数据的非法修改，避免数据的修改重放攻击	同第三级安全要求
数据融合处理	—	—	应对来自传感网的数据进行数据融合处理，使不同种类的数据可以在同一个平台被使用	在第三级安全要求的基础上调整： 应对不同数据之间的依赖关系和制约关系等进行智能处理，如一类数据达到某个门限时可以影响对另一类数据采集终端的管理指令

6.3.2　物联网安全计算框架设计

结合物联网系统的特点，构建在安全管理中心支持下的安全计算环境、安全区域边界、安全通信网络三重防御体系。安全管理中心支持下的物联网系统等级保护安全计算框架设计如图 6-3 所示，物联网感知层和应用层都由完成计算任务的计算环境和连接网络通信域的区域边界组成。

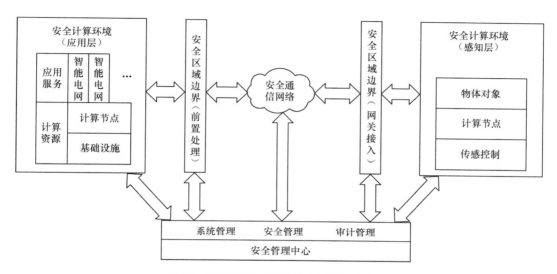

图 6-3　物联网系统等级保护安全计算框架设计

1. 安全计算环境

安全计算环境包括物联网系统感知层和应用层中对定级系统的信息进行存储、处理及实施安全策略的相关部件，如感知层中的物体对象、计算节点、传感控制设备，以及应用层中的计算资源及应用服务等。

2. 安全区域边界

安全区域边界包括物联网系统安全计算环境边界，以及安全计算环境与安全通信网络之间实现连接并实施安全策略的相关部件，如感知层和网络层之间的边界、网络层和应用层之间的边界等。

3. 安全通信网络

安全通信网络包括物联网系统安全计算环境和安全区域之间进行信息传输及实施安全策略的相关部件，如网络层的通信网络以及感知层内部安全计算环境之间的通信网络等。

4. 安全管理中心

安全管理中心包括对物联网系统的安全策略及安全计算环境、安全区域边界和安全通信网络上的安全机制实施统一管理的平台，还包括系统管理、安全管理和设计管

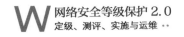

理 3 部分，只有第二级及第二级以上的安全保护环境设计才有安全管理中心。

6.4　工业控制系统安全

6.4.1　工业控制系统安全扩展要求技术标准

工业控制系统安全扩展要求技术标准如表 6-4 所示。

表 6-4　工业控制系统安全扩展要求技术标准

项目	第一级安全要求	第二级安全要求	第三级安全要求	第四级安全要求
安全物理环境				
室外控制设备物理防护	a）室外控制设备应放置于采用铁板或其他防火绝缘材料制作的箱体或装置中并紧固，箱体或装置具备透风、散热、防盗、防雨、防火的功能；b）室外控制设备的放置应远离强电磁干扰、热源和极端天气环境等，如无法避免，应及时做好应急处置及检修，保证设备正常运行	同第一级安全要求	同第一级安全要求	同第一级安全要求
安全通信网络				
网络架构	a）工业控制系统与企业其他系统之间应划分为两个区域，区域间采用技术隔离手段；b）工业控制系统内部应根据业务特点划分为不同的安全域，安全域之间应采用技术隔离手段	在第一级安全要求的基础上增加：涉及实时控制和数据传输的工业控制系统，应使用独立的网络设备组网，在物理层面上实现与其他数据网及外部公共信息网的安全隔离	在第二级安全要求的基础上调整：工业控制系统与企业其他系统之间应划分为两个区域，区域间应采用单向的技术隔离手段	在第三级安全要求的基础上调整：工业控制系统与企业其他系统之间应划分为两个区域，区域间应采用符合国家或行业规定的专用产品实现单向安全隔离
通信传输		在工业控制系统内使用广域网进行控制指令或相关数据交换的应采用加密认证技术手段，实现身份认证、访问控制和数据加密传输	同第二级安全要求	同第二级安全要求

续表

项目	第一级安全要求	第二级安全要求	第三级安全要求	第四级安全要求
安全区域边界				
访问控制	工业控制系统与企业其他系统之间部署访问控制设备，配置访问控制策略，禁止任何穿越区域边界的 E-mail、Web、Telnet、Rlogin、FTP 等通用网络服务	在第一级安全要求的基础上增加：应在工业控制系统内安全域和安全域之间的边界防护机制失效时，及时进行报警	同第二级安全要求	同第二级安全要求
拨号使用控制	—	工业控制系统确实需要使用拨号访问服务的，应限制具有拨号访问权限的用户数量，并采取用户身份鉴别和访问控制等措施	在第二级安全要求的基础上增加：拨号服务器和客户端均应使用经安全加固的操作系统，并采取数字证书认证、传输加密和访问控制等措施	在第三级安全要求的基础上增加：涉及实时控制和数据传输的工业控制系统禁止使用拨号访问服务
无线使用控制	a）应对所有参与无线通信的用户（人员、软件进程或者设备）提供唯一性标识和鉴别；b）应对无线连接的授权、监视以及执行使用进行限制	在第一级安全要求的基础上增加：应对所有参与无线通信的用户（人员、软件进程或者设备）进行授权以及执行使用进行限制	在第二级安全要求的基础上增加：a）应对无线通信采取传输加密的安全措施，保护传输报文的机密性；b）对采用无线通信技术进行控制的工业控制系统，应能识别其物理环境中发射的未经授权的无线设备，报告未经授权试图接入或干扰控制系统的行为	同第三级安全要求
安全计算环境				
控制设备安全	a）控制设备自身应实现相应级别安全通用要求提出的身份鉴别、访问控制和安全审计等设备和计算方面的安全要求，如受条件限制，控制设备无法实现上述要求，应由其上位控制或管理设备实现同等功能或通过管理手段控制；b）应在经过充分测试评估后，在不影响系统安全稳定运行的情况下对控制设备进行补丁更新、固件更新等	同第一级安全要求	在第一级安全要求的基础上增加：a）应关闭或拆除控制设备的软盘驱动、光盘驱动、USB接口、串行口等，确实需要保留的必须通过相关的技术措施实施严格的监控管理；b）应使用专用设备和专用软件对控制设备进行更新；c）应保证控制设备在上线前经过安全性检测，确保控制设备固件中不存在恶意代码程序	同第三级安全要求

6.4.2 工业控制系统安全框架设计

工业控制系统根据被保护对象业务性质分区，针对功能层次技术特点实施的网络安全等级保护设计，其框架设计如图 6-4 所示。工业控制系统等级保护安全技术设计构建在安全管理中心支持下的计算环境、区域边界、通信网络三重防御体系，采用分层、分区的架构，结合工业控制系统总线协议复杂多样、实时性要求强、节点计算资源有限、设备可靠性要求高、故障恢复时间短、安全机制不能影响实时性等特点进行设计，以实现可信、可控、可管的系统安全互联、区域边界安全防护和计算环境安全。

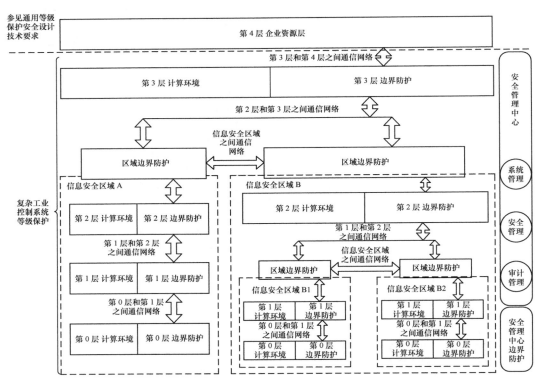

注：1. 参照 IEC/TS 62443-1-1 工业控制系统按功能层次划分为第 0 层：现场设备层；第 1 层：现场控制层；
第 2 层：过程监控层；第 3 层：生产管理层；第 4 层：企业资源层。
2. 一个信息安全区域可以包括多个不同等级的子区域。
3. 纵向上分区以工业现场实际情况为准（图中分区为示例性分区），分区方式包括但不限于第 0～2 层组成一个安全区域、第 0～1 层组成一个安全区域等。

图 6-4 工业控制系统安全框架设计

工业控制系统分为 4 层，即第 0～3 层为工业控制系统等级保护范畴，为设计框架覆盖的区域；横向上对工业控制系统进行安全区域的划分，根据业务控制系统中业务的重要性、实时性、关联性，对现场受控设备的影响程度以及功能范围、资产属性等形成不同的安全防护区域，系统都应置于相应的安全区域内，具体分区以工业现场实际情况为准（分区方式包括但不限于第 0～2 层组成一个安全区域、第 0～1 层组成一个安全区域、同层中有不同的安全区域等）。

分区原则为根据业务系统或其功能模块的实时性、使用者、主要功能、设备使用场所、各业务系统间的相互关系、广域通信方式以及对工业控制系统的影响程度等。对于额外的安全性和可靠性要求，在主要的安全区还可以根据操作功能进一步划分成子区，将设备划分成不同的区域可以有效地建立"纵深防御"策略。将具备相同功能和安全要求的各系统功能划分成不同的安全区域，并按照方便管理和控制为原则为各安全功能区域分配网段地址。

设计框架逐级增强，但防护类别相同，只是安全保护设计的强度不同。防护类别包括安全计算环境、工业控制系统。第 0～3 层中的信息进行存储、处理及实施安全策略的相关部件；安全区域边界包括安全计算环境边界，以及安全计算环境与安全通信网络之间实现连接并实施安全策略的相关部件；安全通信网络包括安全计算环境和网络安全区域之间进行信息传输及实施安全策略的相关部件；安全管理中心包括对定级系统的安全策略及安全计算环境、安全区域边界和安全通信网络上的安全机制实施统一管理的平台，还包括系统管理、安全管理和审计管理 3 部分。

网络安全支撑技术

第 7 章

本章主要介绍密码技术和身份鉴别两个网络安全基础技术，并通过分析具体案例让读者了解身份鉴别的作用、主要的身份鉴别方式，同时了解密码学对网络安全的支撑作用以及典型的密码学应用等。

7.1 密码技术

7.1.1 商用密码基本概念

1. 基本定义

《中华人民共和国密码法》第二条对密码作了明确定义，即"密码是指采用特定变换的方法对信息等进行加密保护、安全认证的技术、产品和服务"。需要特别指出的是，人们日常接触的计算机或手机开机"密码"、微信"密码"、QQ"密码"、电子邮箱登录"密码"、银行卡支付"密码"等所谓的"密码"，实际上是口令（Password），而并非严格意义的"密码"。口令是进入个人计算机、手机、电子邮箱或银行账户的"通行证"，是一种简单的、初级的身份认证手段，不在《中华人民共和国密码法》的管理范围之内。

按照《中华人民共和国密码法》的相关规定，国家对密码实行分类管理，将密码分为核心密码、普通密码和商用密码三大类。其中，核心密码、普通密码用于保护国家秘密信息。商用密码是指对不属于国家秘密内容的信息进行加密保护、安全认证所使用的密码技术、密码产品和密码服务。公民、法人和其他组织可以依法使用商用密码保护网络与信息安全。

商用密码技术是保障信息安全的核心技术。从功能上看，商用密码技术主要包括加密保护技术和安全认证技术。加密保护是指采用特定变换的方法，将原来可读的信息变成不能直接识别的符号序列。安全认证是指采用特定变换的方法，确认信息是否完整、是否被篡改、是否可靠以及行为是否真实。从内容上看，商用密码技术主要包括密码算法、密钥和密码协议。常用的密码技术包括对称加密、公钥加密、哈希、数字签名等。

商用密码产品指采用密码技术对不涉及国家秘密内容的信息进行加密保护或安全认证的产品，即承载密码技术、实现密码功能的实体。按照形态划分，商用密码产品分为 6 类：软件、芯片、模块、板卡、整机、系统。按照功能划分，商用密码产品分为 7 类：密码算法类、数据加解密类、认证鉴别类、证书管理类、密钥管理类、密码防伪类和综合类。常见的商用密码产品有安全芯片、签名验签服务器、存储加密机、IPSec VPN 安全网关、POS 机密码应用系统、密钥管理系统、身份认证系统、数字证书认证系统、电子印章系统等。

商用密码服务指基于密码专业技术、技能和设施，为用户提供集成、运营、监理等商用密码支持和保障的服务活动，即基于密码技术和产品，实现密码功能，提供密码保障的服务行为。其主要类型包括商用密码咨询服务、知识和技术培训服务以及应用系统的集成、运营和维护保障服务等。密码咨询服务指从政策、标准、规范、管理、技术、体制、机制等方面为用户提供有关密码的咨询服务。密码知识和技术培训服务指为用户提供商用密码基础知识、产品使用及安全管理、法规标准等方面的知识技能培训服务。密码应用系统集成服务指将商用密码产品和系统，与用户的网络设备及信息系统进行集成，以满足用户信息系统的密码保障需求并实现相应的安全目标，如数字证书认证系统集成。密码应用系统运营服务指基于自身的密码应用系统和设备，使用密码技术，为用户提供以数据信息加密、身份认证为主要内容的经营性服务，如增值税发票防伪税控系统运营。密码应用系统维护保障服务是对商用密码产品及系统的安全性实行安全管理和维护服务。商用密码服务需要通过认证的方式对其质量与安全性进行技术把关，通过电子认证机构提供的电子认证服务，来规范商用密码服务的市场准入。

2. 技术功能

商用密码作为一种重要的密码类型，同样具有机密性、完整性、真实性和不可否认性的功能。

机密性指商用密码保证信息不被泄露给其他非授权实体的特性。信息是网络空间中最有价值的资产，信息泄露会对国家政治、军事、社会、行业、团体和个人带来巨大危害和影响。信息的机密性是网络与信息安全的重要属性之一。采用密码技术中的加密保护技术，可以实现信息的机密性。

完整性指商用密码确保数据没有受到非授权篡改或破坏的特性。信息时代的数据规模大、应用领域多、使用价值高，如何保证这些数据在传输、存储过程中不被篡改成为重要的研究课题。密码中的摘要算法等多种算法技术，可以用来实现数据的完整性保护，这也是密码安全属性的基本要素之一。

真实性指商用密码保证信息来源可靠，没有被伪造和篡改的特性。如何鉴别信息的合法性、如何确认真实的身份信息、如何防止信息冒充伪造等都是信息化建设应用过程中网络信息安全的基础性要求，随着信息化技术的广泛应用，它们将直接影响社会经济生活各个方面的健康稳定运行。密码中的安全认证技术（数字签名、消息认证码、身份认证协议等）可以有效地解决信息的真实性等问题。

不可否认性指商用密码确保一个已经发生的操作行为无法否认的特性。随着电子商务、网络支付等新兴模式的广泛普及和应用，网络上已生效的电子合同、电子声明等如何防止抵赖是实现网络与信息安全的重要任务之一。基于公钥密码算法的数字签名技术可以解决行为的不可否认性问题。

3. 主要作用

密码是目前世界上公认的，保障网络与信息安全最有效、最可靠、最经济的关键核心技术。早期密码主要用于对数据的加密保护，现代密码不仅可以实现对数据的加密保护，还可以很好地实现对实体身份和数据来源的安全认证，满足网络和信息系统对机密性、完整性、真实性和不可否认性的安全需求。

对于中国而言，密码是重要的网络空间战略资源，是保障中国网络空间安全的核心技术和基础支撑，是构建网络信任体系的重要基石，是网络与信息安全的"内在基因"。当前中国仍有较多领域采用国外制定的加密算法，存在着一定的安全风险，一旦被不法分子利用攻击，将会带来巨大的损失。维护国家网络信息安全是密码应用的核心价值，需要积极推动密码技术和产品的自主创新，确保核心技术不被"卡脖子"，这也是保障国家安全的突出要求。

7.1.2 商用密码核心技术

从发展应用实践来看，商用密码核心技术主要包括密码算法、密钥和密码协议 3 个方面。

1. 密码算法

密码算法包括对称密码算法、公钥密码算法和杂凑算法。为了保障商用密码安全，国家密码管理部门制定了一系列密码算法标准，包括 SM2、SM3、SM4、SM9、祖冲之密码算法（ZUC 算法）等。其中，SM2、SM9 为公钥密码算法，SM3 为杂凑算法，其余均为对称密码算法。

SM2 算法基于椭圆曲线上离散对数计算困难问题，密钥长度为 256 比特，包括

SM2 加密算法和 SM2 数字签名算法。SM9 是一种基于身份标识的公钥密码算法，也被称为标识密码，采用 256 比特的椭圆曲线。SM3 算法摘要长度为 256 比特，利用了简单运算的多次迭代，其安全性及效率与 SHA-256 相当。SM3 主要用于数字签名及验证、消息认证码生成及验证、随机数生成等。

对称密码又可分为分组密码和序列密码。其中，SM4 为分组密码，分组长度和密钥长度为 128 比特。SM4 算法已公开，是国密算法中使用最为广泛的加密算法。ZUC 算法是序列密码算法，采用 128 比特的主密钥和 128 比特初始向量作为输入参数，该算法速度快，常用于移动通信 4G 网络。

目前中国 SM 系列密码算法大多已经纳入 ISO/IEC 国际标准，ZUC 算法已经作为国际第四代移动通信加密标准，这标志着中国密码算法国际标准体系已初步成型，为有效保障网络空间安全贡献了中国智慧，提供了中国方案。

2. 密钥

密钥是控制密码运算过程中一串不可预测的随机数。如果用户拥有密钥，就可以对密文进行解密获得相应的明文；在算法足够安全的情况下，如果用户没有密钥，那么通过猜测密钥的方式来破译明文的概率几乎为零。比如密钥长度为 128 比特，则攻击者需要进行 2^{128} 次的试验。所以必须保证密码算法中所使用的密钥的安全，密钥须秘密保存，并且密钥空间必须足够庞大，以致无法穷尽。

密钥易受到许多威胁，如密钥材料的泄漏、篡改、未授权删除、不彻底销毁、未授权撤销、假冒、延迟执行密钥管理功能以及密钥的滥用。针对上述存在的威胁，密钥的保护方法包括采用密码技术的保护、非密码技术的保护、物理手段的保护和组织手段的保护。采用密码技术的保护如用加密技术来对抗密钥泄露和未授权使用，用数据完整性机制来对抗篡改，用数字签名技术来对抗冒充；采用非密码技术的保护如对密钥进行时间标记；采用物理手段的保护如进行脱机来存储密钥材料；采用组织手段的保护指对密钥材料进行级别划分，每级密钥只用于保护下级密钥，最低级密钥可直接用于提供数据安全服务。

密钥是密码安全的根本，需要进行严格管理，制定科学合理的安全策略。根据安全策略，对密钥的产生、分发、存储、更新、归档、撤销、备份、恢复和销毁等进行全生命周期的管理。

3. 密码协议

密码协议是密码应用的交互规则，是将密码算法应用于具体使用环境的重要密码

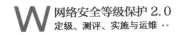
技术。密码协议不仅仅是为了简单的秘密性，通过密码协议可以进行实体之间的认证、在实体之间安全地分配密钥或其他各种秘密、确认发送和接收消息的不可否认性等。

现实情况下，应用密码算法实现特定安全功能是十分复杂的，不同的使用环境需要不同的密码协议，不同的安全功能也由不同的密码协议实现。因此，密码技术中存在多种多样的密码协议，如密钥交换协议、密钥分发协议、身份认证协议、电子支付协议、不经意传输协议等。如经典的 Diffie-Hellman 密钥交换协议，双方通过互相交换信息，使得通信的双方能在非安全的信道中协商出相同的共享密钥，进而进行后续的加密操作。

密码协议的安全性对密码应用至关重要，它不仅由密码算法的安全性决定，也由交互规则的安全性决定，交互规则出现漏洞，则协议就会受到攻击。密码协议面临的典型攻击有消息重放攻击、中间人攻击、已知密钥攻击、平行会话攻击、交错攻击以及其他类型的攻击等。所以常在协议中加入随机数、时间戳等参数，以加强密码协议的安全性。密码协议的安全性分析方法有，基于逻辑推理的分析方法、基于模型检验的分析方法、基于定理证明的分析方法和密码学可证明安全分析方法。密码协议的分析与设计一直是密码学界的重要研究内容。

7.1.3　商用密码发展历程

密码的应用源于政治、经济、军事等多领域发展的需要，随着科学技术的发展，密码逐步经历了从"古典密码→近代密码→现代密码"这一由简到繁、由低级到高级的演变过程。古典密码阶段指从古代密码的出现到 1949 年，这一阶段的代表密码体制有单表代换、多表代换和机械密码，主要应用于军事、政治和外交；从 1949 年香农发表《保密系统的通信理论》开始，密码发展进入近代密码阶段，这一阶段最大的突破是数据加密标准 DES 的出现；1976 年，公钥密码体制被提出，密码正式进入现代密码阶段，出现了典型的公钥密码 RSA。当前，随着计算能力的不断增强，后量子密码等前沿密码技术逐步成为研究热点。

中国商用密码的发展历程始于近现代密码时代。从整体来看，如图 7-1 所示，中国商用密码经历了起步形成、快速发展、立法规范 3 个发展阶段。

1. 起步形成阶段

中国商用密码的起步形成阶段大致是从 20 世纪 90 年代到 2008 年。该阶段商用密码产业在中国逐步形成，国家初步建立了商用密码的管理体制，商用密码技术、产品开始出现，在各个行业开始得到初步应用。

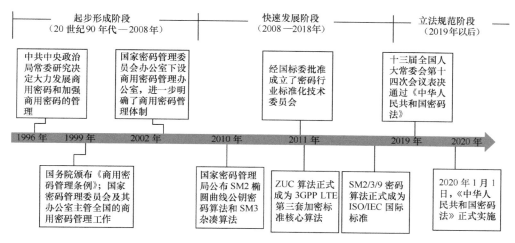

图 7-1　中国商用密码发展历程

商用密码的应用需求起源于 20 世纪 90 年代开启的"金字"工程。正是随着一系列信息化工程的实施，国家对信息技术应用的要求不断提高，信息化成为一项全局性战略，在经济社会各个领域全面推进。在此背景下，信息安全保护的紧迫性日益凸显，商用密码的应用需求应运而生。

1996 年，中共中央政治局常委会研究决定要大力发展商用密码和加强商用密码的管理。1999 年，国务院颁布《商用密码管理条例》，首次以国家行政法规形式明确了商用密码的定义、管理机构和管理制度，规定国家密码管理委员会及其办公室主管全国的商用密码管理工作。同时，其对商用密码科研、生产、销售、使用、安全保密等方面做出了明确规定。这是中国密码领域的第一个行政法规，标志着中国商用密码的发展和管理开始步入法治化轨道。

2002 年，中央机构编制委员会批准国家密码管理委员会办公室下设商用密码管理办公室，进一步明确了商用密码管理体制机制，为后续商用密码的发展与管理提供了重要保障。中国商用密码市场规模从 2000 年全国不足 5 亿元增长到 2002 年的约 30 亿元。2005 年，国家密码管理委员会办公室正式更名为国家密码管理局，并公布了商用密码科研、生产、销售管理规定，进一步为加强商用密码发展和管理工作提供了保障。

2. 快速发展阶段

中国商用密码的快速发展阶段应该是在 2008—2018 年。该阶段商用密码的技术标准体系逐步建立和完善，技术创新能力和产品服务能力都得到了显著的发展，尤其是随着数字化技术与社会经济发展的深度融合，商用密码的应用领域实现了突破性的扩展。

从发展动力来看，2008—2013年，受电子政务、电子商务等数字化社会经济新模式的不断带动，政务、金融等重要领域的商用密码应用需求快速增长，商用密码产业得到了广泛的市场空间和发展机遇。与此同时，商用密码的技术标准体系也在不断完善，自主创新能力不断增强，为商用密码产业的快速发展奠定了重要基础。

2011年，经国家标准化管理委员会批准，密码行业标准化技术委员会正式成立，目前已发布商用密码行业标准近百项，中国自主设计的商用密码算法SM系列和ZUC算法已逐步进入国际舞台。由中国密码专家王小云提出的密码哈希函数碰撞攻击理论，破解了包括MD5、SHA-1在内的5个国际通用哈希函数算法，引起了国际密码界的震动。密码芯片设计、侧信道分析等一批密码核心关键技术取得重要突破。商用密码对信息安全的支撑能力显著增强。

以2013年中国4G网络正式商用为标志，近年来伴随着移动互联网、云计算、大数据、人工智能等新一代信息技术的不断发展，社会经济的数字化转型愈加深刻，网络信息化快速发展的同时，也带来了突出的安全问题，尤其是网络诈骗、隐私侵犯、数据泄露等相关热点事件的不断发生，使得对网络信息安全的重视程度得到空前提升。

中国高度重视网络空间安全，网络安全逐步上升为国家战略，给整个商用密码产业带来了新的政策机遇。商用密码作为中国自主网络安全技术的典型代表，随着信息安全等级保护和《中华人民共和国网络安全法》的颁布实施，商用密码的检测和安全评估变得更为重要。

3. 立法规范阶段

随着2019年10月26日《中华人民共和国密码法》的正式颁布，中国商用密码进入立法规范阶段。《中华人民共和国密码法》是中国密码领域的第一部法律，以立法形式来明确包括商用密码在内的密码管理和应用，体现了国家对于密码这一网络信息安全核心技术的高度重视，也标志着中国商用密码产业进入了新的发展阶段。

首先，《中华人民共和国密码法》顺应了全球视野下的商用密码管理变革，落实了中国密码管理职能的转变，重塑了全新的具有中国特色的商用密码管理体系。其次，《中华人民共和国密码法》对建立以商用密码从业单位为主体、商用密码市场为导向、产学研深度融合的密码技术创新体系有着重要的促进作用。再次，《中华人民共和国

《密码法》有利于重构中国网络空间安全新格局，肩负起助力中国在新兴信息技术领域实现"换道超车"。最后，《中华人民共和国密码法》对中国商用密码的发展带来了机遇，为以后商业密码的发展指明了方向。

7.1.4 商用密码应用案例

1. 政务领域商用密码典型应用

中国政务信息化持续深入，已经逐步进入集约整合、全面互联、协同共治、共享开放的新阶段。商用密码在政务领域中的应用尤为典型。在电子政务、政务云等场景中存在着身份认证、无纸化办公、数据加密传输、数据安全存储、电子回执、电子审批、电子发票等各个密码应用环节，以实现机密性、可控性以及责任可回溯性等必要特性。同时，随着智能手机、平板电脑、计算机等移动设备产品在移动办公中的广泛应用，移动数据的安全如何得到保障，如何对接入政务系统的移动智能设备进行识别和管理等，也已经成为目前安全管理的重大问题。

北京市政务信息化从 20 世纪末就已经开始筹备，21 世纪初由于建设北京电子政务的需要，密码技术开始逐步应用推广。现阶段，政务信息化系统已经初步建立，后续将在集约、协调、共享等方面持续深化，密码应用也在逐步加深。

面向电子政务，针对现阶段 RSA 国密通用算法的安全风险，北京商用密码企业提出自建 CA 方式为整个系统应用提供国密数字证书来源，同时部署密码安全产品为上层应用系统提供支撑，完成从电子回执、电子审批到互联网申报和无纸化办公的全电子化方式的密码技术应用。该方案具有传输安全服务高可靠、数据安全、自身可控等特点。针对电子证照的数据电文真实性和合法性风险，北京商用密码企业主要采用密码云技术，通过云签名网关系统使用云签名平台，提供专业的密码云签名和云签章服务，电子证照系统密码应用体系包含安全接入系统、云签名平台、CA 中心。

面向政务云，需要提供更高等级的密码安全防护。针对云密码服务体系缺乏贯穿政务云平台的密码服务能力、密码技术与政务云横向耦合脱节、不同应用的密码服务标准不统一等问题，北京商用密码企业基于国密算法为政务云环境提供密码服务应用系统，实现以密码功能为基础、硬件密码设备为载体、密码服务为核心，提供加密、解密、签名、认证和相应的密码管理、安全防护等一体化服务保障。该方案的特点为基于国密技术构建安全基础设施、建立身份管理权威数据源、建立统一身份认证中心以实现应用访问单点登录、建立应用集成接口规范以实现便捷集成。

面向移动办公，需要确保一体化移动办公系统及其使用的安全。北京商用密码企业开发安全移动办公系统，保障移动端安全、信道安全、接入安全和服务端安全，系统主要由安全移动终端、下一代防火墙、移动安全接入网关、移动办公安全管理平台、移动安全管理中心和数字证书系统等组成，支持运行环境隔离、身份认证、数据存储加密和移动终端管控等安全功能，保障移动终端访问内部办公网过程中的数据加密传输、身份认证与访问控制和数据安全隔离交换。此外，密码机、CA 服务器、虚拟手机服务器的组合使用，可在一定程度上解决移动办公及移动业务操作过程中的数据及文件的安全保密、网络传输安全保密、人员身份认证与设备集中管理和访问控制等。

2. 金融领域商用密码典型应用

金融业是应用信息技术最早的行业之一，也是密码应用的先行示范区。信息技术的广泛应用极大地促进了金融业务的应用与普及，近年来随着数字化支付结算、电子商务等的普及，金融业呈现全面信息化趋势，线上用户规模不断扩大，网上银行对银行柜面业务的替代率已达 80% 以上。现阶段，5G、云计算、大数据等新技术和数字货币、智能合约等新业态正处于落地应用初期阶段，金融信息化持续加深使得金融行业信息和系统安全面临身份伪造、数据泄露等诸多安全风险隐患。

金融信息系统的安全管理涉及数字签名、密钥管理、身份认证、访问控制、数据完整性控制、应用安全协议和事务处理等环节。此外，金融数据安全也至关重要，需要满足数据加密、身份鉴别、访问控制、取证溯源等安全需求。这就需要在信息系统建设和业务运行管理的相关环节嵌入密码技术，如在网上银行、电子保单和网上证券安全方面，通过基于密码技术的数字证书、数字签名、电子签章、时间戳等，提供身份认证，以及业务数据和电子合同的机密性、完整性保护。因此，金融机构需要提前规划密码应用方案，与新建信息系统同步规划密码技术应用，对存量信息系统可按步骤做好升级改造。

金融领域密码应用试点过程中，智能 IC 卡、跨行交易、网上银行等传统业务的密码应用已相对成熟，而面向移动金融、数字货币等新业态的密码应用还需持续探索优化。

针对网上银行和手机银行资金交易等潜在高风险环节，北京商用密码企业主要以确保交易环境可信为方向推动产品和服务创新。如采用数字签名技术对关键信息进行签名、对传输信息进行加密处理，并通过动态口令技术对用户身份进行确认。配套研制的新产品包括新型蓝牙产品、动态令牌，同时也有企业建立了一套适合于所有电子渠道的统一认证平台，来统一处理用户认证、交易认证、风险监管和防范等，以有效保障复杂环境中转账交易环节的安全。

针对网银系统商用密码算法的应用改造，北京商用密码企业主要在数字证书、动态令牌、单向 / 双向 SSL、电子签名等环节嵌入商用密码算法。主要做法包括将构建存储有国密数字证书的智能密码钥匙登录网银系统，并对电子签名交易等数据进行国密电子签名；使用动态口令登录网银系统；构建单向 / 双向国密 SSL，保证数据传输安全。改造方案做到完整灵活、无感知、原有网银架构无改动。

3. **交通领域商用密码典型应用**

交通行业与人民群众日常出行及地区经济发展息息相关，公交、轨道交通、公路、航空等均已成为驱动区域经济发展的强劲动力。交通运输领域安全问题涉及基础信息网络、关键信息基础设施、产品功能和安全性检测认证、数据保护等内容。其中，地铁信息系统是国家重要基础设施的组成部分，近年来地铁已经成为人们日常出行重要的公共交通工具。为缓解高峰期乘客排队购票的现象，提升出行效率，手机地铁 APP 乘车成了重要的补充方式。其中，乘客身份确认、乘车费用结算、乘客信息保护等问题亟待解决。

针对二维码乘车过程中涉及的乘客身份识别、二维码防复制和盗刷、APP 信息泄露、乘客乘车费用的不可否认性、与第三方支付机构的安全清分结算等环节存在的安全问题，北京商用密码企业给出了解决方案，主要通过数字证书的安全策略在地铁信任区域内建立一套完善的、安全的身份识别体系，结合数字签名技术、SSL/TLS 安全传输技术，以保障地铁 APP 扫码使用过程中乘客的身份认证、数据安全传输、关键数据的完整性和操作的不可否认性等问题。

4. **工业领域商用密码典型应用**

商用密码在工业领域的应用主要涉及工业互联网等领域。当前阶段，工业互联网产业基础尚显薄弱，面临着网络攻击、身份伪造、数据泄露等诸多潜在威胁。应用密码手段可加强工业控制网络、重要信息系统、工业智能控制设备、工业控制数据等的安全。密码在工业领域的应用涉及密钥管理、身份验证、传输加密、数据加解密、数据可信验证、密码隔离等。

针对工业互联网的安全需求，包括终端适配和用户身份认证需求、系统内不同的网络速率和连接要求的通信网络传输认证和传输加密、关键参数等敏感数据的存储和使用安全、不同安全等级区域间协同的密码隔离。北京商用密码企业以嵌入式安全模块、工控密码网关、中心密码网关、安全认证网关、安全隔离网关等密码产品为载体，以密钥管理与证书管理子系统为平台支撑，整体为工业控制系统提供全方位的安全保

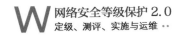
障。最终实现现场控制层和过程监控层设备之间的身份认证、现场控制层设备数据机密性和完整性保护、过程监控层海量终端接入和数据加密保护、过程监控层与生产管理层之间的正反向隔离传输保护。

5. 新型领域商用密码典型应用

随着云计算的快速发展，云计算的安全问题越来越引起重视。由于对安全问题的担心和其他顾虑，目前国内云计算的使用率低于其他国家。然而金融业务、政务、电子商务等对云端业务的需求越发迫切。云计算的密码功能需求主要体现在两个方面：一是云平台自身的安全防护，云平台的自身安全主要是云计算基础环境安全、数据安全性、访问控制和身份验证几个环节；二是满足云端业务服务需求，云端业务的密码运算功能需求与传统的密码需求类似，区别主要是云端业务需要密码服务的高可用性和密码运算资源的弹性分配。北京商用密码企业针对云上密码应用迫切的需求，在国内率先开发了云服务器密码机和 PCI-E 云密码卡等密码产品，并联合阿里云、腾讯云、华为云等主流云平台厂商进行产品集成和对接，在公有云、政务云、金融云等多种云环境中提供支持国密算法的密码服务功能。

在物联网、大数据融合应用的推动下，IP 网络摄像头被规模化使用。但随着视频监控建设应用不断深入，也面临着诸多挑战。首先，从前端设备到监控中心，视频数据在采集、传输、存储、调阅过程中处于"裸露"状态，信息安全防护弱，数据与敏感信息存在失控泄露风险。其次，海量终端接入存在身份认证与大规模管理难的问题，海量数据预测预警安全防范处理能力尚不足。北京商用密码企业针对基于国密算法的设备身份认证，信令和数据的真实性、完整性、可追溯性，以及基于视频帧的端到端加密保护，确保视频数据的机密性等用户需求，也提供了丰富的产品服务。

此外，商用密码在智慧城市、车联网、区块链等领域也正在逐步发挥更加重要的支撑作用，未来面向重点领域的商业密码应用将迎来更加广阔的发展空间。

7.2 身份鉴别

7.2.1 传统身份验证方式的优缺点

传统的"账号 + 密码"身份验证方式中提及的密码为静态密码，是由用户自己设定的一串静态数据，静态密码一旦设定之后，除非用户更改，否则将保持不变。这也就导致了静态密码的安全性存在隐患，如容易被偷看、猜测、字典攻击、暴力破解、窃取、监听、重放攻击、木马攻击等。为了从一定程度上提高静态密码的安全性，用户可以定期对密码进行更改，但是这又导致了静态密码在使用和管理上的困难，特别是当一个用户有几个甚至几十个密码需要处理时，非常容易造成密码记错和密码遗忘等问题，而且也很难要求所有的用户都能够严格执行定期修改密码的操作，即使用户定期修改，密码也会有相当一段时间是固定的。总体来说，静态密码的缺点和不足主要表现在以下几个方面。

① 静态密码的易用性和安全性互相排斥，两者不能兼顾，简单容易记忆的静态密码安全性弱，复杂的静态密码安全性高但是不易记忆和维护。

② 静态密码安全性低，容易遭受各种形式的安全攻击。

③ 静态密码的风险成本高，一旦泄密将可能造成最大程度的损失，而且在发生损失以前，通常不知道静态密码已经泄密。

④ 静态密码的使用和维护不便，特别是一个用户有几个甚至十几个静态密码需要使用和维护时，静态密码遗忘及遗忘以后所进行的挂失、重置等操作通常需要花费不少的时间和精力，非常影响正常的使用。

因此，静态密码机制虽然使用和部署非常简单，但从安全性上讲，静态密码属于单因素的身份认证方式，已无法满足互联网对于身份认证安全性的需求。

7.2.2 双因子认证的原理

身份认证是在计算机网络中确认操作者身份的过程，用户的身份认证基本方法可以分为 3 种。

① 根据用户所知道的信息来证明用户的身份，如静态密码等。

② 根据用户所拥有的东西来证明用户的身份，如动态口令、数字证书等。

③ 根据用户所具有的生物特征来证明用户的身份，如指纹、虹膜、语音等。

所谓的双因子认证，就是将以上任意两种认证方法结合起来，对用户的身份进行认证。目前使用比较广泛的双因子认证方案有："静态口令 + 动态口令""静态口令 + 数字证书"等。

双因子认证的应用领域十分广泛，如银行、证券、网游、电子商务、电子政务、网络教育、企业信息化等领域，可以保护多种类型的应用系统，如主机、各种网络设

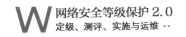
备及各种使用计算机、手机、电话、数字电视等作为操作终端的应用系统。

双因子认证可以普及到用户的日常网站、论坛的登录中。日常网站、论坛在采用双因子认证方式时，可以采用网站、论坛原来的登录密码作为一个认证因素，再将动态口令、数字证书等作为另一个认证因素，构成双因子认证机制。通过采用双因子认证，可以为日常网站、论坛的登录提供更高安全级别的保障。

强身份验证实现的难易程度要根据所选择的认证因素类型来决定。目前使用比较广的双因素身份验证方式有"静态口令＋动态口令"和"静态口令＋数字证书"，这两种方式都需要通过后端认证平台和终端设备配合来实现。采用不同类型的认证因素，对于普通用户和企业的要求也不一样。但是总地来说，目前采用的强身份验证方案都较成熟，且已经有较多的应用经验，所以实施起来并不复杂。从使用和维护的角度，以及对于普通用户和企业来说，门槛也不高。

相比较而言，动态口令的实施部署和维护成本比较低，而数字证书的实施维护成本非常高，同时，使用数字证书需要用户具有较高的计算机专业知识。

另外，强身份验证的成本也需要根据所选择的认证因素类型来决定。强身份验证需要由后端认证平台和终端设备配合起来实现，所以成本也需要包含这两个方面。就目前的应用情况来看，主流的强身份验证方式的总成本还是可以接受的。

7.2.3 双因子认证解决方案

就目前的主流技术而言，除了静态密码之外，可以采用的身份验证方式还有如下几种。

1. 动态口令

（1）动态口令概述

动态口令是变动的口令，其变动来源于产生口令的运算因子是变化的。动态口令一般都由两个运算因子生成：其一，为用户的私有密钥，它代表用户身份的识别码，是固定不变的；其二，为变动因子，正是变动因子的不断变化，才产生了不断变动的动态口令。采用不同的变动因子形成了不同的动态口令认证技术：基于时间同步（Time Synchronous）认证技术、基于事件同步（Event Synchronous）认证技术和挑战／应答方式的异步（Challenge／Response Asynchronous）认证技术。

① 基于时间同步认证技术。这是基于令牌和服务器的时间同步，通过运算来

生成一致的动态口令的认证技术。由于其同步的参照物是国际标准时间，因此要求服务器能够保持十分精确的时钟，同时对其令牌的晶振频率也有严格的要求。另外，基于时间同步的令牌在每次进行认证时，服务器端将会检测令牌的时钟偏移量，相应地不断微调自己的时间记录，从而保证了令牌和服务器的同步。由此可知，对于时间同步的设备，利用系统时钟进行保护是十分必要的，特别是对于软件令牌，由于其依赖的是用户终端 PC 或移动电脑的系统时钟，当令牌数量分散，且终端属于多个不可控的网络系统时，保证众多的终端同认证服务器的时钟同步十分重要。同样，对于基于时间同步的一台或多台服务器，应严格地保护其系统时钟，不得随意更改，以免发生同步差错。对于失去时间同步的令牌，目前可以通过增大偏移量的技术（前后 10 分钟）来进行远程同步，确保其能够继续使用，降低对应用的影响；但对于超出默认值（共 20 分钟）的时间同步令牌，将无法继续使用或进行远程同步，必须由系统管理员在服务器端另行处理。

② 基于事件同步认证技术。其原理是将某一特定的事件次序及相同的种子值作为输入，利用特定算法运算出一致的密码，其运算机理决定了整个工作流程与时钟无关，不受时钟的影响。令牌中不存在时间脉冲晶振，但由于其算法的一致性，其口令是预先可知的，通过令牌，可以预先知道多个密码，故当令牌遗失且没有使用 PIN 码对令牌进行保护时，存在非法登录的风险，故使用事件同步的令牌，对 PIN 码的保护是十分必要的。同样，基于事件同步的令牌也存在失去同步的风险，如用户多次无目的地生成口令等。对于令牌失去同步的情况，事件同步的服务器使用增大偏移量的方式进行再同步，服务器端自动向后推算一定次数的密码，来同步令牌和服务器；当失去同步的情况非常严重，大范围超出正常范围时，通过连续输入两次令牌计算出的密码，服务器将在较大的范围内进行令牌同步。一般情况下，令牌同步所需的次数不会超过 3 次，但在极端情况下，不排除失去同步的可能性，例如，电力耗尽，在更换电池时操作失误等，此时，令牌仍可通过手动输入由管理员生成的一组序列值来实现远程同步，而无须返回服务器端重新同步。

③ 挑战／应答方式的异步认证技术。对于异步令牌，由于在令牌和服务器之间除相同的算法外不需要进行同步，故能够有效地解决令牌失去同步的问题，极大地增加了系统的可靠性。异步口令的缺点主要是在使用时，用户需增加一个输入挑战值的步骤，对于操作人员，增加了复杂度，故在应用时，要根据用户应用的敏感程度和对安全的要求程度来选择密码的生成方式。

（2）动态口令系统架构

动态口令系统架构如图 7-2 所示。

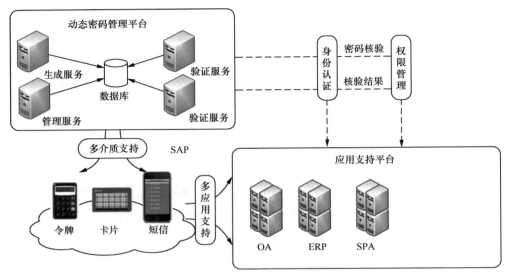

图 7-2　动态口令系统架构

（3）动态口令的应用场景

① OA 系统登录流程

a）用户访问 Web OA 应用系统主页，页面中要求用户输入单位的用户名、静态口令、动态口令以及验证码（加强双因子认证和防钓鱼网站）。

b）用户输入单位的用户名、静态口令、验证码和使用动态口令产生器或短信接收动态口令，作为系统的动态口令输入，并点击"登录"。

c）首先服务器端验证用户名和静态密码，接着调用动态令牌服务器的验证 API，把动态口令和验证码交给动态令牌服务器进行验证。

d）验证通过后，动态令牌服务器会返回 True 给应用，应用对登录用户信息做比较，确认信息无误，允许用户登录。

② 运维审计系统引入动态口令机制

基于运维审计系统的验证方式支持 Radius 协议进行通信，动态令牌系统提供的客户端验证方式与运维审计系统可以实现无缝接入，实现统一管理运维系统的操作员的口令登录方式的身份认证。

验证方式：使用动态密码验证代替静态密码，完成操作员身份认证；动态令牌与 AD 域服务器验证结合。操作员登录系统时，要求操作员先完成静态口令登录方式的身份认证，静态密码的验证由动态服务器和 AD 域服务器交互完成，而后进行挑战应答登录方式的身份验证。在此要求必须在口令登录通过的条件下进行挑战应答登录，只有挑战应答登录通过后才能确认该操作员通过系统的身份认证。动态口令实现流程如图 7-3 所示。

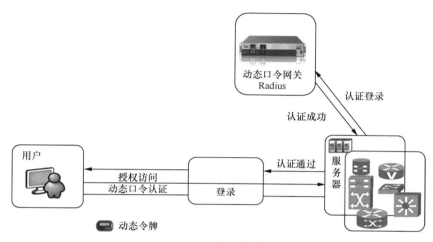

图 7-3　动态口令实现流程

a）用户登录任何网络设备，输入用户名，通过本地 Token 终端获取动态密码。

b）在登录的网络设备及业务系统密码栏输入获得的动态口令密码，用户网络设备或业务系统获得用户的动态口令密码，发送到动态口令服务器进行验证，验证成功后，网络设备或业务系统允许客户端进行登录。

c）验证失败，用户无法登录网络设备及业务系统。

2. 数字证书认证

（1）数字证书概述

数字证书就是网络通信中标志通信各方身份信息的一系列数据，其作用类似现实生活中的身份证。它是由一个权威机构发行的，人们可以在互联网上用它来识别对方的身份。

最简单的证书包含一个公开密钥、名称以及证书授权中心的数字签名。一般情况下证书中还包括密钥的有效时间、发证机关（证书授权中心）的名称、该证书的序列号等信息，证书的格式遵循 ITU-T X.509 国际标准。

一个标准的 X.509 数字证书包含以下内容。

① 证书版本号。

② 证书序列号，每个证书都有一个唯一的证书序列号。

③ 证书所使用的签名算法。

④ 证书的发行机构名称，命名规则一般采用 X.500 格式。

⑤ 证书的有效期，现在通用的证书一般采用 UTC 时间格式，它的计时范围为 1950-2049。

⑥ 证书所有人的名称，命名规则一般采用 X.500 格式。

⑦ 证书所有人的公开密钥。

⑧ 证书发行者对证书的签名。

X.509 V3 证书属性如图 7-4 所示。

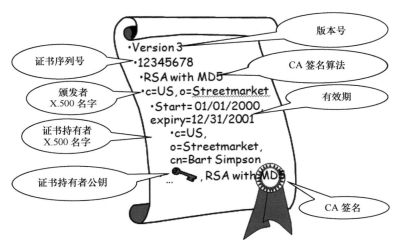

图 7-4   X.509 V3 证书属性

使用数字证书，通过运用对称和非对称密码体制等密码技术建立一套严密的身份认证系统，从而保证信息除发送方和接收方外不被其他人窃取；信息在传输过程中不被篡改；发送方能够通过数字证书来确认接收方的身份；发送方对于自己的信息不能抵赖。

（2）数字证书的生成

数字证书是由认证中心（CA）或者认证中心的下级认证中心颁发的。根证书是认证中心与用户建立信任关系的基础，在用户使用数字证书之前必须首先下载和安装。数字证书信任关系如图 7-5 所示。

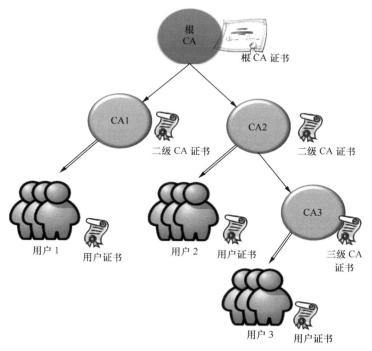

图 7-5　数字证书信任关系

认证中心（**CA**）是一家能向用户签发数字证书以确认用户身份的管理机构。为了防止数字凭证的伪造，认证中心的公共密钥必须是可靠的，认证中心必须公布其公共密钥或由更高级别的认证中心提供一个电子凭证来证明其公共密钥的有效性，后一种方法导致了多级别认证中心的出现。

① 用户签名数字证书签发流程

用户签名数字证书签发流程如图 7-6 所示。

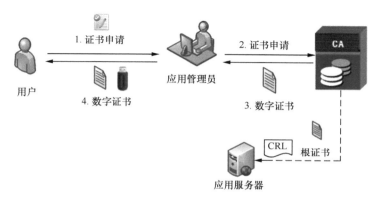

图 7-6　用户签名数字证书签发流程

a）RA 操作员通过 RA 操作终端录入用户信息到 RA 数据库中。

b）RA 操作员通过 RA 操作终端向 RA 服务器发起申请该用户数字证书的操作。

c）RA 服务器根据 CA 数据库中的信息生成数字证书申请请求，该请求包括数字证书的种类、数字证书 DN、有效期等信息。

d）RA 服务器通过经认证和加密的 SSL 安全通道向 CA 服务器发送数字证书申请请求。

e）CA 服务器根据策略判断是否允许签发该数字证书，如果允许，则生成数字证书下载授权码并返回给 RA 服务器。

f）RA 服务器收到 CA 服务器的数字证书下载授权码后，开始下载数字证书。

g）RA 操作员将一个空白的 USB Key 插入 RA 操作终端，并确认下载。

h）RA 服务器调用 USB Key 的 CSP 接口，在 USB Key 内部生成 RSA 密钥对，并将公钥导出发送给 RA 服务器。

i）RA 服务器将数字证书下载的授权码和用户的公钥作为数字证书签发请求发送给 CA 服务器，要求 CA 服务器签发用户数字证书。

j）CA 服务器使用加密机中的签名密钥签发数字证书，并将数字证书返回给 RA 服务器。同时，在 CA 数据库中存储该数字证书的相关信息，并根据该数字证书 DN 将其发布到主目录服务器上。

k）RA 服务器得到数字证书后，通过调用 USB Key 的 CSP 接口，将数字证书写入 USB Key 中，用户签名数字证书签发完成。

② 加密数字证书签发过程

a）RA 操作员通过 RA 操作终端录入用户的信息到 RA 数据库中。

b）RA 操作员通过 RA 操作终端向 RA 服务器发起申请该用户数字证书的操作。

c）RA 服务器根据 RA 数据库中的信息生成数字证书申请请求，该请求包括数字证书的种类、数字证书 DN、有效期等信息。

d）RA 服务器通过经认证和加密的 SSL 安全通道向 CA 服务器发送数字证书申请请求。

e）CA 服务器根据策略判断是否允许签发该数字证书，如果允许，则生成数字证书下载授权码并返回给 RA 服务器。

f）RA 服务器收到 CA 服务器的数字证书下载授权码后，开始下载数字证书。

g）RA 操作员将一个空白的 USB Key 插入 RA 操作终端，并确认下载。

h）RA 服务器调用 USB Key 的 CSP 接口，在 USB Key 内部生成 RSA 密钥对，并将公钥导出作为临时密钥发送给 RA 服务器。

i）RA 服务器将数字证书下载的授权码和用户的临时密钥，作为数字证书签发请求发送给 CA 服务器，要求 CA 服务器签发用户数字证书。

j）CA 服务器将用户的临时密钥发送给 KMC 服务器，向 KMC 服务器请求一个用户加密密钥。

k）KMC 服务器从 KMC 数据库中获取一对预先产生且未使用过的密钥对，使用用户的临时密钥将私钥部分封装到数字信封（加密）后，连同公钥的明文一起返回给 CA 服务器。

l）CA 服务器使用加密机中的签名密钥签发数字证书，并将数字证书和经过加密的私钥返回给 RA 服务器。同时，在 CA 数据库中存储该数字证书的相关信息并将根据该数字证书 DN，将其发布到主目录服务器上。

m）RA 服务器得到数字证书和经过加密的私钥后，通过调用 USB Key 的 CSP 接口，将数字证书写入 USB Key 中，同时使用 USB Key 中的临时密钥解密经过加密的私钥，并将私钥导入 USB Key 中。加密数字证书签发完成。

（3）数字证书体系构成

数字证书体系由数字证书签发服务平台、数字证书应用支撑平台组成。

① 数字证书签发服务平台

数字证书签发服务平台的主要功能是为数字证书用户发放数字证书，实现数字证书的签发、更新、作废等生命周期的管理。数字证书签发服务平台通过 LDAP 目录服务器发布用户的数字证书和 CRL。数字证书应用支撑平台通过查询目录服务器，可以得到最新的用户数字证书和 CRL，并可以通过 CRL 和 OCSP 服务器来验证用户数字证书是否被作废。其建设内容包括 CA 系统、密钥管理系统（KMC）、证书注册 RA 系统、时间戳系统、证书发布 LDAP 系统。

② 数字证书应用支撑平台

数字证书应用支撑平台的主要功能是为各种业务应用系统提供基于数字证书应用的安全支撑服务。其建设内容包括基于数字证书的身份认证服务、数字签名服务、通信加密服务等；此外，将数字证书认证应用于业务系统，使数字证书认证体系和应用系统紧密结合，有效地提高了应用系统的安全防护能力。

（4）数字证书的应用场景

① 身份验证和通信加密

为配合进行基于数字证书的登录认证，并且对所有通信数据的信道加密，一般需要使用应用安全网关。应用安全网关旁路部署在业务接入区，可以对数字证书进行认证，透传证书信息到后台应用系统，并且对通信数据进行加密。身份验证和通信加密的实现方式如图 7-7 所示。

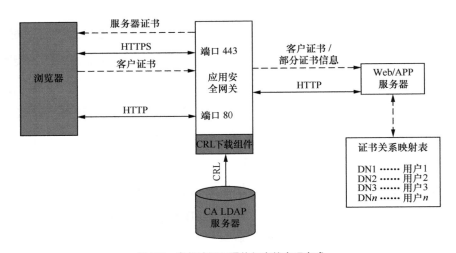

图 7-7　身份验证和通信加密的实现方式

a）应用系统能够获取应用安全网关传递的证书信息参数。

b）应用系统需要建立证书和用户账号的对应关系。通常的实现方法是在用户管理数据库中建立一个对应表，表中是证书中能够唯一证明用户身份的信息（如证书 DN、序列号等）和原有用户账号的对应关系。

将 CA 认证体系的证书用户与应用系统中的用户相关联，实现用户的访问权限控制和用户的统一管理。系统可以选择同时支持证书认证和"用户 + 口令"认证两种方式，也可以选择只支持证书认证方式。

证书认证方式的访问和权限控制流程如下。

a）用户访问业务系统。

b）提示用户选择证书登录，并提供证书。

c）应用网关提取用户证书信息并验证证书。

d）将用户证书信息传递给业务系统。

e）用户提交证书后，由业务系统从数据库中获取用户信息进行认证。

f）认证正确后，获取到用户权限等信息，直接进入业务系统。

② 签名 / 验签

数字证书可以实现应用系统中公文流转、领导审批、公文发布时文件和 Web 表单内容的数字签名和验证，以及内容的加密和解密服务。实现内容的完整性、防篡改保护，并可以获得数字化的、具有法律效力的电子凭证，起到防抵赖、责任认定的作用。

签名 / 验签以签名服务器为核心，还包括提供给应用开发的签名服务器 API，以及提供给最终用户使用的签名服务器客户端控件。将这 3 个部分进行有效的无缝整合后，组成签名、应用、用户三位一体的签名 / 验签系统。其部署方式如图 7-8 所示。

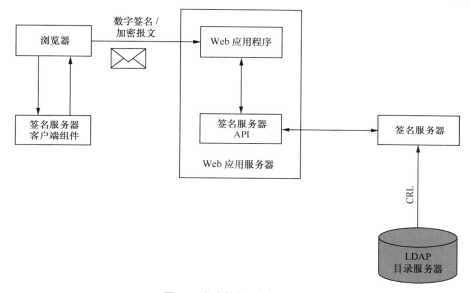

图 7-8   数字签名服务部署方式

签名 / 验签服务的步骤如下。

a）首先在业务系统的应用服务器上添加签名服务器 API，然后在业务系统中调用相应的函数，并配置与签名服务器通信的方式。

b）配置使用数字签名服务器，保证完成由业务应用中签名服务器 API 发出的操作请求，并将操作结果返回给业务系统。

c）在使用者的机器上安装签名服务器客户端控件和用户的证书；当使用者进行业务操作时，根据业务系统的要求完成安全数据的交换，实现网上数据的安全传输。

3. 生物识别技术

（1）生物识别技术概述

生物识别技术是通过可测量的身体或行为等生物特征进行身份认证的一种技术。生物特征是指唯一的可以测量或可自动识别和验证的生理特征或行为方式。生物特征分为身体特征和行为特征两类。身体特征包括声纹（Voiceprint）、指纹、掌形、视网膜、虹膜、人体气味、脸形、手的血管和 DNA 等；行为特征包括签名、语音、行走步态、击打键盘的力度等。目前部分学者将视网膜识别、虹膜识别和指纹识别等归为高级生物识别技术；将掌形识别、脸形识别、语音识别和签名识别等归为次级生物识别技术；将血管纹理识别、人体气味识别、DNA 识别等归为"深奥的"生物识别技术。广泛应用指纹识别技术的领域有门禁系统、微信支付等。

采用生物识别技术进行身份认证时，必须在客户端安装采集生理特征或行为方式的输入设备，它可能会存在误认和误拒的现象，可能会导致正确的用户被拒绝访问，而非法用户被允许访问等情况。同时，它的应用范围也有所限制，例如，指纹、虹膜等识别技术就无法应用在电话委托系统、电视遥控器等中。

（2）生物识别系统的架构

生物识别系统包括"生物特征采集子系统""数据预处理子系统""生物特征数据库子系统""生物特征匹配子系统"，以及系统识别的对象——人。

"生物特征采集子系统"是通过采集系统自动获得生物特征数据的部分，如图 7-9 所示，它对识别对象的生物体进行采样，并把采样信号转化为数字代码。它以特定的规则来表示当前采集到的生物特征，并通过某种安全的方式传送到数据预处理子系统。

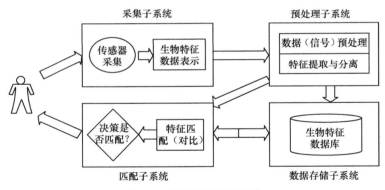

图 7-9　生物识别系统的架构

"数据预处理子系统"对采集到的生物数据进行信号预处理，一般包括滤波去噪、去伪存真、信号平滑处理等。之后通过特定数学方法，从处理过的数据信号中提取和分离出一系列具有代表性的生物特征值，形成特征值模板，存入生物特征数据库子系统中。

在"生物特征数据库子系统"中，需要建立生物特征与身份信息的关联关系，并且保证数据存储的安全和可靠。

"生物特征匹配子系统"通过模式识别算法，把待识别的生物特征与数据库子系统中的生物特征进行比对，并按照事先确定的筛选条件（阈值）判断是否匹配成功。如果匹配成功，输出数据库中的人员身份信息。

一般而言，常见的生物识别系统有自动指纹识别系统（AFIS）、自动脸形识别系统、掌形识别系统和虹膜识别系统等。

（3）生物识别的应用场景

① 机场出入口动态人脸监控

动态人脸监控可部署在机场各重点出入口，通过现场摄像机进行前端视频采集，经过对摄像机高度、角度、光照等优化，获得良好的人脸识别环境，可在这些卡口部署报警监控端，在后端部署人脸特征数据库，通过这些卡口的人员将自动与后台数据比对，如在逃人员库，一旦发现匹配且相似度达到阈值，将自动报警并提醒前端干警。

② 车站 / 机场安检，人证合一

二代身份证信息及照片的读取。对印刷 / 粘贴有照片的驾驶证、护照、从业资格证等证件进行拍照，并自动检测和裁剪出人脸照片，以及自动检测和抓拍持证人的正面、清晰的实时现场人脸照片和场景照片。对证件照片和持证人现场人脸照片进行自动识别比对，给出验证通过和验证失败的结论。验证失败时，须人工核实确认持证人身份后，才可以继续进行下一步业务办理过程。

③ 人脸识别登录

人脸识别登录流程如图 7-10 所示。

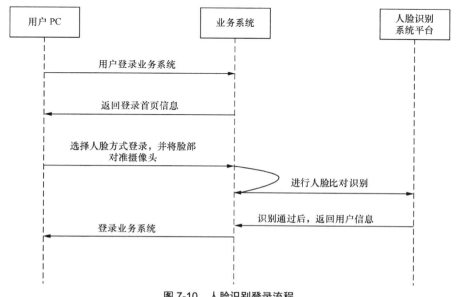

图 7-10　人脸识别登录流程

人脸识别登录具体流程如下。

a）用户访问业务系统。

b）提示用户进行人脸识别，并通过摄像头采集脸部信息。

c）将脸部信息提交给人脸识别系统。

d）人脸识别系统将人脸信息和数据库中的人脸信息进行比对。

e）识别通过后，返回用户信息。

f）用户识别通过后进入业务系统。

安全管理体系设计

第 8 章

8.1 安全管理制度

8.1.1 安全管理制度标准

根据 GB/T 22239-2019《信息安全技术 网络安全等级保护基本要求》，安全管理制度标准要求如表 8-1 所示。

表 8-1 安全管理制度标准要求

项目	第一级安全要求	第二级安全要求	第三级安全要求	第四级安全要求
安全策略	—	应制定信息安全工作的总体方针和安全策略，说明机构安全工作的总体目标、范围、原则和安全框架等	同第二级安全要求	同第二级安全要求
管理制度	应建立日常管理活动中常用的安全管理制度	a）应对安全管理活动中的主要管理内容建立安全管理制度； b）应对要求管理人员或操作人员执行的日常管理操作建立操作规程	在第二级安全要求的基础上增加： 应形成由安全策略、管理制度、操作规程、记录表单等构成的全面的信息安全管理制度体系	同第三级安全要求
制定和发布	—	a）应指定或授权专门的部门或人员负责安全管理制度的制定； b）安全管理制度应通过正式、有效的方式发布，并进行版本控制	同第二级安全要求	同第二级安全要求
评审和修订	—	应定期对安全管理制度的合理性和适用性进行论证和审定，对存在不足或需要改进的安全管理制度进行修订	同第二级安全要求	同第二级安全要求

8.1.2 安全策略和制度体系

1. 建设思路

安全技术措施的有效实施需要安全管理制度的助力，同样，安全管理制度的落实也常常需要技术措施的支撑，两者是相辅相成、相互关联的。等级保护对于单位安全制度体系的建设要求参照了 ISO 27001 的相关标准，需要建设符合单位实际情况的管理制度体系，应覆盖物理、网络、主机系统、数据、应用、建设和运维等管理内容，并对管理人员或操作人员执行的日常管理操作建立操作规程。

2. 建设内容

单位信息安全管理制度体系应结合实际业务需要，建立符合本单位的安全制度体系，安全管理制度体系如图 8-1 所示。

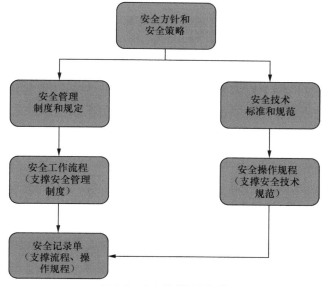

图 8-1　安全管理制度体系

（1）安全方针和安全策略

安全方针和安全策略陈述本策略的目的、适用范围、信息安全的管理意图、支持目标以及指导原则，信息安全各个方面所应遵守的原则方法和指导性策略。

（2）安全管理制度和安全技术规范

各类管理规定、管理办法和暂行规定。从安全策略主文档中规定的安全各个方面所应遵守的原则方法和指导性策略引出的具体管理规定、管理办法和实施办法，必须具有可操作性，而且必须得到有效推行和实施。

安全技术标准和规范，包括各个安全等级区域网络设备、主机操作系统和主要应用程序应遵守的安全配置和管理的技术标准和规范。安全技术标准和规范将作为各个网络设备、主机操作系统和应用程序的安装、配置、采购、项目评审、日常安全管理和维护时必须遵照的标准，不允许发生违背和冲突情况。

（3）安全工作流程和安全操作规程

为信息安全建立相关的流程，保证安全运营可以遵照标准流程制度执行，主要的内容包括以下几项。

流程制定：建立健全的流程管理制度，主要包括的流程有安全事件处置流程、安全风险评估流程、安全事件应急响应流程、安全事件溯源取证流程、安全设备上线交割流程等。

流程变更维护：定期地维护和修订相关的管理制度。

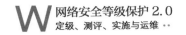
流程发布：根据需要，定期发布变更后的全套流程到相关的组织范围内，并对发布的流程进行相关的培训。

（4）安全记录单

安全记录单是落实安全流程和操作规程的具体表单，根据不同等级信息系统的要求可以通过不同方式的安全记录单落实并在日常工作中具体执行。安全记录单主要包括日常操作的记录、工作记录、流转记录以及审批记录等。

8.1.3 制度文件管理

1. 建设思路

制度文件需要正式发布并进行定期评审修订和版本控制。信息安全管理制度应该得到单位负责人的签发和认可，只有被正式发布并真正落实的管理制度才能促使单位安全管理能力的提升和安全技术措施的有效运行。

2. 建设流程

信息安全管理制度体系是不断改进和完善的过程，主要包括以下内容。

（1）制定和发布

安全制度系列文档制定后，必须有效发布和执行。发布和执行过程中除了要得到管理层的大力支持和推动外，还必须要有合适的、可行的发布和推动手段，同时在发布和执行前对每个人员都要做与其相关部分的充分培训，保证每个人员都知道和了解与其相关部分的内容。

安全制度在制定和发布过程中，应当遵守以下规定。

① 安全管理制度应具有统一的格式，并进行版本控制。

② 安全管理职能部门应组织相关人员对制定的安全管理制度进行论证和审定。

③ 安全管理制度应通过正式的、有效的方式发布。

④ 安全管理制度应注明发布范围，并对收发文进行登记。

这是一个长期的、艰苦的工作，需要付出艰苦的努力，而且由于牵扯到许多部门和绝大多数员工，可能需要改变工作方式和流程，所以推行起来的阻力会相当大；同时安全策略本身存在的缺陷，包括不切实可行、太过复杂和烦琐、部分规定有缺欠等，都会导致整体策略难以落实，需要不断改进。

（2）评审和修订

信息安全领导小组应组织相关人员对于信息安全制度体系文件进行评审，并确定其有效执行期限，同时应指定信息安全职能部门每年审视安全策略系列文档，具体检查包括以下内容。

① 信息安全策略中的主要更新。

② 信息安全标准中的主要更新；信息安全标准不需要全部更新，可以仅对因变更而受影响的部分进行更新；如果必要，可以使用年度审视／更新流程对信息安全标准做一次全面更新。

③ 安全管理组织机构和人员的安全职责的主要更新。

④ 操作流程的主要更新。

⑤ 各类管理规定、管理办法和暂行规定的主要更新。

⑥ 用户协议的主要更新等。

8.2 安全管理机构

8.2.1 安全管理机构标准

根据 GB/T 22239−2019《信息安全技术 网络安全等级保护基本要求》，安全管理机构标准要求如表 8-2 所示。

表 8-2 安全管理机构标准要求

项目	第一级安全要求	第二级安全要求	第三级安全要求	第四级安全要求
岗位设置	应设立系统管理员等岗位，并定义各个工作岗位的职责	a）应设立信息安全管理工作的职能部门，设立安全主管、安全管理各个方面的负责人岗位，并定义各负责人的职责； b）应设立系统管理员、审计管理员和安全管理员等岗位，并定义部门及各个工作岗位的职责	在第二级安全要求的基础上调整：应成立指导和管理信息安全工作的委员会或领导小组，其最高领导由单位主管领导委任或授权	同第三级安全要求
人员配备	应配备一定数量的系统管理员	应配备一定数量的系统管理员、审计管理员和安全管理员等	在第二级安全要求的基础上增加： 应配备专职安全管理员，不可兼任	在第三级安全要求的基础上增加： 关键事务岗位应配备多人共同管理

项目	第一级安全要求	第二级安全要求	第三级安全要求	第四级安全要求
授权和审批	应根据各个部门和岗位的职责明确授权审批事项、审批部门和批准人等	在第一级安全要求的基础上增加：应针对系统变更、重要操作、物理访问和系统接入等事项执行审批过程	在第二级安全要求的基础上调整和增加：a）应针对系统变更、重要操作、物理访问和系统接入等事项建立审批程序，按照审批程序执行审批过程，对重要活动建立逐级审批制度；b）应定期审查审批事项，及时更新需要授权和审批的项目、审批部门和审批人等信息	同第三级安全要求
沟通和合作	—	a）应加强各类管理人员、组织内部机构和网络安全管理部门之间的合作与沟通，定期召开协调会议，共同协作处理信息安全问题；b）应加强与网络安全职能部门、各类供应商、业界专家及安全组织的合作与沟通；c）应建立外联单位联系列表，包括外联单位名称、合作内容、联系人和联系方式等信息	同第二级安全要求	同第二级安全要求
审核和检查	—	应定期进行常规安全检查，检查内容包括系统日常运行、系统漏洞和数据备份等情况	在第二级安全要求的基础上增加：a）应定期进行全面安全检查，检查内容包括现有安全技术措施的有效性、安全配置与安全策略的一致性、安全管理制度的执行情况等；b）应制定安全检查表格实施安全检查，汇总安全检查数据，形成安全检查报告，并对安全检查结果进行通报	同第三级安全要求

8.2.2 信息安全组织机构及职责

1. 建设思路

信息安全管理机构是行使单位信息安全管理职能的重要机构，一般由信息安全管理领导机构和执行机构构成，信息安全管理领导机构须确保整个组织贯彻单位的信息安全方针、策略和制度等。等级保护制度中明确规定"单位应成立指导和管理网络安全工作的委员会或领导小组，其最高领导由单位主管领导担任或授权，并设立网络安全管理的职能部门"。

2. 建设内容

单位应根据管理工作需要设立安全管理机构，但至少应包括信息安全领导小组和信息安全管理职能部门，其工作职责分工如下。

（1）信息安全领导小组

信息安全领导小组是公司信息安全工作的最高领导决策机构，负责公司信息安全工作的宏观管理，其最高领导由单位主管领导担任或授权，职责如下。

① 贯彻执行国家关于信息安全工作的方针、政策，组织落实公司信息安全体系建设工作的目标、方针、政策。

② 审定信息安全相关策略、规范及管理规定。

③ 监督、检查信息安全相关制度的落实与执行情况。

④ 协调指挥信息安全重大突发事件的应急处理。

⑤ 完成上级单位交办的有关工作。

（2）信息安全管理职能部门

信息安全管理部门负责落实信息安全领导小组的各项决策，协调组织公司各项信息安全工作，具体职责如下。

① 负责信息安全日常工作的协调和处理。

② 负责信息安全总体规划的设计与实施。

③ 组织信息安全管理规定的编制。

④ 督促信息安全重大突发事件应急预案的落实。

⑤ 组织信息安全培训的相关工作。

⑥ 完成信息安全领导小组交办的有关事项。

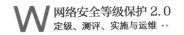
8.2.3 岗位职责及授权审批

1. 建设思路

信息安全管理应落实岗位安全责任，信息安全组织机构及职责明确了组织层面的管理职责，但管理职责的落实需要层层落实到人，等级保护中明确要求"设立安全主管、安全管理各个方面的负责人岗位，并定义各负责人的职责；并设立安全管理员、系统管理员和审计管理员；并明确岗位工作职责"。

2. 建设内容

根据单位实际情况，设立相关的信息安全管理岗位，但至少应包括安全主管以及"三员"（安全管理员、系统管理员和审计管理员），且"三员"工作职责须分工明确、互相监督，安全管理员需专职，不得兼任其他岗位工作。

"三员"的岗位职责建议如下。

（1）安全管理员

安全管理员不能兼任网络管理员、系统管理员，其职责如下。

① 组织信息系统的安全风险评估工作，并定期进行系统漏洞扫描，形成安全现状评估报告。

② 定期编制信息安全状态报告，向信息安全领导小组报告公司的信息安全整体情况。

③ 负责核心网络安全设备的安全配置管理工作。

④ 编制信息安全设备和系统的运行维护标准。

⑤ 负责信息系统安全监督及网络安全管理系统、补丁分发系统和防病毒系统的日常运行维护工作。

⑥ 负责沟通、协调和组织处理信息安全事件，确保信息安全事件能够及时处置和响应。

（2）系统管理员

系统管理员不能兼任安全管理员，其职责如下。

① 负责网络及网络安全设备的配置、部署、运行维护和日常管理工作。

② 负责编制网络及网络安全设备的安全配置标准。

③ 能够及时发现，处理网络、网络安全设备的故障和相关安全事件，并能根据

流程及时上报，控制信息安全事件的扩大和降低影响。

④ 负责服务器的日常安全管理工作，确保服务器操作系统的漏洞最小化，保障服务器的安全稳定运行。

⑤ 负责编制服务器操作系统的安全配置标准。

⑥ 能够及时发现、处理服务器和操作系统相关安全事件，并能根据流程及时上报，控制信息安全事件的扩大和降低影响。

（3）审计管理员

审计管理员的职责如下。

① 定期审计信息安全制度执行情况，收集和分析信息系统日志和审计记录，及时报告可能存在的问题。

② 对安全、网络、系统、应用、数据库管理员的操作行为进行监督，对安全职责落实情况进行检查。

单位可根据实际管理需要进行岗位职责的细化，如系统管理和网络管理工作分别由不同的人负责，对重要的应用系统设置业务系统管理员；对机房、数据库、信息资产进行专门的管理，设置机房管理员、数据库管理员、信息资产管理员等，并明确岗位职责。

在明确岗位职责过程中，单位需梳理在信息安全管理过程中需要授权审批的事项，并根据各个部门和岗位的职责明确授权审批部门和批准人等；对于系统变更、重要操作、物理访问和系统接入等重要事项建立审批程序，按照审批程序执行审批过程；对重要活动建立逐级审批制度，并定期审查，及时更新相关信息。

8.2.4　内部沟通和外部合作

1.　建设思路

信息安全管理工作不是孤立的，在单位业务工作中离不开安全管理工作的保障，同样，信息安全管理工作也离不开单位业务部门的配合，要使信息安全管理工作顺利开展，需加强各类管理人员、组织内部机构和网络安全管理部门之间的合作与沟通，定期召开协调会议，共同协作处理网络安全问题。

同时，单位的信息安全工作也需要得到外部专家和技术力量的支持，包括监管部门、供应商、业界专家及其他安全组织等。

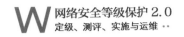
2. 建设内容

聘请专家和外部顾问成员，这些成员需要对信息安全或相关领域有丰富的知识和经验，如安全技术、电子政务、等级保护或质量管理等。专家和外部顾问负责对信息安全重要问题的决策提供咨询和建议。

加强与供应商、业界专家、专业的安全公司等安全组织的合作和沟通。建立外联单位联系列表，包括外联单位名称、合作内容、联系人和联系方式等信息。

8.2.5 安全审核与检查

1. 建设思路

信息安全管理工作是否有效，安全制度和规范是否得到落实需要单位信息安全管理部门定期进行检查，以便及时发现问题，持续改进和提升信息安全管理能力。按照等级保护的要求，单位信息安全检查可分为定期常规安全检查和定期全面安全检查，安全检查工作需认真准备，保留记录。

2. 建设内容

单位可根据实际情况，进行安全检查工作安排，包括如下内容。

① 定期进行常规的安全检查，检查内容包括系统日常运行、系统漏洞和数据备份等。

② 定期进行全面的安全检查，检查内容包括现有安全技术措施的有效性、安全配置与安全策略的一致性、安全管理制度的执行情况等。由于单位人员及安全技术能力有限，全面的安全检查可请专业的安全厂商协助完成。

③ 制定安全检查表格实施安全检查，汇总安全检查数据，形成安全检查报告，并对安全检查结果进行通报。单位也可参照上级单位或自行制定安全检查评价指标，以便量化考核安全工作的执行情况。

8.3 安全管理人员

8.3.1 安全管理人员标准

根据 GB/T 22239-2019《信息安全技术 网络安全等级保护基本要求》，安全管理人员标准要求如表 8-3 所示。

表 8-3 安全管理人员标准要求

项目	第一级安全要求	第二级安全要求	第三级安全要求	第四级安全要求
人员录用	应指定或授权专门的部门或人员负责人员录用	在第一级安全要求的基础上增加：应对被录用人员的身份、背景、专业资格和资质等进行审查	在第二级安全要求的基础上调整和增加：a）对被录用人员的身份、背景、专业资格和资质等进行审查，对其所具有的技术技能进行考核；b）应与被录用人员签署保密协议，与关键岗位人员签署岗位责任协议	在第三级安全要求的基础上增加：应从内部人员中选拔从事关键岗位的人员
人员离岗	应及时终止离岗员工的所有访问权限，取回各种身份证件、钥匙、徽章等，以及机构提供的软硬件设备	同第一级安全要求	在第一级安全要求的基础上增加：应办理严格的调离手续，并承诺调离后的保密义务后方可离开	同第三级安全要求
安全意识教育和培训	应对各类人员进行安全意识教育和岗位技能培训，并告知相关的安全责任和惩戒措施	同第一级安全要求	在第一级安全要求的基础上增加：a）应针对不同岗位制定不同的培训计划，对信息安全基础知识、岗位操作规程等进行培训；b）应定期对不同岗位的人员进行技能考核	同第三级安全要求
外部人员访问管理	应确保在外部人员访问受控区域前得到授权或审批	a）应确保在外部人员物理访问受控区域前先提出书面申请，批准后由专人全程陪同，并登记备案；b）应确保在外部人员接入受控网络访问系统前先提出书面申请，批准后由专人开设账户、分配权限，并登记备案；c）外部人员离场后应及时清除其所有的访问权限	在第二级安全要求的基础上增加：获得系统访问授权的外部人员应签署保密协议，不得进行非授权操作，不得复制和泄露任何敏感信息	在第三级安全要求的基础上增加：关键区域或关键系统不允许外部人员访问

8.3.2 内部人员安全管理

1. 建设思路

人是信息安全工作的主体，也是信息安全威胁的主要来源。调查发现，越来越多的信息安全事件是由内部人员的恶意或工作疏忽导致的，因此，加强人员安全管理是信息安全管理工作的重中之重，其中，尤其需要加强对内部人员的安全教育和审核。

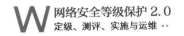
2. 建设内容

针对内部人员的安全管理需从人员的录用、安全培训和教育、技能考核和调用、离岗审核等全过程进行安全管理，具体管理要求包括以下内容。

（1）录用前

① 指定或授权专门的部门或人员负责人员录用。

② 应对被录用人员的身份、安全背景、专业资格或资质等进行审查，对其所具有的技术技能进行考核。

③ 与被录用人员签署保密协议，与关键岗位人员签署岗位责任协议。

（2）工作期间

① 对各类人员进行安全意识教育和岗位技能培训，并告知相关的安全责任和惩戒措施。

② 针对不同岗位制订不同的培训计划，对安全基础知识、岗位操作规程等进行培训。

③ 定期对不同岗位的人员进行技能考核。

（3）调离岗

① 及时终止离岗人员的所有访问权限，取回各种身份证件、钥匙、徽章等，以及机构提供的软硬件设备。

② 办理严格的调离手续，并承诺调离后的保密义务后方可离开。

8.3.3 外部人员安全管理

1. 建设思路

在日常的业务工作中，单位越来越多地与外部单位人员进行业务合作和往来，外部人员包括软件开发商、硬件供应商、系统集成商、设备维护商和服务提供商，以及实习生、临时工、调用人员等。这些人员由于工作需要需临时或短期访问单位内部网络，进出单位工作场所，非内部人员由于流动性强、背景情况不明，给单位信息系统的安全带来较大隐患，必须建立严格的物理和网络访问授权审批制度，并有效地执行。

2. 建设内容

单位应制定外部人员物理访问和网络接入的管理制度，并记录相关内容，具体要求如下。

① 在外部人员物理访问受控区域前先提出书面申请，批准后由专人全程陪同，并登记备案。

② 在外部人员接入受控网络访问系统前先提出书面申请，批准后由专人开设账

户、分配权限，并登记备案。

③ 外部人员离场后及时清除其所有的访问权限。

④ 获得系统访问授权的外部人员应签署保密协议，不得进行非授权操作，不得复制和泄露任何敏感信息。

8.4 安全建设管理

8.4.1 安全建设管理标准

根据 GB/T 22239-2019《信息安全技术 网络安全等级保护基本要求》，安全建设管理标准要求如表 8-4 所示。

表 8-4 安全建设管理标准要求

项目	第一级安全要求	第二级安全要求	第三级安全要求	第四级安全要求
安全通用要求				
定级和备案	应以书面的形式说明保护对象的安全保护等级及确定等级的方法和理由	在第一级安全要求的基础上增加： a）应组织相关部门和有关安全技术专家对定级结果的合理性和正确性进行论证和审定； b）应确保定级结果经过相关部门的批准； c）应将备案材料报主管部门和相应公安机关备案	同第二级安全要求	同第二级安全要求
安全方案设计	应根据安全保护等级选择基本安全措施，依据风险分析的结果补充和调整安全措施	在第一级安全要求的基础上增加： a）应根据保护对象的安全保护等级进行安全方案设计； b）应组织相关部门和有关安全专家对安全方案的合理性和正确性进行论证和审定，经过批准后才能正式实施	在第二级安全要求的基础上调整： a）应根据保护对象的安全保护等级及与其他级别保护对象的关系进行安全整体规划和安全方案设计，设计内容应包含密码相关内容，并形成配套文件； b）应组织相关部门和有关安全专家对安全整体规划及其配套文件的合理性和正确性进行论证和审定，经过批准后才能正式实施	同第三级安全要求

续表

项目	第一级安全要求	第二级安全要求	第三级安全要求	第四级安全要求
产品采购和使用	应确保信息安全产品的采购和使用符合国家的有关规定	在第一级安全要求的基础上增加： 应确保密码产品与服务的采购和使用符合国家密码管理主管部门的要求	在第二级安全要求的基础上增加： 应预先对产品进行选型测试，确定产品的候选范围，并定期审定和更新候选产品名单	在第三级安全要求的基础上增加： 应对重要部位的产品委托专业测评单位进行专项测试，根据测试结果选用产品
自行软件开发	—	a）应确保开发环境与实际运行环境物理分开，测试数据和测试结果受到控制； b）应确保在软件开发过程中对安全性进行测试，在软件安装前对可能存在的恶意代码进行检测	在第二级安全要求的基础上调整和增加： a）应制定软件开发管理制度，明确说明开发过程的控制方法和人员行为准则； b）应制定代码编写安全规范，要求开发人员参照规范编写代码； c）应确保具备软件设计的相关文档和使用指南，并对文档使用进行控制； d）应确保在软件开发过程中对安全性进行测试，在软件安装前对可能存在的恶意代码进行检测； e）应确保对程序资源库的修改、更新、发布进行授权和批准，并严格进行版本控制； f）应确保开发人员为专职人员、开发人员的开发活动受到控制、监视和审查	同第三级安全要求
外包软件开发		a）应在软件交付前检测其中可能存在的恶意代码； b）应要求开发单位提供软件设计文档和使用指南	在第二级安全要求的基础上增加： 应要求开发单位提供软件源代码，并审查软件中可能存在的后门和隐蔽信道	同第三级安全要求
工程实施	应指定或授权专门的部门或人员负责工程实施过程的管理	在第一级安全要求的基础上增加： 应制定工程实施方案控制安全工程实施过程	在第二级安全要求的基础上增加： 应通过第三方工程监理控制项目的实施过程	同第三级安全要求

续表

项目	第一级安全要求	第二级安全要求	第三级安全要求	第四级安全要求
测试验收	应进行安全性测试验收	a）制订测试验收方案，并依据测试验收方案实施测试验收，形成测试验收报告； b）应进行上线前的安全性测试，并出具安全测试报告	在第二级安全要求的基础上调整： 应进行上线前的安全性测试，并出具安全测试报告，安全测试报告应包含密码应用安全性测试相关内容	同第三级安全要求
系统交付	a）应根据交付清单对所交接的设备、软件和文档等进行清点； b）应对负责运行维护的技术人员进行相应的技能培训	在第一级安全要求的基础上增加： 应提供建设过程文档和运行维护文档	同第二级安全要求	同第二级安全要求
等级测评	—	a）应定期进行等级测评，如发现不符合相应等级保护标准要求的及时整改； b）应在发生重大变更或级别发生变化时进行等级测评； c）应确保测评机构的选择符合国家的有关规定	同第二级安全要求	同第二级安全要求
服务供应商的选择	a）应确保服务供应商的选择符合国家的有关规定； b）应与选定的服务供应商签订与安全相关的协议，明确约定相关责任	在第一级安全要求的基础上调整： 应与选定的服务供应商签订相关协议，明确整个服务供应链各方须履行的信息安全相关义务	在第二级安全要求的基础上增加： 应定期监视、评审和审核服务供应商提供的服务，并对其变更服务内容加以控制	同第三级安全要求
云计算安全扩展要求				
云服务商的选择	a）应选择安全合规的云服务商，其所提供的云平台应为其所承载的业务应用系统提供相应等级的安全保护能力； b）应在服务水平协议中规定云服务的各项服务内容和具体技术指标； c）应在服务水平协议中规定云服务商的权限与责任，包括管理范围、职责划分、访问授权、隐私保护、行为准则、违约责任等	在第一级安全要求的基础上增加： 应在服务水平协议中规定服务合约到期时，完整地返还云服务客户信息，并承诺相关信息均已在云计算平台上清除	在第二级安全要求的基础上增加： 应与选定的云服务商签署保密协议，要求其不得泄露云服务客户数据和业务系统的相关重要信息	同第三级安全要求

续表

项目	第一级安全要求	第二级安全要求	第三级安全要求	第四级安全要求
供应链管理	确保供应商的选择符合国家的有关规定	在第一级安全要求的基础上增加： 应确保供应链安全事件信息或威胁信息能够及时传达到云服务客户	在第二级安全要求的基础上增加： 应保证供应商的重要变更及时传达到云服务客户，并评估变更带来的安全风险，采取有关措施对风险进行控制	同第三级安全要求
移动互联网安全扩展要求				
移动应用软件采购	应保证移动终端安装、运行的应用软件来自可靠分发渠道或使用可靠证书签名	在第一级安全要求的基础上增加： 应保证移动终端安装、运行的应用软件由可靠的开发者开发	在第二级安全要求的基础上调整： 应保证移动终端安装、运行的应用软件由指定的开发者开发	同第三级安全要求
移动应用软件开发	—	a）应要求对移动业务应用软件开发者进行资格审查； b）应保证开发移动业务应用软件的签名证书的合法性	同第二级安全要求	同第二级安全要求
工业控制系统安全扩展要求				
产品采购和使用	—	工业控制系统重要设备应通过专业机构的安全性检测后方可采购使用	同第二级安全要求	同第二级安全要求
外包软件开发	—	应在外包软件开发合同中规定针对开发单位、供应商的约束条款，包括设备及系统在生命周期内有关保密、禁止关键技术扩散和设备行业专用等方面的内容	同第二级安全要求	同第二级安全要求

8.4.2 系统定级和备案

1. 建设思路

根据新等级保护制度的要求，二级以上（含二级）信息系统在定级工作中需要组织相关部门和有关安全技术专家对定级结果的合理性和正确性进行论证和审定。新建信息系统在规划阶段就可根据信息系统将承载的业务的重要程度对信息系统进行定级，按照相应等级进行等级保护安全体系设计和建设，对二级以上（含二级）信息系统还需按照公安机关的要求进行备案。

2. 建设内容

为了进一步明确信息系统定级、备案的相关责任和流程，应明确系统定级、备案和系统测评流程，包括以下内容。

① 明确定级备案责任部门和责任人。

② 与公安部门沟通明确定级备案相关材料的要求和格式。

③ 制订系统定级和备案工作的时间计划。

④ 定级评审相关单位和专家联系及确定。

⑤ 组织定级评审工作，并获得上级或相关部门的批准。

为确保系统等级保护定级备案工作的规范性和专业性，可选择专业的等级保护咨询服务完成相关工作。

8.4.3 系统安全方案设计

1. 建设思路

按照"三同步"的原则，信息安全需要与信息化建设同步规划、同步建设、同步使用。在系统建设规划阶段需明确安全建设的目标和建设需求并进行安全规划方案的设计。安全方案应进行评审，经过批准后才能实施。

2. 建设内容

安全方案设计需根据安全保护等级选择基本的安全措施，依据风险分析的结果补充和调整安全措施。

安全方案应根据保护对象的安全保护等级及与其他级别保护对象的关系进行安全整体规划和安全方案设计，设计内容应包含密码技术相关内容，并形成配套文件。

安全建设项目根据实际建设阶段需设计不同的安全方案，包括总体建设规划方案、详细设计方案、建设实施方案等。安全方案需组织相关部门和有关安全专家对安全整体规划及其配套文件的合理性和正确性进行论证和审定，经过批准后才能正式实施。

8.4.4 安全产品采购管理

1. 建设思路

信息安全产品的采购和使用应符合国家的有关规定，对于密码产品的采购和使用需符合国家密码主管部门的要求，并预先对产品进行选型测试，确定产品的候选范围，并定期审定和更新候选产品名单。

2. 建设内容

安全设备采购，需严格按照设备采购管理流程和政府设备采购目录来采购相应的

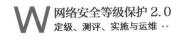
安全产品；并且在搭建的模拟系统中对这些安全设备和软件进行测试和试运行，以防止对系统产生不可预见的影响。

8.4.5 外包软件开发管理

1. 建设思路

外包软件开发由于开发过程可控，在系统上线后可能引发各种安全问题，且难以从源头解决，因此，在等级保护制度中，对于外包软件开发明确要求应在软件交付前检测其中可能存在的恶意代码，并要求开发单位提供软件设计文档和使用指南，对于三级系统的外包软件开发还要求开发单位提供软件源代码，并审查软件中可能存在的后门和隐蔽信道。

2. 建设内容

外包软件开发建议可选择专业的安全公司作为第三方进行开发过程的安全管理，包括协助开发单位建立安全开发制度和流程，并在软件开发的关键节点进行代码检测，代码检测采用"自动化工具+专家审核"的检测方式，既能提高检测的准确性和效率，又能发现系统逻辑错误等问题。

8.4.6 工程实施管理

1. 建设思路

信息系统安全建设过程中，涉及产品安装部署、功能启用、策略配置与应用系统集成等各方面的工作。安全工程建设整个过程还需要安全可控，需要由专门的部门或人员负责工程实施过程的管理，并制订安全工程实施方案，控制工程实施过程。对于三级信息系统，等级保护还明确要求需通过第三方工程监理控制项目的实施过程。

2. 建设内容

×××系统实施周期较长，在实施过程中指定第三方监理单位，并指定专门的项目安全工作负责人，制订项目管理制度和项目实施方案。

8.4.7 测试及交付管理

1. 建设思路

项目建设完成后在正式上线前应进行系统测试，制订测试验收方案，并依据测试验收方案实施测试验收，形成测试验收报告。按照等级保护的要求，系统上线前应进行安全性测试，并出具安全测试报告，安全测试报告应包含密码应用安全性测试相关内容。

在系统交付时，应制订系统交付清单，并根据交付清单对所交接的设备、软件和文档等进行清点；对负责系统运行维护的技术人员进行相应的技能培训，提供建设过程文档和运行维护文档。

2. 建设内容

由于×××系统的复杂性，在系统及各子系统交付时，要制订交付清单，并根据交付清单对所交接的设备、软件和文档等进行清点；对负责运行维护的技术人员进行相应的技能培训；确保提供建设过程中的文档和指导用户进行运行维护的文档。

系统安全性测试建议选择专业的安全公司进行系统上线前的安全检测，并针对安全风险及时采取整改措施。

8.4.8 系统等级测评

1. 建设思路

在系统建设完成后，按照等级保护的要求必须选择国家认可的测评机构对信息系统进行等级测评，并在系统运行过程中定期进行测评。对于三级系统要求每年测评一次，对发现不符合相应等级保护标准要求的及时整改，并在发生重大变更或级别发生变化时进行等级测评。

2. 建设内容

系统上线运行后，选择经过国家认可的等级保护测评机构进行测评，由于测评工作的专业性和复杂性，建议选择专业安全厂商协助单位进行测评工作，如在正式测评前协助单位进行自测和整改等。

8.4.9 服务供应商选择

1. 建设思路

来自供应链的安全威胁已经越来越引起人们的关注，加强对供应链的管理是新等级保护制度的变化之一，等级保护制度规定要确保服务供应商的选择符合国家的有关规定；与选定的服务供应商签订相关协议，明确整个服务供应链各方需履行的网络安全相关义务；定期监督、评审和审核服务供应商提供的服务，并对其变更服务内容加以控制。

2. 建设内容

确保选择有相应资质的安全服务商、安全集成商、系统集成商和软件开发商，并

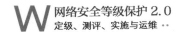

与其签订协议，明确相关安全义务和责任。

8.5 安全运维管理

8.5.1 安全运维管理标准

根据 GB/T 22239-2019《信息安全技术 网络安全等级保护基本要求》，安全运维管理标准要求如表 8-5 所示。

表 8-5 安全运维管理标准要求

项目	第一级安全要求	第二级安全要求	第三级安全要求	第四级安全要求
环境管理	a）应指定专门的部门或人员负责机房安全，对机房出入进行管理，定期对机房供配电、空调、温湿度控制、消防等设施进行维护管理； b）应对机房的安全管理做出规定，包括机房物理访问，物品带进出和机房环境安全等方面	在第一级安全要求的基础上增加： 应不在重要区域接待来访人员，桌面上没有包含敏感信息的纸档文件、移动介质等	在第二级安全要求的基础上调整： 应建立机房安全管理制度，对有关物理访问、物品带进出和环境安全等方面的管理做出规定	在第二级安全要求的基础上增加： 应对出入人员进行相应级别的授权，对进入重要安全区域的人员和活动实时监视等
资产管理	—	应编制并保存与保护对象相关的资产清单，包括资产责任部门、重要程度和所处位置等内容	在第二级安全要求的基础上增加： a）应根据资产的重要程度对资产进行标识管理；根据资产的价值选择相应的管理措施； b）应对信息分类与标识方法做出规定，并对信息的使用、传输和存储等进行规范化管理	同第三级安全要求
介质管理	应确保介质存放在安全的环境中，对各类介质进行控制和保护，实行存储环境专人管理，并根据存档介质的目录清单定期盘点	在第一级安全要求的基础上增加： 应对介质在物理传输过程中的人员选择、打包、交付等情况进行控制，并对介质的归档和查询等进行登记记录	同第二级安全要求	同第二级安全要求

续表

项目	第一级安全要求	第二级安全要求	第三级安全要求	第四级安全要求
设备维护管理	应对各种设备（包括备份和冗余设备）、线路等指定专门的部门或人员定期进行维护管理	在第一级安全要求的基础上增加：应对配套设施、软硬件维护管理做出规定，包括明确维护人员的责任、维修和服务的审批、维修过程的监督控制等	在第二级安全要求的基础上增加：a）应确保信息处理设备必须经过审批才能带离机房或办公地点，含有存储介质的设备带出工作环境时其中重要数据应加密；b）含有存储介质的设备在报废或重用前，应进行完全清除或被安全覆盖，保证该设备上的敏感数据和授权软件无法被恢复重用	同第三级安全要求
漏洞和风险管理	应采取必要的措施识别安全漏洞和隐患，对发现的安全漏洞和隐患及时进行修补或评估可能的影响后进行修补	同第一级安全要求	在第一级安全要求的基础上增加：应定期开展安全测评，形成安全测评报告，采取措施应对发现的安全问题	同第三级安全要求
网络和系统安全管理	a）应划分不同的管理员角色进行网络和系统的运维管理，明确各个角色的责任和权限；b）应指定专门的部门或人员进行账户管理，对申请账户、建立账户、删除账户等进行控制	在第一级安全要求的基础上增加：a）应建立网络和系统安全管理制度，对安全策略、账户管理、配置管理、日志管理、日常操作、升级与打补丁、口令更新周期等方面做出规定；b）应制定重要设备的配置和操作手册，依据手册对设备进行安全配置和优化配置等；c）应详细记录运维操作日志，包括日常巡检工作、运行维护记录、参数的设置和修改等内容	在第二级安全要求的基础上增加：a）应指定专门的部门或人员对日志、监测和报警数据等进行分析、统计，及时发现可疑行为；b）应严格控制变更性运维，经过审批后才可改变连接、安装系统组件或调整配置参数，操作过程中应保留不可更改的审计日志，操作结束后应同步更新配置信息库；c）应严格控制运维工具的使用，经过审批后才可接入进行操作，操作过程中应保留不可更改的审计日志，操作结束后应删除工具中的敏感数据；d）应严格控制远程运维的开通，经过审批后才可开通远程运维接口或通道，操作过程中应保留不可更改的审计日志，操作结束后立即关闭接口或通道；e）应保证所有与外部的连接均得到授权和批准，应定期检查违反规定无线上网及其他违反网络安全策略的行为	同第三级安全要求

续表

项目	第一级安全要求	第二级安全要求	第三级安全要求	第四级安全要求
恶意代码防范管理	a）应提高所有用户的防恶意代码意识，告知对外来计算机或存储设备接入系统前进行恶意代码检查等； b）应对恶意代码防范要求做出规定，包括防恶意代码软件的授权使用、恶意代码库升级、恶意代码的定期查杀等	在第一级安全要求的基础上增加： 应定期检查恶意代码库的升级情况，对截获的恶意代码进行及时分析处理	在第二级安全要求的基础上调整： 应定期验证防范恶意代码攻击的技术措施的有效性	—
配置管理	—	应记录和保存基本配置信息，包括网络拓扑结构、各个设备安装的软件组件、软件组件的版本和补丁信息、各个设备或软件组件的配置参数等	在第二级安全要求的基础上增加： 应将基本配置信息改变纳入变更范畴，实施对配置信息改变的控制，并及时更新基本配置信息库	—
密码管理	—	a）应遵循密码相关国家标准和行业标准； b）应使用国家密码管理主管部门认证核准的密码产品	同第二级安全要求	在第二级安全要求的基础上增加： 应采用硬件密码模块实现密码运算和密钥管理
变更管理	—	应明确系统变更需求，变更前根据变更需求制订变更方案，变更方案经过评审、审批后方可实施	在第二级安全要求的基础上增加： a）应建立变更的申报和审批控制程序，依据程序控制所有的变更，记录变更实施过程； b）应建立中止变更并从失败变更中恢复的程序，明确过程控制方法和人员职责，必要时对恢复过程进行演练	同第三级安全要求
备份与恢复管理	a）应识别需要定期备份的重要业务信息、系统数据及软件系统等； b）应规定备份信息的备份方式、备份频度、存储介质、保存期等	在第一级安全要求的基础上增加： 应根据数据的重要性和数据对系统运行的影响，制订数据的备份策略和恢复策略、备份程序和恢复程序等	同第二级安全要求	同第二级安全要求

续表

项目	第一级安全要求	第二级安全要求	第三级安全要求	第四级安全要求
安全事件处置	a）应及时向安全管理部门报告所发现的安全弱点和可疑事件； b）应明确安全事件的报告和处置流程，规定安全事件的现场处理、事件报告和后期恢复的管理职责	在第一级安全要求的基础上调整和增加： a）应制定安全事件报告和处置管理制度，明确不同安全事件的报告、处置和响应流程，规定安全事件的现场处理、事件报告和后期恢复的管理职责等； b）应在安全事件报告和响应处理过程中，分析和鉴定事件产生的原因，收集证据，记录处理过程，总结经验教训	在第二级安全要求的基础上增加： 对造成系统中断和信息泄露的重大安全事件应采用不同的处理程序和报告程序	在第三级安全要求的基础上增加： 应建立联合防护和应急机制，负责处置跨单位安全事件
应急预案管理	—	a）应制定重要事件的应急预案，包括应急处理流程、系统恢复流程等内容； b）应定期对系统相关的人员进行应急预案培训，并进行应急预案的演练	在第二级安全要求的基础上调整和增加： a）应规定统一的应急预案框架，具体包括启动预案的条件、应急组织构成、应急资源保障、事后教育和培训等内容； b）应定期对系统相关的人员进行应急预案培训，并进行应急预案的演练； c）应定期对原有的应急预案重新评估和修订完善	在第三级安全要求的基础上增加： 应建立重大安全事件的跨单位联合应急预案，并进行应急预案的演练
外包运维管理	—	a）应确保外包运维服务商的选择符合国家的有关规定； b）应与选定的外包运维服务商签订相关的协议，明确约定外包运维的范围和工作内容	在第二级安全要求的基础上增加： a）应确保选择的外包运维服务商在技术和管理方面均具备按照等级保护要求开展安全运维工作的能力，并在签订的协议中明确能力要求； b）应在与外包运维服务商签订的协议中明确所有相关的安全要求。如可能涉及对敏感信息的访问、处理、存储要求，对 IT 基础设施中断服务的应急保障要求等	同第三级安全要求

云计算扩展要求

项目	第一级安全要求	第二级安全要求	第三级安全要求	第四级安全要求
云计算环境管理	—	云计算平台的运维地点应位于中国境内，境外对境内云计算平台实施运维操作应遵循国家的相关规定	同第二级安全要求	同第二级安全要求
移动互联网安全扩展要求				
配置管理	—	—	应建立合法无线接入设备和合法移动终端配置库，用于对非法无线接入设备和非法移动终端的识别	同第三级安全要求
物联网安全扩展要求				
感知节点管理	应指定人员定期巡视感知节点设备、网关节点设备的部署环境，对可能影响感知节点设备、网关节点设备正常工作的异常环境进行记录和维护	在第一级安全要求的基础上增加：应对感知节点设备和网关节点设备入库、存储、部署、携带、维修、丢失和报废等过程做出明确规定，并进行全程管理	在第二级安全要求的基础上增加：应加强对感知节点设备和网关节点设备部署环境的保密性管理，包括负责检查和维护的人员调离工作岗位应立即交还相关检查工具和检查维护记录等	同第三级安全要求

8.5.2 环境管理

1. 建设思路

环境指信息系统所处的物理环境，包括机房、配线间、办公场所等，加强对环境的安全管理主要是为了防止非授权物理访问导致的对信息系统的破坏。一般来说，机房作为重要信息设备集中放置的场所应重点加强防护，重要办公区域也需要加强物理防护。

2. 建设内容

所有的服务器和核心网络设备均按照要求放置在机房中，指定专门的部门或人员负责机房安全，对机房出入进行管理，定期对机房供配电、空调、温湿度控制、消防等设施进行维护管理。

制定机房安全管理制度，对有关物理访问、物品带进出和环境安全等方面的管理做出规定。

制定办公环境安全管理制度，并对以下方面进行规定：办公室的信息安全要求、办公终端信息安全保密要求、办公终端使用规范等。

8.5.3　资产管理

1.　建设思路

信息资产是构成网络和信息系统的基础，是系统各种服务功能实现的提供者和信息存储的承载者，应明确单位信息资产的种类、数量和责任人等，并建立清单，定期盘点，对重要信息资产应重点保护。

2.　建设内容

编制并定期更新与被保护对象相关的资产清单，包括各类硬件、软件、数据、介质、文档等，确定并标识资产责任部门、重要程度和所处位置等内容。

根据资产的重要程度对资产进行标识管理，针对重要信息资产制定专门的管理措施。

对信息分类与标识方法做出规定，并对信息的使用、传输和存储等进行规范化管理。

8.5.4　介质管理

1.　建设思路

介质作为信息的载体，在信息的存储、传递过程中发挥着重要作用，同时，它也是恶意代码传播的重要手段且容易导致信息泄露。

单位需要制定严格的介质管理制度，规范介质的使用，对个人介质更加需要严格管理。

2.　建设内容

需制定介质安全管理制度，规定介质的使用范围、介质标识、介质保存等方面的内容。

对于单位介质，需将介质存放在安全的环境中，对各类介质进行控制和保护，实行存储环境专人管理，并根据存档介质的目录清单定期盘点。

对介质在物理传输过程中的人员选择、打包、交付等情况进行控制，并对介质的归档和查询等进行登记记录。

8.5.5　设备维护管理

1.　建设思路

信息设备在日常工作中存储和处理业务信息，设备的可用性和安全性对信息安全

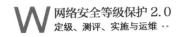
至关重要，要加强对信息设备日常的管理，包括设备日常维护、外带、报修和报废等。

2. 建设内容

对各种设备（包括备份和冗余设备）、线路等指定专门的部门或人员定期进行维护管理。

对配套设施、软硬件维护管理做出规定，包括明确维护人员的责任、维修和服务的审批、维修过程的监督控制等。

信息处理设备必须经过审批才能带离机房或办公地点，含有存储介质的设备带出工作环境时其中重要数据必须加密。

含有存储介质的设备在报废或重用前，应进行完全清除或被安全覆盖，保证该设备上的敏感数据和授权软件无法被恢复重用。

8.5.6 漏洞和风险管理

1. 建设思路

信息安全漏洞是信息系统脆弱性的主要表现，易被攻击者利用进而入侵系统进行破坏，对漏洞的发现和修补除了需采取必要的技术措施外，还要加强对系统的日常安全评估，并及时进行整改修复，这也是降低信息安全风险的重要手段。

2. 建设内容

定期开展安全评估，形成评估报告，对发现的漏洞等安全问题及时通报，并限定整改时间。

定期开展安全测评，形成安全测评报告，对发现的问题制定整改方案，采取措施应对发现的安全问题，相关内容形成记录。

8.5.7 网络和系统安全管理

1. 建设思路

网络和系统作为信息系统的基础性设施，为各个业务系统和办公应用提供连通和数据传输，实现信息共享，网络和系统应进行更细分、更专业的管理，对重要的业务系统还需要指定专门的管理人员。

2. 建设内容

按照等级保护的要求，网络和系统的安全管理包括以下内容。

① 划分不同的管理员角色进行网络和系统的运维管理，明确各个角色的责任和

权限，可以指定专门的网络管理员、系统管理员、数据库管理员等，对网络设备、操作系统、数据库等进行专业化管理。

② 指定专门的部门或人员进行账户管理，对申请账户、建立账户、删除账户等进行控制；对重要服务器、数据库、业务应用等的管理账户应更加严格管理。

③ 建立网络和系统安全管理制度，对安全策略、账户管理、配置管理、日志管理、日常操作、升级与打补丁、口令更新周期等方面做出规定。

④ 制定重要设备的配置和操作手册，依据手册对设备进行安全配置和优化配置等。

⑤ 详细记录运维操作日志，包括日常巡检工作、运行维护记录、参数的设置和修改等内容。

⑥ 指定专门的部门或人员对日志、监测和报警数据等进行分析、统计，及时发现可疑行为。

⑦ 严格控制变更性运维，经过审批后才可改变连接、安装系统组件或调整配置参数，操作过程中应保留不可更改的审计日志，操作结束后应同步更新配置信息库。

⑧ 严格控制运维工具的使用，经过审批后才可接入操作，操作过程中应保留不可更改的审计日志，操作结束后应删除工具中的敏感数据。

⑨ 严格控制远程运维的开通，经过审批后才可开通远程运维接口或通道，操作过程中应保留不可更改的审计日志，操作结束后立即关闭接口或通道。

⑩ 保证所有与外部的连接均得到授权和批准，应定期检查违反规定无线上网及其他违反网络安全策略的行为。

8.5.8　恶意代码防范管理

1. 建设思路

对于恶意代码防范需要采取必要的安全技术措施，但技术措施的有效性需要安全管理制度进行保障。恶意代码防范作为单位重要的信息安全基础性工作，必须确保提高全员的防恶意代码意识，使技术手段有效落实。

2. 建设内容

① 制定防恶意代码管理办法，明确防恶意代码软件授权使用、恶意代码库升级、定期汇报等流程；明确对外来计算机或存储设备接入系统前进行恶意代码检查。

② 定期验证防范恶意代码攻击的技术措施的有效性。

③ 组织全员的信息安全意识培训，提高全员对恶意代码的防范意识。

8.5.9 配置管理

1. 建设思路

信息系统的配置基线管理是重要的日常运维管理工作，良好的配置管理是系统安全可靠运行的基础，配置基线应结合等级保护的要求，进行相关配置信息的保存、更新和变更控制。

2. 建设内容

单位日常配置管理包括以下内容。

① 记录和保存基本配置信息，如网络拓扑结构、各个设备安装的软件组件、软件组件的版本和补丁信息、各个设备或软件组件的配置参数等。

② 将基本配置信息改变纳入变更范畴，实施对配置信息改变的控制，并及时更新基本配置信息库。

③ 建立安全配置基线，对设备、操作系统、数据库等制定安全基线，并定期维护安全基线。

8.5.10 密码管理

1. 建设思路

根据等级保护的要求，单位在信息安全建设过程中需遵循密码相关国家标准和行业标准，使用国家密码管理主管部门认证核准的密码技术和产品。

2. 建设内容

确保在系统中使用的密码相关产品获得有效的国家密码管理主管部门规定的检测报告或密码产品型号证书。

8.5.11 变更管理

1. 建设思路

信息安全风险是"动态"的主要因素之一，网络和信息系统是会发生变化的，为了加强防范由于网络和信息系统变化对整体安全现状的影响，规避变更产生的风险，需进行变更管理。

2. 建设内容

变更管理建设包括以下内容。

① 明确变更需求，变更前根据变更需求制定变更方案，变更方案经过评审、审批后方可实施。

② 建立变更的申报和审批控制程序，依据程序控制所有的变更，记录变更实施过程。

③ 建立中止变更并从失败变更中恢复的程序，明确过程控制方法和人员职责，必要时对恢复过程进行演练。

8.5.12 备份与恢复管理

1. 建设思路

按照等级保护要求，三级信息系统需具备实时的数据备份能力，并能进行异地备份。对于单位信息系统容灾备份能力的建设，除了建设备份与恢复技术措施外，对备份策略的制定和管理、备份与流程的制定以及备份恢复能力的演练是单位信息系统实现高可用性的重要保证。

2. 建设内容

制定单位备份与恢复管理制度，其内容如下。

① 指定责任部门，识别需要定期备份的重要业务信息、系统数据及软件系统等。

② 定义备份信息的备份方式、备份频度、存储介质和保存期等。

③ 根据数据的重要性和数据对系统运行的影响，制定数据的备份策略和恢复策略，备份策略须指明备份数据的放置场所、文件命名规则、介质替换频率和将数据离站运输的方法。

④ 建立备份和恢复流程，对备份过程进行记录，所有文件和记录应妥善保存。

⑤ 建立演练流程，定期对恢复程序进行演练，检查和测试备份介质的有效性，确保可以在恢复程序规定的时间内完成备份的恢复。

8.5.13 信息安全事件处置和应急预案管理

1. 建设思路

新等级保护制度强调了单位对于信息安全事件处置和应急预案管理的能力，在当前信息安全威胁形势下，各类安全事件频发，信息安全保障的思路已经从传统的以防

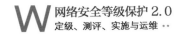
为主，转变为更加关注单位威胁检测能力以及快速响应和处置的能力。

2. 建设内容

针对信息安全事件，需要建设以下内容。

① 及时向安全管理部门报告所发现的安全弱点和可疑事件；在安全事件报告和响应处理过程中，分析和鉴定事件产生的原因，收集证据，记录处理过程，总结经验教训。

② 制定安全事件报告和处置管理制度，明确不同安全事件的报告、处置和响应流程，规定安全事件的现场处理、事件报告和后期恢复的管理职责等。

③ 对造成系统中断和信息泄露的重大安全事件应采用不同的处理程序和报告程序。

此外，对单位应急管理需要从总体制度层面加以规范和明确，并按照国家应急管理的相关规定明确流程、定期演练，包括如下内容。

① 规定统一的应急预案框架，如启动预案的条件、应急组织构成、应急资源保障、事后教育和培训等。

② 制定重要事件的应急预案，如应急处理流程、系统恢复流程等。

③ 定期对系统相关的人员进行应急预案培训，并进行应急预案的演练。

④ 定期对原有的应急预案重新评估，修订完善。

8.5.14 外包运维管理

1. 建设思路

针对目前普遍存在的信息系统外包运维工作的现状，新等级保护制度明确了对外部管理的相关要求，单位选择外包运维服务商应符合国家的相关制度规范，并明确外包运维服务商的责任。

2. 建设内容

对于外包运维服务商的管理包括以下内容。

① 确保外包运维服务商的选择符合国家的有关规定，与选定的外包运维服务商签订相关的协议，明确约定外包运维的范围和工作内容。

② 保证选择的外包运维服务商在技术和管理方面均应具有按照等级保护制度要求开展安全运维工作的能力，并在签订的协议中明确能力要求。

③ 在与外包运维服务商签订的协议中明确所有相关的安全要求，如可能涉及对敏感信息的访问、处理、存储要求，对 IT 基础设施中断服务的应急保障要求等。

W

网络安全等级保护测评

第 9 章

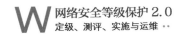
本章内容参考 GB/T 28449-2018《信息安全技术 网络安全等级保护测评过程指南》(以下简称《测评过程指南》)。

9.1 等级测评概述

本章中的测评工作过程及任务基于受委托测评机构对定级对象的初次等级测评给出。运营、使用单位的自查或受委托测评机构已经实施过一次以上等级测评的,测评机构和测评人员根据实际情况调整部分工作任务(见《测评过程指南》附录 A)。开展等级测评的测评机构应严格按照《测评过程指南》附录 B 中给出的等级测评工作要求开展相关工作。

等级测评过程包括 4 个基本测评活动:测评准备活动、方案编制活动、现场测评活动、报告编制活动。而测评相关方之间的沟通与洽谈应贯穿整个等级测评过程。每一个测评活动有一组确定的工作任务。具体如表 9-1 所示。

表 9-1 等级测评过程

测评活动	主要工作任务
测评准备活动	工作启动
	信息收集和分析
	工具和表单准备
方案编制活动	测评对象确定
	测评指标确定
	测评内容确定
	工具测试方法确定
	测评指导书开发
	测评方案编制
现场测评活动	现场测评准备
	现场测评和结果记录
	结果确认和资料归还
报告编制活动	单项测评结果判定
	单元测评结果判定
	整体测评
	系统安全保障评估
	安全问题风险分析
	等级测评结论形成
	测评报告编制

9.1.1 等级测评风险

1. 影响系统正常运行的风险

在现场测评时，需要对设备和系统进行一定的验证测试工作，部分测试内容需要上机验证并查看一些信息，这就可能对系统运行造成一定的影响，甚至存在误操作的可能性。此外，使用测试工具进行漏洞扫描测试、性能测试及渗透测试等，可能会对网络和系统的负载造成一定的影响，渗透性攻击测试还可能影响到服务器和系统的正常运行，如出现重启、服务中断、渗透过程中植入的代码未完全清理等现象。

2. 敏感信息泄露风险

测评人员有意或无意泄露被测系统状态信息，如网络拓扑、IP 地址、业务流程、业务数据、安全机制、安全隐患和有关文档信息等。

3. 木马植入风险

测评人员在渗透测试完成后，有意或无意将渗透测试过程中用到的测试工具未清理或清理不彻底，或者测试电脑中带有木马程序，带来在被测评系统中植入木马的风险。

9.1.2 等级测评风险规避

在等级测评过程中可以通过采取以下措施规避风险。

1. 签署委托测评协议

在测评工作正式开始之前，测评方和被测评方需要以委托协议的方式明确测评工作的目标、范围、人员组成、计划安排、执行步骤和要求以及双方的责任和义务等，使得测评双方对测评过程中的基本问题达成共识。

2. 签署保密协议

测评相关方应签署合乎法律规范的保密协议，以约束测评相关方现在及将来的行为。保密协议规定了测评相关方保密方面的权利与义务。测评过程中获取的相关系统数据信息及测评工作的成果为被测评方所有，测评方对其的引用与公开应得到相关单位的授权，否则相关单位将按照保密协议的要求追究测评方的法律责任。

3. 现场测评工作风险规避

现场测评之前，测评机构应与相关单位签署现场测评授权书，要求相关方对系统及数据进行备份，并对可能出现的事件制定应急处理方案。测评机构进行验证测试和

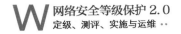
工具测试时，避开业务高峰期，在系统资源处于空闲状态时进行，或配置与生产环境一致的模拟 / 仿真环境，在模拟 / 仿真环境下开展漏洞扫描等测试工作。上机验证测试由测评人员提出需要验证的内容，系统运营、使用单位的技术人员进行实际操作。整个现场测评过程要求系统运营、使用单位监督。

4. 测评现场还原

测评工作完成后，测评人员应将测评过程中获取的所有特权交回，把测评过程中借阅的相关资料文档归还，并将测评环境恢复至测评前状态。

9.2 测评准备活动

9.2.1 测评准备活动工作流程

测评准备活动的目标是顺利启动测评项目，收集定级对象相关资料，准备测评所需资料，为编制测评方案打下良好的基础。 测评准备活动包括工作启动、信息收集和分析、工具和表单准备 3 项主要任务（见图 9-1）。

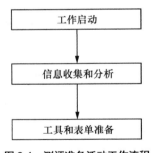

图 9-1 测评准备活动工作流程

9.2.2 测评准备活动主要任务

1. 工作启动

在工作启动任务中，测评机构组建等级测评项目组，获取测评委托单位及定级对象的基本情况，从基本资料、人员、计划安排等方面为整个等级测评项目的实施做好充分准备。

输入：委托测评协议书。

任务描述如下。

（1）根据测评双方签订的委托测评协议书和系统规模，测评机构组建测评项目组，从人员方面做好准备，并编制项目计划书。

（2）测评机构要求测评委托单位提供基本资料，为全面初步了解被测定级对象准备资料。

输出 / 产品：项目计划书。

2. **信息收集和分析**

测评机构通过查阅被测定级对象已有资料或使用系统调查表格的方式，了解整个系统的构成和保护情况以及责任部门相关情况，为编写测评方案、开展现场测评和安全评估工作奠定基础。

输入：项目计划书、系统调查表格、被测定级对象相关资料。

任务描述如下。

（1）测评机构收集等级测评需要的相关资料，包括测评委托单位的管理架构、技术体系、运行情况、建设方案、建设过程中相关测试文档等。云计算平台、物联网、移动互联网、工业控制系统的补充收集内容见《测评过程指南》附录 C。

测评机构将系统调查表格提交给测评委托单位，督促被测定级对象相关人员准确填写调查表格。

（2）测评机构收回填写完成的调查表格，并分析调查结果，了解和熟悉被测定级对象的实际情况。这些信息可以参考自查报告或上次等级测评报告的结果。在对收集到的信息进行分析时，可采用如下方法。

① 采用系统分析方法对整体网络结构和系统组成进行分析，包括网络结构、对外边界、定级对象的数量和级别、不同安全保护等级定级对象的分布情况和承载应用情况等。

② 采用分解与综合分析方法对定级对象边界和系统构成组件进行分析，包括物理与逻辑边界、硬件资源、软件资源、信息资源等。

③ 采用对比与类比分析方法对定级对象的相互关联进行分析，包括应用架构方式、应用处理流程、处理信息类型、业务数据处理流程、服务对象、用户数量等。

（3）如果调查表格信息填写存在不准确、不完善或有相互矛盾的地方，测评机构应与填表人进行沟通和确认，必要时安排一次现场调查，与相关人员进行面对面的沟通和确认，确保系统信息调查的准确性和完整性。

输出 / 产品：填好的调查表格、各种与被测定级对象相关的技术资料。

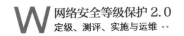
3. 工具和表单准备

测评项目组成员在进行现场测评之前，应熟悉被测定级对象、调试测评工具、准备各种表单等。

输入：填好的调查表格、各种与被测定级对象相关的技术资料。

任务描述如下。

（1）测评人员调试本次测评过程中将用到的测评工具，包括漏洞扫描工具、渗透性测试工具、性能测试工具和协议分析工具等。

（2）测评人员在测评环境模拟被测定级对象架构，为开发相关的网络及主机设备等测评对象测评指导书做好准备，并进行必要的工具验证。

（3）准备和打印表单，主要包括风险告知书、文档交接单、会议记录表单、会议签到表单等。

输出/产品：选用的测评工具清单、打印的各类表单。

9.2.3 测评准备活动输出文档

测评准备活动输出文档及其内容如表 9-2 所示。

表 9-2 测评准备活动输出文档及其内容

任务	输出文档	文档内容
工作启动	项目计划书	项目概述、工作依据、技术思路、工作内容和项目组织等
信息收集和分析	填好的调查表格，各种与被测定级对象相关的技术资料	被测定级对象的安全保护等级、业务情况、数据情况、网络情况、软硬件情况、管理模式、相关部门和角色等
工具和表单准备	选用的测评工具清单； 打印的各类表单：风险告知书、文档交接单、会议记录表单、会议签到表单	风险告知、交接的文档名称、会议记录、会议签到表

9.2.4 测评活动中双方职责

测评机构职责如下。

（1）组建等级测评项目组。

（2）指出测评委托单位应提供的基本资料。

（3）准备被测定级对象基本情况调查表格，并提交给测评委托单位。

（4）向测评委托单位介绍安全测评工作流程和方法。

（5）向测评委托单位说明测评工作可能带来的风险和规避方法。

（6）了解测评委托单位的信息化建设以及被测定级对象的基本情况。

（7）初步分析系统的安全状况。

（8）准备测评工具和文档。

测评委托单位职责如下。

（1）向测评机构介绍本单位的信息化建设及发展情况。

（2）提供测评机构需要的相关资料。

（3）为测评人员的信息收集工作提供支持和协调。

（4）准确填写调查表格。

（5）根据被测定级对象的具体情况，如业务运行高峰期、网络布置情况等，为测评时间安排提供适宜的建议。

（6）制定应急预案。

9.3 方案编制活动

9.3.1 测评对象确定

根据系统调查结果，分析整个被测定级对象的业务流程、数据流程、范围、特点及各个设备及组件的主要功能，确定出本次测评的测评对象。

输入：填好的调查表格、各种与被测定级对象相关的技术资料。

任务描述如下。

（1）识别并描述被测定级对象的整体结构，根据调查表格获得被测定级对象的基本情况，识别出被测定级对象的整体结构并加以描述。

（2）识别并描述被测定级对象的边界，根据填好的调查表格，识别出被测定级对象边界及边界设备并加以描述。

（3）识别并描述被测定级对象的网络区域，一般定级对象都会根据业务类型及其重要程度将定级对象划分为不同的区域，根据区域划分情况描述每个区域内的主要业务应用、业务流程、区域的边界以及它们之间的连接情况等。

（4）识别并描述被测定级对象的主要设备，描述系统中的设备时以区域为线索，

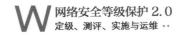
具体描述各个区域内部署的设备，并说明各个设备主要承载的业务、软件安装情况以及各个设备之间的主要连接情况等。

（5）确定测评对象，结合被测定级对象的安全级别和重要程度，综合分析系统中各个设备和组件的功能与特点，从被测定级对象构成组件的重要性、安全性、共享性、全面性和恰当性等几方面确定出技术层面的测评对象，并将与被测定级对象相关的人员及管理文档确定为测评对象。测评对象确定准则和样例见《测评过程指南》附录 D。

（6）描述测评对象时，根据类别加以描述，包括机房、业务应用软件、主机操作系统、数据库管理系统、网络互联设备、安全设备、访谈人员及安全管理文档等。

输出 / 产品：测评方案的测评对象部分。

9.3.2 方案编制活动主要任务

1. 测评指标确定

根据被测定级对象定级结果确定出本次测评的基本测评指标；根据测评委托单位及被测定级对象业务自身需求确定出本次测评的特殊测评指标。

输入：填好的调查表格、GB17859、GB/T 22239、行业规范、业务需求文档。

任务描述如下。

（1）根据被测定级对象的定级结果，包括业务信息安全保护等级和系统服务安全保护等级，得出被测定级对象的系统服务保证类（A 类）基本安全要求、业务信息安全类（S 类）基本安全要求以及通用安全保护类（G 类）基本安全要求的组合情况。

（2）根据被测定级对象的 A 类、S 类及 G 类基本安全要求的组合情况，从GB/T 22239、行业规范中选择相应等级的基本安全要求作为基本测评指标。

（3）根据被测定级对象的实际情况，确定不适用的测评指标。

（4）根据测评委托单位及被测定级对象业务自身需求，确定特殊测评指标。

（5）对确定的基本测评指标和特殊测评指标进行描述，并分析给出指标不适用的原因。

输出 / 产品：测评方案的测评指标部分。

2. 测评内容确定

确定现场测评的具体实施内容，即单项测评内容。

输入：填好的系统调查表格、测评方案的测评对象部分、测评方案的测评指标部分。

任务描述如下。

依据 GB/T 22239，将前面已经得到的测评指标和测评对象结合起来，将测评指标映射到各测评对象上，然后结合测评对象的特点，说明各测评对象所采取的测评方法，由此构成可以具体实施测评的单项测评内容。测评内容是测评人员开发测评指导书的基础。

输出 / 产品：测评方案的测评实施部分。

3. 工具测试方法确定

在等级测评中，应使用测试工具进行测试，测试工具可能用到漏洞扫描器、渗透测试工具集、协议分析仪等。物联网、移动互联网、工业控制系统的补充测试内容见《测评过程指南》附录 C。

输入：测评方案的测评实施部分、GB/T 22239、选用的测评工具清单。

任务描述如下。

（1）确定工具测试环境，根据被测系统的实时性要求，可选择生产环境或与生产环境各项安全配置相同的备份环境、生产验证环境或测试环境作为工具测试环境。

（2）确定需要进行测试的测评对象。

（3）选择测试路径，测试工具的接入采取从外到内，从其他网络到本地网络的逐步逐点接入，即测试工具从被测定级对象边界外接入、在被测定级对象内部与测评对象不同区域网络及同一网络区域内接入等几种方式。

（4）根据测试路径，确定测试工具的接入点。

从被测定级对象边界外接入时，测试工具一般接在系统边界设备（通常为交换设备）上。在该点接入漏洞扫描器，扫描探测被测定级对象设备对外暴露的安全漏洞情况。在该接入点接入协议分析仪，捕获应用程序的网络数据包，查看其安全加密和完整性保护情况。在该接入点使用渗透测试工具集，试图利用被测定级对象设备的安全漏洞，跨过系统边界，侵入被测定级对象设备。

从系统内部与测评对象不同网络区域接入时，测试工具一般接在与被测对象不在同一网络区域的内部核心交换设备上。在该点接入扫描器，直接扫描测试内部各设备对本单位其他不同网络所暴露的安全漏洞情况。在该接入点接入网络拓扑发现工具，探测定级对象的网络拓扑情况。

从系统内部与测评对象同一网络区域内接入时，测试工具一般接在与被测对象在同一网络区域的交换设备上。在该点接入扫描器，直接测试各被测设备对本地网络暴露的安全漏洞情况。一般来说，该点扫描探测出的漏洞数应该是最多的，这说明设备处

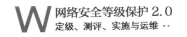
在没有网络安全保护措施的环境中。

（5）结合网络拓扑图，描述测试工具的接入点、测试目的、测试途径和测试对象等相关内容。

输出/产品：测评方案的工具测试方法及内容部分。

4. 测评指导书开发

测评指导书是具体指导测评人员如何进行测评活动的文档，应尽可能翔实、充分。

输入：测评方案的单项测评实施部分、工具测试内容及方法部分。

任务描述如下。

（1）描述单个测评对象，包括测评对象的名称、位置信息、用途、管理人员等信息。

（2）根据 GB/T 28448 的单项测评实施确定测评活动，包括测评项、测评方法、操作步骤和预期结果 4 部分。

测评项是指 GB/T 22239 中对该测评对象在该用例中的要求，在 GB/T 28448 中对应每个单项测评中的"测评指标"。测评方法是指访谈、核查和测试 3 种方法，具体参见《测评过程指南》附录 E。核查具体到测评对象上可细化为文档审查、实地察看和配置核查，每个测评项可能对应多个测评方法。操作步骤是指在现场测评活动中应执行的命令或步骤；涉及测试时，应描述工具测试路径及接入点等。预期结果是指按照操作步骤在正常的情况下应得到的结果和获取的证据。

（3）单项测评一般以表格形式设计和描述测评项、测评方法、操作步骤和预期结果等内容。整体测评则一般以文字描述的方式表述，以测评用例的方式进行组织。

（4）根据测评指导书，形成测评结果记录表格。

输出/产品：测评指导书、测评结果记录表格。

5. 测评方案编制

测评方案是等级测评工作实施的基础，指导等级测评工作的现场实施活动。测评方案应包括但不局限于以下内容：项目概述、测评对象、测评指标、测评内容、测评方法等。

输入：委托测评协议书，填好的调研表格，各种与被测定级对象相关的技术资料，选用的测评工具清单，GB/T 22239 或行业规范中相应等级的基本要求，测评方案的测评对象、测评指标、单项测评实施部分、工具测试方法及内容部分等。

任务描述如下。

（1）根据委托测评协议书和填好的调研表格，提取项目来源、测评委托单位整体信息化建设情况及被测定级对象与单位其他系统之间的连接情况等。

（2）根据等级保护过程中的等级测评实施要求，将测评活动所依据的标准罗列出来。

（3）参阅委托测评协议书和被测定级对象情况，估算现场测评工作量。根据测评对象的数量和工具测试的接入点及测试内容等情况估算工作量。

（4）根据测评项目组成员安排，编制工作安排情况。

（5）根据以往测评经验以及被测定级对象规模，编制具体测评计划，包括现场工作人员的分工和时间安排。

（6）汇总上述内容及方案编制活动的其他任务获取的内容形成测评方案文稿。

（7）评审和提交测评方案。测评方案初稿应通过测评项目组全体成员评审，修改完成后形成提交稿；然后，测评机构将测评方案提交给测评委托单位签字认可。

（8）根据测评方案制定风险规避实施方案。

输出 / 产品：经过评审和确认的测评方案文本、风险规避实施方案文本。

9.3.3　方案编制活动输出文档

方案编制活动输出文档及其内容如表 9-3 所示。

表 9-3　方案编制活动输出文档及其内容

任务	输出文档	文档内容
测评对象确定	测评方案的测评对象部分	被测定级对象的整体结构、边界、网络区域、重要节点、测评对象等
测评指标确定	测评方案的测评指标部分	被测定级对象定级结果、测评指标
测评内容确定	测评方案的单项测评实施部分	单项测评实施内容
工具测试方法确定	测评方案的工具测试方法及内容部分	工具测试接入点及测试方法
测评指导书开发	测评指导书、测评结果记录表格	各测评对象的测评内容和方法 测评结果记录表格表头
测评方案编制	经过评审和确认的测评方案文本；风险规避实施方案文本	项目概述、测评对象、测评指标、测试工具接入点、单项测评实施内容等； 风险规避实施等

9.3.4　方案编制活动中双方职责

测评机构职责如下。

（1）详细分析被测定级对象的整体结构、边界、网络区域和设备部署情况等。

（2）初步判断被测定级对象的安全薄弱点。

（3）分析确定测评对象、测评指标、测评内容和工具测试方法。

（4）编制测评方案文本，并对其进行内部评审。

（5）制定风险规避实施方案。

测评委托单位职责如下。

（1）为测评机构完成测评方案提供有关信息和资料。

（2）评审和确认测评方案文本。

（3）评审和确认测评机构提供的风险规避实施方案。

（4）若确定不在生产环境开展测评，则部署配置与生产环境各项安全配置相同的备份环境、生产验证环境或测试环境作为测试环境。

9.4　现场测评活动

9.4.1　现场测评活动工作流程

通过与测评委托单位进行沟通和协调，为现场测评的顺利开展打下良好的基础，依据测评方案实施现场测评工作，将测评方案和测评方法等内容具体落实到现场测评活动中。现场测评工作应取得报告编制活动所需的、足够的证据和资料。

现场测评活动包括现场测评准备、现场测评和结果记录、结果确认和资料归还3项主要任务（见图9-2）。

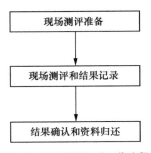

图 9-2　现场测评活动工作流程

9.4.2　现场测评活动主要任务

1. 现场测评准备

现场测评准备是保证测评机构能够顺利实施测评的前提。

输入：经过评审和确认的测评方案文本、风险规避实施方案文本、风险告知书、现场测评工作计划。

任务描述如下。

（1）测评委托单位对风险告知书签字确认，了解测评过程中存在的安全风险，做好相应的应急和备份工作。

（2）测评委托单位协助测评机构获得定级对象相关方的现场测评授权。

（3）召开测评现场首次会，测评机构介绍现场测评工作安排，相关方对测评计划和测评方案中的测评内容和方法等进行沟通。

（4）测评相关方确认现场测评需要的各种资源，包括测评配合人员和需要提供的测评环境等。

输出 / 产品：会议记录、测评方案、现场测评工作计划和风险告知书、现场测评授权书等。

2. 现场测评和结果记录

本任务主要是测评人员按照测评指导书实施测评，并将测评过程中获取的证据源进行详细、准确地记录。

输入：现场测评工作计划、现场测评授权书、测评指导书、测评结果记录表格。

任务描述如下。

（1）测评人员与测评配合人员确认测评对象中的关键数据已经进行了备份。

（2）测评人员确认具备测评工作开展的条件，测评对象工作正常，系统处于一个相对良好的状况。

（3）测评人员根据测评指导书实施现场测评，获取相关证据和信息。现场测评一般包括访谈、核查和测试 3 种测评方式，具体参见《测评过程指南》附录 E。

（4）测评结束后，测评人员与测评配合人员及时确认测评工作是否对测评对象造成不良影响，测评对象及系统是否工作正常。

输出 / 产品：各类测评结果记录。

3. 结果确认和资料归还

本任务主要是将测评过程中得到的证据源记录进行确认，并将测评过程中借阅的文档归还。

输入：各类测评结果记录、工具测试完成后的电子输出记录。

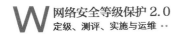
任务描述如下。

（1）测评人员在现场测评完成之后，应首先汇总现场测评的测评记录，对漏掉和需要进一步验证的内容实施补充测评。

（2）召开测评现场结束会，测评双方对测评过程中得到的证据源记录进行现场沟通和确认。

（3）测评机构归还测评过程中借阅的所有文档资料，并由测评委托单位文档资料提供者签字确认。

输出 / 产品：经过测评委托单位确认的测评证据和证据源记录。

9.4.3 现场测评活动输出文档

现场测评活动输出文档及其内容如表 9-4 所示。

表 9-4 现场测评活动输出文档及其内容

任务	输出文档	文档内容
现场测评准备	会议记录，确认风险告知书、测评方案和现场测评工作计划，现场测评授权书	工作计划和内容安排，双方人员的协调，测评委托单位应提供的配合
访谈	技术和管理安全测评的测评结果记录	访谈记录
文档审查	技术和管理安全测评的测评结果记录	安全策略、技术文档、管理制度和管理执行过程文档的记录
实地察看	技术安全和管理安全测评结果记录	核查内容的记录
配置核查	技术安全测评的测评结果记录	核查内容的记录
工具测试	技术安全测评的测评结果记录、工具测试完成后的电子输出记录、备份的测试结果文件	漏洞扫描、渗透性测试、性能测试、入侵检测和协议分析等内容的技术测试结果
结果确认和资料归还	经过测评委托单位确认的测评证据和证据源记录	测评中获取的证据和证据源

现场测评活动中双方职责。

测评机构职责如下。

（1）测评人员开展测评前确认被测定级对象具备测评工作开展的条件，测评对象工作正常。

（2）测评人员利用访谈、文档审查、配置核查、工具测试和实地察看的方法开展现场测评工作，并获取相关证据。

测评委托单位职责如下（系统部署在公有云的测评委托单位职责还包括《测评过程指南》附录 C 中的相关内容）。

（1）测评前备份系统和数据，并了解测评工作基本情况。

（2）协助测评机构获得现场测评授权。

（3）安排测评配合人员，配合测评工作的开展。

（4）对风险告知书进行签字确认。

（5）配合人员如实回答测评人员的问询，对某些需要验证的内容上机进行操作。

（6）配合人员协助测评人员实施工具测试并提供有效的建议，降低安全测评对系统运行的影响。

（7）配合人员协助测评人员完成业务相关内容的问询、验证和测试。

（8）配合人员对测评证据和证据源进行确认。

（9）配合人员确认测试后被测设备状态完好。

9.5 报告编制活动

9.5.1 报告编制活动工作流程

在现场测评工作结束后，测评机构应对现场测评获得的测评结果（或称测评证据）进行汇总分析，形成等级测评结论，并编制测评报告。

测评人员在初步判定单项测评结果后，还需进行单元测评结果判定、整体测评、系统安全保障评估，经过整体测评后，有的单项测评结果可能会有所变化，需进一步修订单项测评结果，而后针对安全问题进行风险评估，形成等级测评结论。报告编制活动包括单项测评结果判定、单元测评结果判定、整体测评、系统安全保障评估、安全问题风险评估、等级测评结论形成及测评报告编制 7 项主要任务（见图 9-3）。

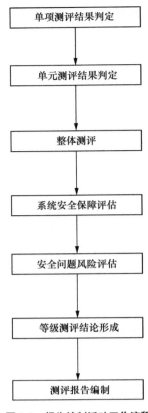

图9-3　报告编制活动工作流程

9.5.2　报告编制活动主要任务

1. 单项测评结果判定

本任务主要是针对单个测评项，结合具体测评对象，客观、准确地分析测评证据，形成初步单项测评结果，单项测评结果是形成等级测评结论的基础。

输入：经过测评委托单位确认的测评证据和证据源记录、测评指导书。

任务描述如下。

（1）针对每个测评项，分析该测评项所对抗的威胁在被测定级对象中是否存在，如果不存在，则该测评项应标为不适用项。

（2）分析单个测评项的测评证据，并与要求内容的预期测评结果相比较，给出单项测评结果和符合程度得分。

（3）如果测评证据表明所有要求内容与预期测评结果一致，则判定该测评项的单项测评结果为符合；如果测评证据表明所有要求内容与预期测评结果不一致，则判定该测评项的单项测评结果为不符合；否则判定该测评项的单项测评结果为部分符合。

输出 / 产品：测评报告的等级测评结果记录部分。

2. 单元测评结果判定

本任务主要是将单项测评结果进行汇总，分别统计不同测评对象的单项测评结果，从而判定单元测评结果。

输入：测评报告的等级测评结果记录部分。

任务描述如下。

（1）按层面分别汇总不同测评对象对应测评指标的单项测评结果情况，包括测评多少项、符合要求的多少项等内容。

（2）分析每个控制点下所有测评项的符合情况，给出单元测评结果。单元测评结果判定规则如下。

① 控制点包含的所有适用测评项的单项测评结果均为符合，则对应该控制点的单元测评结果为符合。

② 控制点包含的所有适用测评项的单项测评结果均为不符合，则对应该控制点的单元测评结果为不符合。

③ 控制点包含的所有测评项均为不适用项，则对应该控制点的单元测评结果为不适用。

④ 控制点包含的所有适用测评项的单项测评结果不全为符合或不符合，则对应该控制点的单元测评结果为部分符合。

输出 / 产品：测评报告的单元测评小结部分。

3. 整体测评

针对单项测评结果的不符合项及部分符合项，采取逐条判定的方法，从安全控制点间、层面间出发考虑，给出整体测评的具体结果。

输入：测评报告的等级测评结果记录部分和单项测评结果。

任务描述如下。

（1）针对测评对象"部分符合"及"不符合"要求的单个测评项，分析与该测评项相关的其他测评项能否和它发生关联关系，发生什么样的关联关系，这些关联关系产生的作用是否可以"弥补"该测评项的不足或"削弱"该测评项实现的保护能力，以及该测评项的测评结果是否会影响与其有关联关系的其他测评项的测评结果。整体测评方法参见 **GB/T 28448**。

（2）针对测评对象"部分符合"及"不符合"要求的单个测评项，分析与该测评项相关的其他层面的测评对象能否和它发生关联关系，发生什么样的关联关系，这些关联关系产生的作用是否可以"弥补"该测评项的不足或"削弱"该测评项实现的保护能力，以及该测评项的测评结果是否会影响与其有关联关系的其他测评项的测评结果。

（3）根据整体测评分析情况，修正单项测评结果符合程度得分和问题严重程度值。

输出／产品：测评报告的整体测评部分。

4．**系统安全保障评估**

综合单项测评和整体测评结果，计算修正后的安全控制点得分和层面得分，并根据得分情况对被测定级对象的安全保障情况进行总体评价。

输入：测评报告的等级测评结果记录部分和整体测评部分。

任务描述如下。

（1）根据整体测评结果，计算修正后的每个测评对象的单项测评结果和符合程度得分。

（2）根据各对象的单项符合程度得分，计算安全控制点得分。

（3）根据安全控制点得分，计算安全层面得分。

（4）根据安全控制点得分和安全层面得分，总体评价被测定级对象已采取的有效保护措施和存在的主要安全问题情况。

输出：测评报告的系统安全保障评估部分。

5．**安全问题风险分析**

测评人员依据等级保护的相关规范和标准，采用风险分析的方法分析等级测评结果中存在的安全问题可能对被测定级对象安全造成的影响。

输入：填好的调查表格、测评报告的单项测评结果、整体测评部分。

任务描述如下。

（1）针对整体测评后的单项测评结果中部分符合项或不符合项所产生的安全问题，结合关联测评对象和威胁，分析可能对定级对象、单位、社会及国家造成的安全危害。

（2）结合安全问题所影响业务的重要程度、相关系统组件的重要程度、安全问题的严重程度以及安全事件影响范围等综合分析可能造成的安全危害中的最大安全危害（损失）结果。

（3）根据最大安全危害严重程度进一步确定定级对象面临的风险等级，结果为

"高""中"或"低"。

输出：测评报告的安全问题风险分析部分。

6. 等级测评结论形成

测评人员在系统安全保障评估、安全问题风险评估的基础上，找出系统保护现状与 GB/T 22239 之间的差距，并形成等级测评结论。

输入：测评报告的系统安全保障评估部分、安全问题风险评估部分。

任务描述：根据单项测评结果和风险评估结果，计算定级对象综合得分，并得出等级测评结论。

等级测评结论分为以下 3 种情况。

（1）符合：定级对象中未发现安全问题，等级测评结果中所有测评项的单项测评结果中部分符合项和不符合项的统计结果全为 0，综合得分为 100 分。

（2）基本符合：定级对象中存在安全问题，部分符合项和不符合项的统计结果不全为 0，但存在的安全问题不会导致定级对象面临高等级安全风险，且综合得分不低于阈值。

（3）不符合：定级对象中存在安全问题，部分符合项和不符合项的统计结果不全为 0，而且存在的安全问题会导致定级对象面临高等级安全风险，或者综合得分低于阈值。

输出 / 产品：测评报告的等级测评结论部分。

7. 测评报告编制

根据报告编制活动各分析过程形成等级测评报告。等级测评报告格式应符合公安机关发布的《信息系统安全等级测评报告模版（2015 年版）》（模版示例参见《测评过程指南》附录 F）。

输入：测评方案、《信息系统安全等级测评报告模版（2015 年版）》、测评结果分析内容。

任务描述如下。

（1）测评人员整理前面几项任务的输出 / 产品，按照《信息系统安全等级测评报告模版（2015 年版）》编制测评报告相应部分。每个被测定级对象应单独出具测评报告。

（2）针对被测定级对象存在的安全隐患，从系统安全角度提出相应的改进建议，编制测评报告的问题处置建议部分。

（3）测评报告编制完成后，测评机构应根据测评协议书、测评委托单位提交的相关文档、测评原始记录和其他辅助信息，对测评报告进行评审。

（4）评审通过后，由项目负责人签字确认并提交给测评委托单位。

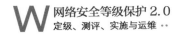

输出 / 产品：经过评审和确认的被测定级对象等级测评报告。

9.5.3　报告编制活动输出文档

报告编制活动输出文档及其内容如表 9-5 所示。

表 9-5　报告编制活动输出文档及其内容

任务	输出文档	文档内容
单项测评结果判定	等级测评报告的等级测评结果记录部分	分析测评对象的安全现状与标准中相应等级基本要求项的符合情况，给出单项测评结果和符合程度得分
单元测评结果判定	等级测评报告的单元测评小结部分	汇总统计单项测评结果、分析技术控制点符合情况和存在的安全问题
整体测评	等级测评报告的整体测评部分	分析被测定级对象整体安全状况及对单项测评结果的影响情况，给出安全问题严重程度及对应的要求符合程度得分修正值
系统安全保障评估	等级测评报告的系统安全保障评估部分	汇总被测定级对象已采取的安全保护措施情况，计算安全控制点得分及安全层面得分，并总体评价被测定级对象已采取的有效保护措施和存在的主要安全问题情况
安全问题风险分析	等级测评报告的安全问题风险评估部分	分析被测定对象存在的安全问题可能对定级对象、单位、社会和国家造成的最大安全危害（损失），并给出风险等级
等级测评结论形成	等级测评报告的等级测评结论部分	对测评结果进行分析，形成等级测评结论，并给出综合得分
测评报告编制	经过评审和确认的被测定级对象等级测评报告	等级测评结果记录、单元测评结果汇总及结果分析、整体测评过程及结果、风险分析过程及结果、等级测评结论、问题处置建议等

9.5.4　报告编制活动中双方职责

测评机构职责如下。

（1）分析并判定单项测评结果和整体测评结果。

（2）分析评价被测定级对象存在的风险情况。

（3）根据测评结果形成等级测评结论。

（4）编制等级测评报告，说明系统存在的安全隐患和缺陷，并给出改进建议。

（5）评审等级测评报告，并将评审过的等级测评报告按照分发范围进行分发。

（6）将生成的过程文档（包括电子文档）归档保存，并将测评过程中在测评用介质和测试工具中生成或存放的所有电子文档清除。

测评委托单位职责如下。

（1）签收测评报告。

（2）向分管公安机关备案测评报告。

W

安全运营体系

第10章

只有安全技术体系和安全管理体系，并不能充分保障×××系统的安全性，这是因为：一方面，无论是技术控制措施还是管理制度，都需要人来落地操作，这类事情就是运营工作；如果出现不会操作、操作不好或违规操作的情况，而且安全管理者也没有能力对操作行为进行监控，那就必将导致技术体系无法真正发挥威力，也会导致管理体系难以落地。另一方面，技术体系的控制措施，主要通过软硬件系统来实现；然而，还有不少技术控制措施，需要通过人的专业服务来实现；专业安全服务是一类特殊的安全操作，也属于运营体系范畴。总之，安全运营体系的作用是支撑、连通技术体系和管理体系，使之真正发挥效能。

×××系统上线运行后，将面临新的安全威胁以及较繁重的安全运营工作，传统的安全防御体系与安全运维模式已经不能应对新形势下的安全事件监测、响应与处置需求，未知风险对业务系统及数据信息的威胁巨大，如何有效地应对安全威胁动态变化、安全意识整体薄弱、安全技能相对缺乏的现状；如何能够不断加强安全运营体系的适用性、高效性和可扩展性，确保业务的连续性以及信息系统抗风险的能力，已成为单位即将面临的重大研究课题。

紧跟信息化发展趋势，充分利用安全产品、网络产品的数据收集、关联、分析等自动化分析能力，结合企业云端大数据资源及安全威胁情报信息，形成一套规范有序、高效运转、快速响应的安全运营体系，提升对未知威胁感知和防御能力，有效防御各种新型攻击，这是新形势下网络安全保障工作的重要环节。

10.1 安全运营体系总体设计

根据网络安全现状与安全运营需求，开展安全运营体系建设工作，等级保护安全运营体系如图 10-1 所示。

10.1.1 以日常安全运营为基础

日常安全运营是安全运营体系的基石，只有日常做好了安全运营工作，才能及时识别、研判、处置各类安全隐患和安全事件，将风险扼杀在萌芽状态，否则，在重大事件期间，就容易出现安全问题层出不穷、疲于应付的状态。

日常安全运营工作可分为风险管控、监控分析和安全运维三大类。

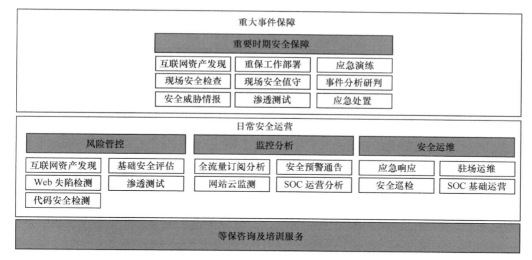

图 10-1　等级保护安全运营体系

1. 风险管控

风险管控是一个安全风险管理过程，包括风险识别、风险分析、风险处置。要想做好风险分析，需要从资产识别、威胁识别分析、脆弱性识别分析、已有安全措施确认来入手。

当前环境下业务和人员上网的趋势势不可挡，所以资产识别的核心工作是识别暴露在互联网的资产，特别是违规暴露、隐匿暴露的情况。本项安全控制措施，通过互联网资产发现服务来落地实现。

威胁识别分析是识别、分析威胁源头、威胁入侵方式、威胁后果（安全事件），以及发现、分析、确诊"真实发生"的安全问题。这有别于"脆弱性识别分析"只是发现信息系统自身的脆弱性，而这种脆弱性是否能够利用、是否已被利用则不得而知。从这个角度看，威胁识别分析是安全运营体系的刚需。有鉴于此，在安全运营体系设计中，突出了威胁识别分析的控制措施。全流量订阅分析服务和 Web 失陷检测服务，就是这一控制措施的落地服务。

脆弱性识别分析是识别、分析网元设备（网络设备、操作系统、中间件、数据库）和应用系统自身的安全弱点，包括漏洞和不安全配置。这有别于威胁识别分析，尽管有脆弱性问题并不代表一定会受到入侵，但脆弱性问题的识别、分析和整改，仍是整个安全体系的重要一环，也是安全运营体系的关键控制措施。本控制措施，通过基础安全评估服务、渗透测试服务，进行黑盒的脆弱性检测，再辅以白盒的代码安全检测，实现了脆弱性分析实现方法的全覆盖。

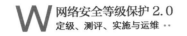
已有安全措施的确认，也是通过基础安全评估服务实现控制措施的落地。

2. 监控分析

风险管控工作离不开及时的监控分析，实际上监控分析和风险管控工作是联动的，监控分析发现的问题，导入风险管理流程。监控分析的关键是及时性，监控分析又可以分为以下几个维度。

预警预测：预警预测在安全运营体系中的作用日渐突出，本质原因是漏洞本身难以避免，这也是黑客入侵的核心方法之一。在目前这种基于移动互联网、信息快速传播的环境下，谁能及时获取安全情报、未雨绸缪及时整改，谁就掌握了先机，减轻甚至避免了严重损失。此项控制措施是通过"安全预警通告服务"来落地的。

内网威胁监控：在目前勒索病毒、APT攻击盛行的情况下，每个组织都不应对安全威胁掉以轻心，威胁监控是刚需性的控制措施，是确诊组织是否被入侵、如何被入侵、遭受了哪些损失的关键方法。此项控制措施是通过周期性的"流量订阅分析服务"来落地的，服务监控到的结果导入风险管控流程。

网站监测：网站是×××系统核心互联网应用之一，因为B/S架构的半开放性特点，网站安全的问题较为严重，需要设计控制措施及时发现网站的可用性、脆弱性等各类安全问题。本控制措施是通过网站云监测服务来落地的。

安全态势监控：通过实时收集安全事件的分布情况、分类情况、损失情况等数据，研判分析安全体系的薄弱环节，以及安全态势的发展情况。本控制措施是通过态势感知与安全运营平台运营分析服务来落地的。

3. 安全运维

安全运维工作中，大部分是基础的运营服务，它们的服务对象主要是组织中的安全软硬件设备。通过安全运维服务，解决安全软硬件设备"不会用""用不好"的最后一公里问题，真正发挥安全防御体系的威力。本方案中的此类服务主要是驻场运维服务、安全巡检服务、态势感知与安全运营平台基础运营服务。

应急响应服务是一项高阶运营服务，与驻场运维、安全巡检、态势感知与安全运营平台基础运营工作密切相关，它针对已经发生或可能发生的安全事件进行检测、分析、协调和处理，是安全对抗的重要一环。应急响应服务是最考验工程师和服务单位能力的安全服务之一，也是安全运营体系和整个等级保护安全体系的刚需环节。原因是：由于攻防的不对称性，面对APT类攻击，任何安全防御体系都有可能被击穿，这时候，应急响应服务就至关重要，它是整个等级保护安全体系的托底控制措施。

10.1.2　以重大事件保障为抓手

重大事件保障是安全运营体系的抓手，抓手作用体现在以下方面。

一方面，重大事件期间，面临着更严峻的内、外部安全威胁，非常考验组织的安全运营能力，重大事件保障工作是组织安全运营能力的练兵场和试金石。

另一方面，重大事件期间，网络安全工作的能见度大幅度提升，安全运营工作如果能在此时发力，就能起到事半功倍的效果。

"重要时期安全保障服务"发展至今，已经是一项覆盖重保工作部署、现场安全值守、事件分析研判、应急处置等的多模块服务，可以根据需求进行灵活组合。

10.2　安全运营体系详细设计

10.2.1　日常安全运营

1．风险管控

（1）互联网资产发现

① 安全风险

近年来，联网信息系统的风险形势一直很严峻，并且每一次联网信息系统风险被恶意者利用后导致的损失都较为严重。形势尽管如此严峻，但是大量应急响应案例表明：大量组织未全面掌握暴露在互联网上的 IT 资产，这就造成了组织的防御边界出现盲区，成为整个网络安全体系的重要短板。甚至，在一些真实案例中，我们看到组织一方面在竭尽全力检测、分析、抑制攻击，而另一方面新的攻击却从一些"陌生资产"源源不断地爆发出来。这些"陌生资产"就像黑洞一样，平时不可见、无防备，关键时刻却吸引了大量的攻击流量，造成整个防御体系的失效。

② 控制措施

互联网资产发现服务是通过平台结合人工分析的方式，针对某一组织，进行互联网资产梳理与暴露面筛查的综合服务。它包括如下控制细项。

a）资产及应用发现

互联网资产发现服务通过数据挖掘和调研的方式确定资产范围，之后基于 IP 或域名，采用 Web 扫描技术、操作系统探测技术、端口的探测技术、服务探测技术、Web 爬虫技术等各类探测技术，对信息系统内的主机/服务器、安全设备、网络设备、工控设备、Web 应用、中间件、数据库、邮件系统和 DNS 等进行主动发现，并生成资产及应用列表，列表中不仅包括设备类型、域名、IP、端口，还可深入识别运行在资产上的中间件、应用、技术架构的详细情况（类型、版本、服务名称等）。

b）安全资产画像绘制

在资产及应用发现的基础上，安全专家对每个业务梳理分析，依据信息系统实际情况、业务特点、资产重要度等信息，结合信息安全的最佳实践进行归纳，最终针对性地形成专属的资产画像，构建起专属的信息安全资产画像。资产画像构建完成后可根据域名、IP、端口、中间件、应用、技术架构、变更状态、业务类型（自定义）等条件对资产进行查询、统计，并能对资产进行周期性变化监控。

互联网资产发现服务可以带来如下价值。

a）全面梳理互联网资产及应用暴露面

依托细粒度资产信息指纹库，全面、精准地梳理出暴露在互联网上的 IT 资产（设备类型、厂商、域名、IP、端口等），并深入识别运行在资产上的中间件、应用、技术架构的详细情况（类型、版本、服务名称等）。资产发现和应用发现结合，全面、精准地解决互联网资产边界盲区问题，打好安全防御的基础。

b）精准绘制互联网资产画像

通过对探测到的互联网节点进行多维度的搜索，快速定位符合条件的目标网络节点，支持的信息搜索维度，包括但不限于所属国家、所属城市、所属组织、资产类型（自定义）、业务类型（自定义）、IP、端口、服务、域名、运行的操作系统类型、运行 Web 应用的标题等，打造目标网络节点的详细信息，完成信息安全资产画像的绘制。

③ 服务方式

通过工具平台和人工梳理相结合的方式，进行远程服务。建议每月或每季度进行一次服务，及时掌握互联网资产的暴露情况。

④ 服务交付

服务交付通常包括以下内容。

• 《资产信息库列表》。

• 《资产画像》。

• 《项目实施方案》。

- 《项目实施计划》。

- 《服务实施授权书》。

（2）基础安全评估

① 安全风险

信息系统是一个复杂的系统，覆盖从网络层到数据层的多层结构，容易出现自身的脆弱性问题，包括标准网元组件（网络设备、操作系统、中间件、数据库）本身的漏洞，以及不合理配置问题。这些脆弱性问题是黑客入侵的基础性条件，给整个信息系统带来了重大风险；同时，信息系统是由人来设计、实施和运营的，人无法做到如机器般的高可靠性，这就意味着脆弱性问题是信息系统始终伴随的问题，必须予以重视和控制。

② 控制措施

采用基础安全评估服务可以对系统脆弱性问题进行客观评估，主要包括如下内容。

a）漏洞扫描

漏洞扫描主要是通过漏洞扫描工具以本地扫描的方式，对评估范围内的终端设备进行主动扫描，从内网和外网两个角度，来查找网络结构、网络设备、服务器主机、数据等安全对象目标存在的安全漏洞。漏洞扫描工作涉及了以下 3 个层面的安全问题。

- 网络层安全：该层的安全问题主要包括网络设备自身的安全性、网络资源的访问控制、域名系统的安全性等。

- 系统层安全：该层的安全问题主要来自操作系统，包括 Unix、Linux、Windows 以及专用操作系统等。安全问题主要表现在操作系统本身的不安全因素，包括身份认证、访问控制、系统漏洞等。

- 应用层安全：该层的安全主要考虑应用系统和数据的安全性，包括数据库、Web 服务、电子邮件系统、业务应用系统等。

b）基线检查

安全基线是指为满足安全规范要求，各网元设备（网络设备、操作系统、中间件、数据库等）的安全配置必须达到标准。基线检查就是对各网元设备的安全配置进行人工检查，判断其是否满足安全基线要求，检查内容主要包括账号配置安全、口令配置安全、授权配置、日志配置、IP 通信配置等方面的内容，这些安全配置直接反映了

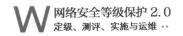
系统自身的安全脆弱性。

- 网络及安全设备基线检查

针对交换机、路由器、防火墙、入侵防御系统、VPN 等网络及安全设备进行设备配置的人工检查，尽量减少网络设备因配置不当产生的安全问题，提升网络设备自身及网络整体的抗攻击能力。

- 操作系统基线检查

针对 Windows、Linux、Unix、AIX 等操作系统进行系统配置的人工检查，尽量减少服务器因操作系统设置不当产生的安全问题，提升服务器自身的抗攻击能力，并根据应用系统的不同情况，提供定制式安全策略建议，使操作系统的安全级别达到较理想状态。

- 数据库基线检查

针对 MySQL、SQL Server、Oracle、Informix 等数据库进行系统配置的人工检查，尽量减少数据库系统因配置不当产生的安全问题，提高数据库系统的安全性。

- 中间件基线检查

针对 IIS、Tomcat、WebLogic、Apache、JBoss 等中间件进行人工配置检查，利用系统自身的安全功能提高中间件的安全性。

基础安全评估服务可以带来如下价值。

➢ 提高信息系统的安全脆弱性识别能力。

➢ 提供丰富完善的安全脆弱性现状分析。

➢ 提供有针对性的脆弱性问题整改方案，避免因"脆弱性被利用"而产生的安全损失。

③ 服务方式

使用漏洞扫描器、基线检查脚本、基线检查 Checklist 等服务工具，现场提供服务。服务周期建议为每月或每季度。

④ 服务交付

服务交付通常包括如下内容。

- 《安全评估报告》。

- 《项目实施方案》。

- 《项目实施计划》。

- 《服务实施授权书》。

（3）应用系统安全检测

① 安全风险

除了标准网元组件（网络设备、操作系统、中间件、数据库）本身的脆弱性问题外，购买或开发的各类应用系统也有不少脆弱性问题，而且应用系统与标准网元组件相比，具有更强的个性化特征，也和业务绑定更加紧密。这都造成难以通过漏洞扫描器、基线检查脚本等工具来准确检测应用系统的脆弱性问题。

② 控制措施

针对应用系统的脆弱性检测包括黑盒和白盒两种方式，黑盒方式的检测通过渗透测试服务来实现，白盒方式的检测通过代码安全检测服务来实现。

a）渗透测试服务

渗透测试服务是在客户授权的前提下，依托威胁情报和技术资源，融合原厂工程师、第三方测试人才、远程和现场服务，人工模拟黑客可能使用的攻击技术和漏洞发现技术，对目标应用系统的安全性做深入的探测，尽可能广泛地、深入地人工挖掘应用系统"真实可被利用"的漏洞并验证，特别是应用漏洞和业务逻辑漏洞。

在服务的过程中，通过实名认证、双因子身份验证、全流量审计等多种管理和技术手段，保障测试过程安全可监控、可审计、可追溯。整个渗透测试过程包括以下几个环节。

- 初次渗透测试

渗透测试团队由原厂工程师和 15 ～ 50 名精英可信白帽共同组成，借助威胁情报、技术工具等资源，远程对指定信息系统进行定向、深入、全面的漏洞发现。

内容包含外部威胁（包括但不限于 Web 应用安全风险、业务安全风险、安全设备绕过等）与内部威胁 [包括但不限于配置不当、弱口令、社工库利用、内部人员泄密（如源代码、文档、敏感文件、邮件）等] 所带来的风险。初次渗透测试主要从安全体系涉及的各个层面（包括但不限于应用系统、操作系统、数据库等）进行全面、系统的测试。

渗透测试涉及信息系统的网络层、操作系统层、业务应用层。其中覆盖 OWASP TOP10 漏洞类型以及近几年爆出的漏洞类型。

- 双交付

渗透测试服务采用"双交付模式"，大幅缩短漏洞暴露窗口期。

第一次交付：线上及时交付，通过登录线上 SaaS 系统，第一时间获取实施过程中挖掘到的漏洞，而无须等待整个渗透测试工作完成；漏洞暴露窗口期从平均 5 天，

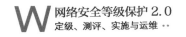
缩短 90%（0.5 天）。

第二次交付：综合报告交付，整个测试工作完成后，拟写完整的《渗透测试报告》，通过线上或者线下途径交付。《渗透测试报告》中包含整改建议，服务方配合讨论具体漏洞修复方法，并协助进行整改工作。

- 复测

在整改工作完成后，还将提供复测服务（回归测试），确认先前的安全漏洞得到有效的修复，又综合渗透测试方法和经验，多方位测试，确保没有引入新的安全漏洞，使整改工作达到预期目标。

- 报告解读

项目测试全部结束后，进行现场报告解读，通过和原厂工程师面对面地交流，准确、深入地理解渗透测试结果和整改建议。

渗透测试服务可以带来如下价值。

➢ 最大限度地发现系统真实的安全问题

通过人工渗透测试，可发现信息系统各层的漏洞（特别是应用层和业务逻辑层），并通过人工漏洞验证，确保发现的问题真实可被利用。原厂工程师和 15 ～ 50 名精英可信白帽组成的大兵团，确保了最大限度地发现安全问题。

➢ 工作闭环，帮助完整解决问题

基础渗透测试服务不仅是单纯的一次渗透测试，而是包括"初次渗透测试—双交付—复测—报告解读—问题关闭"的完整服务闭环，帮助完整解决发现的安全问题。

b）代码安全检测服务

代码安全检测服务是由具备丰富编码经验，并对安全编码原则及应用安全具有深刻理解的安全服务人员，对信息系统或软件源代码及软件架构的安全性、可靠性进行全面的安全检查。

代码安全检测服务的目的在于充分挖掘当前源代码中存在的安全缺陷以及规范性缺陷，从而让开发人员了解其开发的应用系统可能会面临的威胁，并指导开发人员正确修复程序缺陷，从而提高源代码的可靠性，从底层保障应用系统本身的安全性。

如图 10-2 所示，代码安全检测服务通过对系统开发框架、服务端程序、客户端程序、接口及第三方组件和应用配置 5 个方面进行深入的安全分析，从而发现系统源代码存在的安全缺陷，并采用安全测试等技术手段进行漏洞验证。

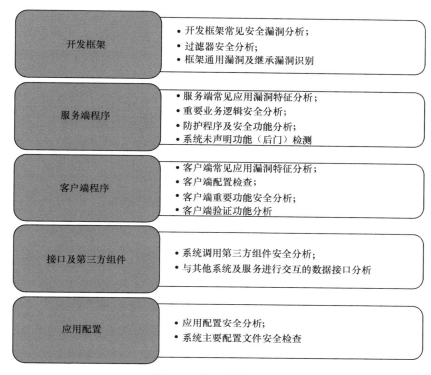

图 10-2 代码安全检测内容

代码安全检测服务可以带来如下价值。

- 减少应用系统的安全漏洞和缺陷隐患，从而提高源代码的质量和可靠性。

- 从源头上有效降低应用系统安全风险，保障业务的连续性。

③ 服务方式

a）渗透测试服务

渗透测试服务以远程渗透为主，以现场报告解读环节为辅。在交付模式上，采用双交付模式，平衡了交付及时性和交付完整性之间的矛盾。

渗透测试操作在"可信生产环境"中进行，通过在生产环境部署全流量分析系统、SSL VPN、防火墙等完善的安全控制措施，实现对整个渗透过程的事前认证、事中监控、事后审计溯源，最大限度地降低生产风险。

b）代码安全检测服务

代码安全检测通常在代码权属方指定的安全地点进行。

代码安全检测在"代码检测专用设备"上进行，并禁止连接互联网。专用设备具有公安部颁发的"计算机信息系统安全专用产品销售许可证"，证明公安部已对专用

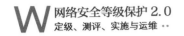
设备的"安全性"进行过安全检测，并获其认可；专用设备是服务方购买的正版产品，并且具有国家版权局颁发的"计算机软件著作权登记证书"。

④ 服务交付

a）渗透服务交付通常包括以下内容。

- 《渗透测试报告》（项目整体性报告）。
- 《单个漏洞报告》（通过 SaaS 系统交付）。
- 《项目实施方案》。
- 《项目实施计划》。
- 《服务实施授权书》。

b）代码安全检测服务交付通常包括以下内容。

- 《源代码安全检测报告》。
- 《源代码检测服务方案》。
- 《项目实施计划》。
- 《服务实施授权书》。

（4）Web 失陷检测

① 安全风险

目前，攻击者的主流特点是隐秘地侵入目标系统、获取关键数据或潜伏等待攻击时机，特别是 Web 系统，因其部署在网络最外侧提供服务；所以，面临的这类风险最为严重，一旦 Web 系统失陷，那么攻击者就会以此为跳板，逐渐渗透进内网的各类系统。

② 控制措施

Web 失陷检测服务依托安全大数据能力，通过对 Web 应用访问日志，进行空间和时间维度的关联分析，发现内网中潜在的失陷主机，然后基于大数据溯源技术，找到问题发生的根本原因。攻击者威胁情报中包含了该攻击者在不同时间段使用的 IP，并可以根据攻击者不同的技能制定不同的技术防御策略，或者使用边界安全防护类设备对 IP 进行实时的阻断。

a）未知威胁攻击的发现和确认

由于目前互联网侧的攻击尤其是长期性、高破坏性的未知威胁攻击，在渗透成功之后，通常也不会出现明显的安全现象，但是可能造成的安全后果却是巨大的，包括数据泄露、关键时间篡改、黑词暗链等。这种安全事件很难通过传统的检测和运营工作发现，所以，建立一种行之有效的安全事件发现溯源机制已经成为当前安全工作的重点。

Web 失陷检测服务通过大数据安全检测系统对日志进行深度的分析，同时结合安全专家的研判，可获知应用系统是否已被攻击者入侵。

b）安全事件深度分析

针对已经发生的安全事件，Web 失陷检测服务能够根据攻击者的行为进行事件影响研判。如果损失或影响已经发生，则可以相对准确地发现攻击者对网站系统造成了什么样的损失。如果损失尚未发生，则可以根据该 IP 地址的威胁情报，推测攻击者的目的。

Web 失陷检测服务可以带来如下价值。

a）确诊 Web 应用是否遭受攻击

通过对失陷主机的特征和痕迹进行调查，确诊 Web 应用是否已被攻击者入侵，并对发现的安全事件进行分析和取证。

b）还原攻击流程

发生安全事件后仍需要亡羊补牢，该服务会提供入侵事件完整的攻击路线图，包括安全事件中涉及的所有安全漏洞，进行有针对性的修复。

c）评估安全事件造成的影响

针对已经发生的安全事件，安全工程师会根据攻击者的行为进行事件影响研判。

d）提升组织的安全对抗能力

利用攻击者威胁情报中的 IP 和 IOC，可以在时间维度上极大地扩大事件调查范围，将不同的攻击来源合并为同源攻击者，完整地看到攻击者的所有攻击手段和相关安全事件。

③ 服务方式

工程师现场提取数据，结合软件工具、威胁情报进行人工分析，分析工作在远程或现场均可进行。

建议每月或每季度进行一次，及时发现、分析安全威胁和安全事件。

④ 服务交付

服务交付通常包括如下内容。

• 《Web 失陷检测服务报告》(含整改建议)。
• 《项目实施方案》。

- 《项目实施计划》。

- 《服务实施授权书》。

2. 安全运维

（1）应急响应

① 安全风险

由于攻防的不对称性，面对 APT 类攻击、新型未知攻击，任何安全防御体系都有可能被击穿，这时面临的安全风险既有系统可用性风险，也有数据失窃或被篡改的风险。因此，应急响应服务至关重要，能及时将信息安全事件带来的损失降至最低，及时"止损"。

② 控制措施

应急响应是针对已经发生或可能发生的安全事件进行检测、分析、协调和处理，保护资产安全属性的活动。应急响应的目标包括：采取紧急措施恢复业务到正常服务状态、调查安全事件发生的原因、避免同类安全事件再次发生等。

应急响应服务突出了组织的协同力量、IT 平台的支撑力量，以"快速响应、力保恢复"为行动指南，通过在遇到突发安全事件后采取专业的安全措施和行动，并对已经发生的安全事件进行监控、分析、协调和处理，保障网络安全，最大限度地减少安全事件所带来的经济损失以及恶劣的社会负面影响。

a）应急响应不应是一个部门单兵作战的模式，而应是协同多部门联合开展应急处置工作，形成指挥中心统一调度下的一线、二线多部门联动的大兵团作战模式。

b）应急响应后端以高效的应急响应系统 IT 平台以及遍览全国安全事件的"应急响应监控指挥调度中心"作为支撑，为在发生安全事件时，第一时间做出有效决断提供强大的后台保障。

应急响应服务可以带来如下价值。

- 系统地响应安全事件，以采取适当的步骤。

- 迅速有效地从安全事件中恢复过来，并将信息丢失、被窃以及服务被破坏的程度降到最低。

- 利用从安全事件处理过程中获得的信息，做好更充分的准备，以处理未来的安全事件并对系统和数据进行更强的保护。

- 建立安全事件响应机制，协同建立有效的防御策略来抵御网络安全威胁。

③ 服务方式

现场提供服务，后端以高效的应急响应系统 IT 平台以及遍览全国安全事件的"应急响应监控指挥调度中心"作为支撑。

④ 服务交付

服务交付通常包括《应急响应报告》。

（2）驻场运维

① 安全风险

安全技术措施和安全管理制度有很大一部分是通过基础运维操作来落地的。没有好的基础运维操作，技术控制措施就会流于形式，处于"不会用""用不好"的尴尬状态。同样，没有好的基础运维操作，管理制度也会流于形式，出现制度、操作两张皮的局面。好的基础运维操作来自于人的专业能力、敬业精神，以及组织的严格管理。基础运维需求的控制措施主要有驻场运维服务、安全巡检服务，其中，驻场运维服务解决安全软硬件设备基本的使用问题。

② 控制措施

驻场运维服务是各个组织最基础也是最需要的基础性安全服务，能够及时发现安全技术体系在运行过程中存在的问题，并在第一时间快速响应，内容如下。

a）事件响应

事件响应包括安全软硬件设备物理故障、策略故障的处理，客户端病毒故障的处理，安全事件处理及响应，故障知识库的建立更新，确保日常办公系统、业务系统的持续运行能力，并建立故障处理流程，规范故障处理工作。

b）安全设备系统升级

该工作主要针对网络结构内网的安全软硬件设备的补丁库、特征库、病毒库、版本进行手动升级，确保安全设备、系统的有效性，并建立系统升级流程，规范系统升级工作。

c）安全策略管理

该工作主要针对网络结构内的安全软硬件设备的策略配置进行指定、定期完善，确保安全软硬件设备的有效性以及策略的针对性，并建立策略变更流程，规范策略管理工作。

d）安全设备监控

该工作主要针对网络结构内的防火墙、安全审计、IPS 等安全软硬件设备的攻击事件日志，进行实时监控。通过技术人员的安全经验，第一时间发现网络内的攻击事件，并对简单事件进行处理；如遇复杂事件，则发起调用应急响应服务等二线资源。

驻场运维服务可以带来如下价值。

- 为日常办公系统提供了持续运行能力，并且针对突发事件能够做到及时响应。
- 将信息丢失、被破坏的程度降到最低。
- 建立规范的安全运维事件处理流程，提高事件处置的效率。
- 确保业务系统的机密性、完整性、可用性，缓解了安全困扰，提升了业务运转效率。
- 降低运维风险和运维成本。
- 从烦琐的 IT 运维中解脱出来，更加地关注核心业务，提高工作效率。

③ 服务方式

a）现场驻场服务，依托相关安全软硬件设备，提供服务

b）服务的周期

- 事件响应：在约定的工作时间内，实时响应。
- 安全设备系统升级：根据合同约定周期，提供服务。
- 安全策略管理：在约定的工作时间内，按需实时响应。
- 安全设备监控：根据合同约定进行。

④ 服务交付

服务交付通常包括如下内容。

a）事件响应

- 《事件通报单》。
- 《事件记录单》。
- 《故障报告》。

b）安全设备系统升级

- 《系统升级流程》。
- 《升级包测试结果》。

c）安全策略管理

- 《信息系统策略变更流程》。
- 《策略变更申请单》。

d）安全设备监控

- 《安全监控记录单》。

- 《事件通报单》。
- 《事件处理单》。

（3）安全巡检

① 安全风险

安全技术体系的控制措施和安全管理体系的管理制度有很大一部分是要通过基础运维操作来落地实现的。没有好的基础运维操作，技术控制措施就会流于形式，处于"不会用""用不好"的尴尬状态。同样，没有好的基础运维操作，管理制度也会流于形式，出现制度、操作两张皮的局面。好的基础运维操作来自于人的专业能力、敬业精神，以及组织的严格管理。基础运维需求的控制措施主要有驻场运维服务、安全巡检服务，其中，安全巡检服务可以提供更高技术难度的增强服务，提升对安全软硬件产品的运维能力。

② 控制措施

安全巡检服务包括如下内容。

a）漏洞扫描

根据实际需要，对确定的巡检范围内的数据库系统、主机系统、网站系统进行漏洞扫描，并导出、保存漏洞扫描记录。

b）策略检查

根据实际需要，对确定的巡检范围内的安全设备、网络设备、服务器，以人工的方式进行策略的合理性和有效性检查，记录、保存检查结果。

c）日志审计

根据实际需要，对确定的巡检范围内的服务器、数据库系统、网站系统的日志，采用人工和自动化工具相结合的方式，对日志进行审计分析，记录保存日志审计结果。

安全巡检服务可以带来如下价值。

- 通过专业、严谨的巡检服务，保障 IT 环境的安全性和稳定性。
- 降低运维风险和运维成本。
- 从烦琐的 IT 运维中解脱出来，更加关注核心业务，提高工作效率。

③ 服务方式

周期性现场服务。服务周期建议为：每月或每季度一次。

④ 服务交付

服务交付通常包括如下内容。

- 《安全设备巡检记录表》。
- 《安全设备配置变更记录表》。
- 《安全设备配置备份记录表》。
- 《安全设备故障维修记录表》。
- 《安全设备升级记录表》。

（4）态势感知与安全运营平台基础运营服务

① 安全风险

态势感知与安全运营平台是安全运营工作的中枢平台，也是一个复杂的多组件平台，它通过接入多探针数据进行关联分析，并在平台上流转多种安全业务操作，包括资产管理、漏洞管理、事件流程管理等。所以，态势感知与安全运营平台的基础运营工作比较复杂，且对人员有一定的专业性要求。如果基础运营工作做不好，就无法发挥平台的价值，也难以为安全运营体系运转提供有力支撑。

② 控制措施

态势感知与安全运营平台基础运营服务是基于平台提供的专业服务，主要包括以下内容。

a）资产管理

运营人员通过调研、工具收集，充分利用系统的资产管理功能，管理网络中的主机设备、终端（办公主机）、网络设备、安全设备、应用系统等，协助建立完整的资产档案信息，进行资产分组、分域的统一维护，支持以资产树的形式显示不同关系。

b）安全监控

安全监控包括负责平台日常监控工作，筛选过滤告警日志，记录并统计告警信息，协助告警信息的通告下发，定期跟踪事件处置情况，以及负责高危安全事件的通告工作等。

c）漏洞管理

漏洞扫描是发现漏洞的主要手段，网络中重要的主机系统、网络设备都会出现安全漏洞，漏洞的存在会影响网络的安全性，如果不对其发现和处置，则会成为潜在的安全风险。运营人员利用系统提供了漏洞管理模块，实现对重要主机系统和网络设备漏洞信息的收集和管理。

d）事件流程管理

威胁处置是一个复杂的流程，需要多级、多人的协同配合。运营人员通过监控、分析、通告传递给用户相关情况，协助用户利用平台将告警和漏洞情况通过工单统一跟踪。并将多个人的分析处置结果通过工单统一跟踪和记录，从而使得威胁的处置可追踪。保障每一个威胁都能够通过工单进行及时、有效的跟踪，强化了安全威胁的闭环管理，协助做好评价与考核工作，确保安全事件有人盯、有人查、有人管。

e）平台巡检

态势感知与安全运营平台是由传感器、分析器等多个复杂构件组成的，承载着实时收集数据、实时关联数据、实时分析数据的任务。确保平台健康、平稳地运行，定期进行技术性维护是运营人员的重要工作，包括各项功能检查、传感器、分析器等多功能组件检查等。

态势感知与安全运营平台基础运营服务可以带来如下价值。

a）充分地发挥应有的作用

人、数据、工具、流程共同组合成了安全运营，优秀的安全产品也需要优秀的驾驭者。贴身、专业化的运营服务，能够更专业化地发挥安全设备效能、增加安全收益。

b）良好的运营更好地发挥出产品应有的价值

态势感知与安全运营平台不同于其他类安全防护设备，它接收来自主机、应用、终端、安全设备等各类专业化系统的日志，收集网络中的流量，并进行关联分析。态势感知与安全运营平台的运营可以加强 ××× 系统事前与事中的安全保障能力，避免发生"中看不中用"的情况，真正体现该平台的安全中枢价值。

③服务方式和服务交付

服务方式分驻场服务和计次服务。

a）驻场服务

一线驻场服务 + 二线专家远程支持的服务模式。

提供资产管理、安全监控、威胁分析、事件流程管理、漏洞管理、平台巡检服务。

交付物：日报、周报、月报、年度报告、事件深度分析报告、安全事件通告等。

b）计次服务

按需到现场进行服务，同时二线专家提供远程支持。

提供资产管理、威胁分析、平台巡检服务。

交付物：《安全事件分析报告》等。

3．监控分析

（1）全流量分析

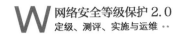

① 安全风险

近年来，具备国家和组织背景的 APT（高级持续性威胁）攻击日益增多，其采用的攻击手法和技术大都是未知漏洞（0 day）、未知恶意代码等未知行为。在这种情况下，依靠已知特征、已知行为模式进行检测的 IDS、IPS 在无法预知攻击特征、攻击行为模式的情况下，无法检测 APT 攻击。应对 APT 攻击的最佳控制措施是从流量监控分析角度切入的，部署全流量分析系统，以便及时发现潜藏在网络中的安全威胁，对威胁的恶意行为进行早期地快速发现。

另外，要想让全流量分析系统真正发挥效能，对入侵源头、途径及攻击者背景进行准确研判，需要使用者同时具有攻防和数据分析能力，对使用者的要求较高。鉴于此，配套全流量分析系统，需要有专业服务来支撑运营，确保日常的 APT 分析有效落地。

② 控制措施

全流量订阅分析服务是一种融合攻防研究和数据分析的专业服务，其能对威胁源、威胁行为、威胁后果（安全事件）进行确诊，解决多年来 IDS 设备及配套服务不能很好满足的需求，是近年来安全领域的重大突破。

本服务结合本地部署的"全流量分析系统"采集的全流量数据、云端的威胁情报，以及服务方的攻防实战经验，形成产品、服务一体化的综合交付，最终交付准确的威胁分析结论，特别是针对 APT 攻击及未知安全威胁。

a）APT 深度告警行为分析

数据分析专家确认 APT 告警，对受害 IP 的流量行为、资产特性、时间节点和 APT 组织进行关联分析，结合对攻击目标组织或机构的信息收集，能够获取组织人员的相关邮箱地址信息，并排查告警产生的原因、攻击路径和影响范围。

b）IOC（失陷标示）告警行为分析

数据分析专家通过命中的 IOC 详情、攻击类型、攻击严重级别、相关安全事件或团伙、当前远控的状态信息等，帮助研判事件优先级、响应处置方式等。配合云端威胁分析平台进一步地分析，了解攻击者背景信息，并通过自动化关联分析等方式，了解攻击者相关的网络资源和历史攻击行为，并进行深入追踪。最后确认告警，对受害 IP 与远控端的流量进行分析，并给出处置建议。

c）传感器漏洞分析

数据分析专家通过分析"全流量分析系统"的传感器流量，迅速验证漏洞

WebShell 上传是否成功、Web 服务器是否存在安全漏洞，确认入侵成功事件，排查影响范围，并给出处置建议；聚合传感器的攻击数据，梳理出高威胁 IP。

d）暴力破解行为分析

数据分析专家通过分析"全流量分析系统"的传感器流量，确诊有哪些邮箱、数据库、FTP 等服务被成功暴力破解，并进行溯源分析、行为分析、影响分析给出处置建议。

e）后门行为分析

数据分析专家通过分析"全流量分析系统"的传感器流量，确诊恶意后门（服务器主机后门、网站后门等）是否被植入服务器中，黑客是否进行了高危操作（如执行命令、下载文件、删除文件等），并进行溯源分析、行为分析、影响分析给出处置建议。

f）数据库安全行为分析

数据分析专家通过分析数据系统登录行为、高风险数据操作语句，发现数据库系统异常登录、SQL 注入漏洞和系统命令执行等情况，并给出处置建议。

全流量订阅分析服务可以带来以下几方面的价值。

● 及时发现网络内部存在的安全问题，并针对问题进行消除，避免引起更大的经济损失和产生不良影响。

● 更全面、更精准地掌握来自外部的攻击风险态势和进展，降低了解决问题的成本。

● 改变防御理念，从被动防御向积极主动防御转变。

③ 服务方式

为保障威胁监控效果，建议每月或每季度订阅分析服务，可通过现场与远程两种方式提供服务。

● 现场服务：安全数据分析工程师到现场进行分析，在允许的管理终端上通过 Web 方式连接的全流量分析系统，完成部分分析工作，其他分析工作需通过工具标本方式以及人工分析方式在现场完成，如在现场发现高危告警事件，在授权的情况下可进行验证、编制报告并提交。

● 远程服务：安全数据分析工程师通过远程方式接入全流量分析系统，提取安全分析所需要的基础数据，在云端运营中心进行安全分析，编制报告并推送。

④ 服务交付

服务交付通常包括如下内容。

- 《全流量分析报告》。
- 《项目实施方案》。
- 《项目实施计划》。
- 《服务实施授权书》。

（2）安全预警通告

① 安全风险

当前网络空间的攻防战是一场"非对称"之战，利用 0 day 漏洞和定向 APT 等新型威胁和攻击层出不穷，而目前传统方法在面对新型威胁和攻击时，防御和检测的效果甚微。所以，情报获取的及时性已变得至关重要，同时国家和监管机构在"网络安全法"和等级保护中也明确提出了"检测预警与应急处置""通报预警"要求。

② 控制措施

安全预警通告服务是基于威胁情报、安全大数据以及攻防能力推出的安全情报类资讯服务，包括威胁情报解读、高危漏洞预警、安全热点资讯、漏洞统计分析，如图 10-3 所示，旨在提供有价值的安全预警和威胁情报资讯。

图 10-3　安全预警通告服务内容

a）威胁情报解读

威胁情报解读属于定期推送分享服务，主要面向金融、政府、能源、科研、教育等国家重要基础设施和科研单位，分享 APT 攻击行为和事件情报、攻击团伙情报、恶意代码和漏洞利用情报，攻击团伙活跃态势情报，为保障国家重要基础设施和数据提供最有价值的情报信息。

b）高危漏洞预警

高危漏洞预警属于实时预警通告服务，在第一时间发布高危漏洞预警，通告漏洞的危害程度、风险等级、影响范围（如涉及的软件及版本情况）、处置建议等信息。这便于及时掌握高风险级别漏洞信息，以及及时修复并应对外部威胁。

ｃ）安全热点资讯

安全热点资讯属于定期推送分享服务，主要通过"安全事件""权威发布和安全趋势""安全快讯"多个专栏分享网络攻击事件分析、境外黑客组织攻击行为分析、软硬件漏洞技术分析、病毒或恶意代码等有害程序事件和技术原理分析、安全技术研究报告，以及一些安全新闻或事件动态。其旨在提供最新的攻击技术、漏洞技术、安全研究以及行业内安全新闻和资讯动态。

ｄ）漏洞统计分析

漏洞统计分析属于定期推送服务，数据来源于国家信息安全漏洞共享平台（CNVD）站点漏洞月报统计数据，主要呈现月度内漏洞统计信息，包含漏洞危害、漏洞影响软硬件及其版本、漏洞级别、漏洞类型、漏洞受关注度情况、漏洞发展趋势。

安全预警通告服务可以带来如下价值。

- 高危漏洞预警：及时掌握漏洞危害、影响范围、解决方案，有效规避攻击威胁，保障业务连续性。

- 典型性攻击事件分析：了解攻击目的、技术手法、破坏程度和影响范围，做到事前预防，将风险降到最低。

- 病毒或恶意代码事件分析：掌握检测和消除方法，及时查杀、预防，应对有害程序事件临危不乱。

- APT 攻击行为分析：了解事件分析过程、攻击团伙及活跃态势，提升保障国家重要基础设施和数据的能力。

③ 服务方式

通过专门团队来维护通告信息。安全通告的详细细节将通过 Email 方式发送给登记的邮件地址；被标注为紧急级别的安全漏洞，还将通过电话、即时通信等方式直接进行通知。

④ 服务交付

服务交付通常包括如下内容。

- 《漏洞安全预警通告》（实时）。

- 《安全热点周报》。

- 《月度安全通告》。

（3）网站云监测

① 安全风险

网站是 ××× 系统核心互联网应用之一，因为 B/S 架构的半开放性特点，网站的安全问题较为严重，需要实时监测以便及时发现网站的可用性、脆弱性等各类安全问题。

② 控制措施

网站云监测能够实现对服务范围内网站的实时监测，主要包括如下内容。

a）全国区域存活性监控

以云端资源作为支撑，在全国分布了几十个探测节点，同时支持中国电信、中国移动、中国联通多条运营商线路，同时对网站进行安全监控，监控内容包括网站存活性、页面存活性、页面访问时间等，监测全国区域、不同线路的用户对网站的访问情况。

b）网站安全问题监控

在威胁情报中心、漏洞库等安全数据的基础上，通过对安全数据的关联分析，可以做到传统扫描工具无法发现的诸多安全问题，如 DDoS 攻击、钓鱼网站等。

c）网站问题及时通知

在服务人员发现网站问题时，第一时间以邮件、短信的方式通知网站运维人员，并远程提供技术支持。

网站云监测服务可以带来如下价值。

a）规避政治、经济风险

网站一旦受到入侵，则有可能被利用进行反动言论宣传，这会给网站所有者带来重大的政治风险；黑客可以通过网页挂马、网站漏洞达到经济犯罪的目的，可能会带来直接的经济损失；网站云监测服务能够帮助管理员迅速了解整个网站存在的安全风险和趋势，做到早发现、早处置，尽早规避风险。

b）确保正常运营

随着监管力度的逐渐加大，一旦发现网页挂马的网站，就会下达通知，甚至进行强制关闭。这些网站必须进行全面整改，只有全面通过安全检测后才允许上线。网站云监测服务可以帮助做定期检查或实时监控，提前进行预警，保证网站的正常运营。

c）提高维护效率、降低运维成本

在不需要具备专业安全知识、没有购买专业的 Web 扫描工具的情况下，就能够定期获取专业、权威的检查报告，从而节省了相关的开销、降低了维护人员的要求，并提高了维护效率。

③ 服务方式

远程提供服务依托网站云监测系统及全国分布的几十个探测节点。网站云监测系统架构如图 10-4 所示。

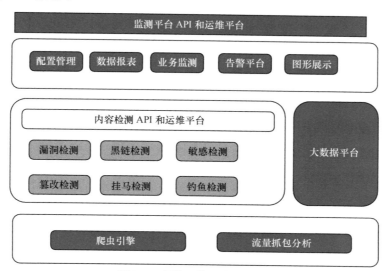

图 10-4　网站云监测系统架构图

爬虫引擎是监测平台重要的基础组件，完成对监测域名的内容爬取，以供各类分析引擎使用。

流量抓包引擎按照比例针对互联网流量进行抽样，将抽样流量进行汇总分析，得出网站是否存在安全威胁的结论。

大数据平台存储爬取的页面数据、检测的数据等可用于后续大数据分析和数据挖掘。

内容监测 API 和运维平台主要针对已有数据进行分析，为平台提供监测结果。

④ 服务交付

服务交付包括如下内容。

- 《网站监测报告》。

- 安全问题实时推送。

（4）态势感知与安全运营平台运营分析

① 安全风险

态势感知与安全运营平台是安全运营工作的中枢平台，是一个复杂的多组件平台，它接入多探针数据进行关联分析，并在平台上流转多种安全业务操作。在平台基础运营工作之上，需要更高级的运营分析工作来挖掘、分析安全运营数据，指导安全

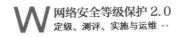
运营体系的设计和改进，使得态势感知与安全运营平台真正发挥高阶运营能力。

② 控制措施

专业安全技术人员通过对态势感知与安全运营平台收集的数据进行专业运营分析，及时发现平台海量数据中隐藏的安全威胁，并分析安全态势，主要包括如下内容。

a）运营体系设计

根据 ××× 系统运营单位组织架构、业务特点进行调研、梳理，设计运营岗位、运营流程、运营制度、运营考评机制，建立完善的安全运营体系。

b）安全态势分析

通过持续的安全运营收集安全事件的分布情况、分类情况、损失情况等，有针对性地结合等级保护及其他各类安全合规体系要求，研判分析终端安全、主机安全、网络安全、数据安全等方面存在的薄弱环节，以支撑 ××× 系统运营单位在安全改进、安全建设、安全能力提升、安全规划、预算编制等方面的需求。

c）专家会诊

提供定期或不定期的专家会商机制，通过安全运营的第一手资料，深入分析安全态势情况，提出安全建议。协助 ××× 系统运营单位挖掘安全工作价值，提升安全工作的地位，争取更多的资源投入。

态势感知与安全运营平台运营分析服务可以带来如下价值。

• 通过运营协助推动安全工作的科学开展。

• 通过安全态势分析、专家会商等方法，避免常见的"见招拆招"问题；通过长期的跟踪分析，找出安全体系的短板，提供支撑安全建设的建议，推动安全管控体系的全面提升。

③ 服务方式

提供按需到现场服务，同时二线专家提供远程支持。

④ 服务交付

服务交付通常包括如下内容。

• 《关联规则优化报告》。

• 《运营体系设计方案》。

• 《安全态势分析报告》。

• 《安全整改建议书》。

10.2.2 重大事件保障

1. 安全风险

重大事件、重要时期的安全保障工作，是中国安全运营工作的"重头戏"，可以说是"准战时"的工作。在此期间，国内外黑客，特别是国外反动势力的攻击动力大幅提升，组织面临的安全威胁陡然升高；而安全事件一旦发生，其后果通常也远超日常安全运营阶段。在如此严峻的压力下，如果组织平时的安全运营工作松懈，存在失控资产、各种脆弱性问题，甚至已经被黑客入侵进来，那将面临极大的安全风险，发生安全事件的可能性也较高。

2. 控制措施

重要时期安全保障服务（以下简称"重保服务"）是在重要时期为关键信息系统提供组织架构设计、积极防御、实时检测、响应处置、攻击预测等安全服务，以提高组织的网络安全保障能力，保障重大活动的顺利进行。

重保服务整体工作分成备战阶段服务、临战阶段服务、实战阶段服务、决战阶段服务 4 个阶段。其中，备战阶段服务和临战阶段服务是在重大活动或者会议开始前为安全保障工作做准备；实战阶段服务和决战阶段服务是为重大活动或者会议过程中的安全保障工作提供技术支撑。

（1）备战阶段服务

备战阶段服务是重保工作的第一个阶段，主要通过互联网资产发现和自动化远程检查等手段为重保工作中的人员、信息系统安全保障，提供基础数据和攻击面总体安全态势，为后续重保工作方向提供决策依据，保障重保工作的有序进行。

重保队伍组建主要是成立重保领导小组，建设实体指挥中心，成立重保专家组及技术支撑组，与运营商、计算机安全应急响应组（CERT）等外部机构建立联动工作模式，根据重保监管单位的实际需求，由重保单位、服务方以及第三方监管机构，建立相关团队，确保重大活动或者会议期间信息系统安全保障工作能够顺利开展。

保障方案设计是依据重保期间可能面临的安全风险，并结合实际需求对重保工作过程中所需要的服务要求、人员投入、软硬件设备使用等进行分析，形成总体的重保安全保障设计方案。

业务资产调研是根据重保单位的业务系统资产情况、网络情况以及业务安全需求

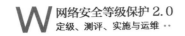
等，对其进行技术和管理方面的调研，全面收集相关信息，并根据这些基础信息制定相应的资产信息列表，为后续重保安全检查工作提供支撑。

远程安全检查主要是对重保单位的信息资产、网络架构、业务流程等以远程渗透测试的方式进行安全测试，对其基本安全情况摸底调研，并就测试过程中发现的问题提供整改建议。

（2）临战阶段服务

临战阶段服务是重大活动或者会议网络安全保障的第二个阶段，通过现场检查对备战阶段发现的各种安全问题进行"清零"。临战阶段服务主要工作内容包括一轮或多轮的现场安全检查。

现场安全检查可进行多轮：首轮主要采用现场访谈、人工技术检查等方式对被检查单位（包括机房、网络、基础环境、应用和数据安全各层面安全措施的建设和落实情况）进行安全评估，发现现场存在的安全问题。后续的安全评估主要是对首轮安全评估发现的安全问题进行复查，可采用不同检查单位或检查队伍以交叉检查的方式进行，对各单位安全问题整改情况进行验证，并对首轮检查统计的资产信息、网络架构、业务流程等信息进行复核，排查是否出现新的安全问题。

（3）实战阶段服务

实战阶段服务是重大活动或者会议正式举办前的关键阶段，在前期所有安全检查及整改工作落实之后，开始对各重保单位进行重保实战阶段的工作部署，组织重要单位开展应急预案的确认与各种事件场景的应急演练，检验前期重保检查工作的成效。

应急预案的确认与演练是为重大活动或者会议期间保障工作的顺利进行而做的准备，由重保领导小组组织各重保单位负责人召开安全工作部署会议。要求各重保单位根据自身情况制定详细的"网络安全应急预案"，并根据实际工作情况，形成具体的演练方案，并开展应急演练工作。

（4）决战阶段服务

决战阶段服务是指在重大活动或者会议召开期间的现场安全保障值守阶段，本阶段服务一般要求安排专业技术人员进行现场值守，同时配备应急响应队伍，能够快速地发现并处置安全事件，防止安全事件对重大活动或者会议造成影响。主要工作内容包括现场安全值守、应急处置，以及总结与报告。

现场安全值守工作主要是在活动现场与各岗位运维人员对保障单位网络设备、应用系统等运行状态进行检测，对出现的安全事件进行综合的研判和快速响应，在发生安全事件时，值守人员应协同配合在现场通过信息收集、全流量分析、日志分析等多种技术手段对事件进行分析，确保安全事件能得到快速处置。

应急处置是当发生信息安全事件时，现场值守人员根据上报机制，上报安全事件情况，由研判专家依托威胁情报和技术资源，及时对事件进行分析后，将分析结果上报重保领导小组，重保领导小组根据实际情况，安排对应的应急处置团队赶赴现场进行应急处置，减少因安全事件对重保工作造成的影响。

总结与报告是指在完成值守工作后，对重保工作全过程进行总结并形成报告，对重保工作各环节中的经验教训进行归纳总结，指导后续重保工作的优化和完善。

重保服务可以带来如下价值。

- 保障国家重大活动时期的网络信息安全。
- 协助监管单位发现重大活动期间本区域或本行业网络建设存在的问题及安全隐患。
- 全面构建重保期间重要单位信息系统的积极防御体系、加强应用系统生命周期安全管理、全面建立重要单位主动运营机制、提升重要单位数据驱动的威胁对抗能力。

3. 服务方式

该服务方式是以现场为主、结合远程的综合服务交付方式。通常会成立重保领导小组，重保领导小组由 ××× 系统运营单位分管网络安全领导及服务方重保负责人联合组成，主要负责安全保障工作中关键问题的决策，以及为重保工作的顺利开展协调充足的资源。重保领导小组下设 ××× 系统重保工作小组和服务方重保工作小组，主要负责重保工作中的具体安保工作的执行以及双方在重保工作中的配合与沟通。

4. 服务交付

服务交付通常包括如下内容。

- 《重要时期安全保障服务工作总结》。
- 《重要时期安全保障服务方案》。
- 《项目实施计划》。
- 《服务实施授权书》。

10.2.3 运营赋能

1. 等级保护咨询服务

（1）服务内容

根据国家相关政策要求，提炼、总结出全面的等级保护建设模型，强调等级保护建设的 3 个重点工作，包括系统定级、保障措施规划以及保障体系建设，为 ××× 系统构建覆盖全面、突出重点、节约成本、符合实际的安全保护系统，为业务活动提供充分的保障，提供覆盖等级保护各个阶段的安全咨询服务。等级保护咨询服务内容如图 10-5 所示。

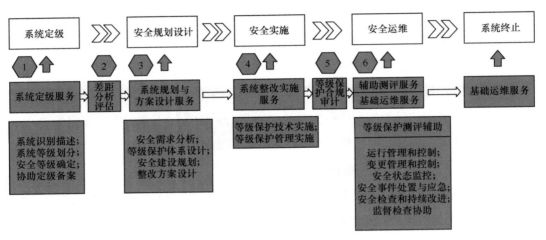

图 10-5　等级保护咨询服务内容

等级保护咨询服务各个服务模块的描述如表 10-1 所示。

表 10-1　等级保护咨询服务模块

服务模块	服务描述	服务内容	适用阶段
系统定级服务	协助对系统进行定级，准备定级备案表，协助向公安机关备案	系统识别描述；系统等级划分；安全等级确定；协助定级备案	系统定级阶段
差距分析评估	根据信息系统定级结果，以及等级保护基本要求，分析信息系统安全现状与基本要求的差距，从而为需求分析奠定基础	确定差距指标；安全差距分析；综合安全分析；安全措施建议	系统规划设计前系统整改建设前
安全规划与方案设计服务	根据安全评估结果，对系统进行规划和设计，并提供可落地的解决方案，使系统满足等级保护要求	安全需求分析；等级保护体系设计；安全建设规划；整改方案设计	安全规划设计阶段
系统整改实施服务	根据设计方案，对系统从技术和管理方面改造，完成等级保护建设	等级保护技术整改实施；等级保护管理整改实施	安全实施阶段
等级保护合规审计	根据等级保护基本要求及测评要求，进行等级保护合规性审计，以及运维过程中的定期检查	整改效果评估；运维安全检查；系统自测评	系统整改建设后；系统运维过程中
辅助测评服务	通过相关测评机构的等级保护测评	测评前材料准备；测评现场协助；测评后整改	系统测评阶段；系统运维阶段

（2）服务方式

现场结合远程方式提供相关咨询服务，贯穿等级保护各个阶段。

（3）服务交付

服务交付通常包括如下内容。

- 系统定级服务：《定级报告》，专家定级建议。
- 差距分析评估：《信息系统等级保护差距分析报告》《差距分析表》。
- 安全规划与整改方案设计服务：《安全规划方案》《等级保护整改设计方案》。
- 系统整改实施服务：《管理制度模板》《管理制度清单》。
- 等级保护合规审计：《等级保护合规审计报告》。
- 协助测评服务：《委托协助测评工作协议》《工作确认单》。

（4）服务收益

咨询顾问在安全评估、信息资产分析、系统定级和规划方面拥有丰富的经验，能够协助相关人员完成科学的分析和定级任务，使等级保护建设正确地推进和执行下去。

等级保护咨询服务从定级、规划到实施要经历几个阶段，在整个过程中，安全顾问协助 ××× 系统运营单位寻求最有效的方式，以满足等级保护合规要求，同时平衡好业务和安全的关系。

2. 安全培训服务

（1）服务内容

依据国家等级保护相关标准及实施要求，结合团队丰富的等级保护实施经验，提供等级保护培训服务。培训主要通过循序渐进的方式，从浅显的基础到等级保护的实战经验，使学员能够更容易地由浅入深掌握等级保护的相关内容。

培训由浅入深主要涉及 3 部分，分别为等级保护基础篇、等级保护深入篇及等级保护实战篇。

- 等级保护基础篇：讲解等级保护由来、等级保护政策及制度等内容。
- 等级保护深入篇：讲解等级保护技术、管理等方面的详细内容。
- 等级保护实战篇：讲解等级保护定级、差距分析、整改等方面的实操技能。

（2）服务方式

服务方式为现场培训。

（3）服务交付

服务交付为各类培训课件。

W

网络安全项目
投资估算

第 **11** 章

11.1 网络安全项目建设阶段划分及费用构成

11.1.1 网络安全项目建设阶段划分

参考信息化工程建设以及网络安全等级保护工作实施流程，网络安全项目建设按照其建设周期主要划分为 6 个阶段：立项阶段、设计阶段、招投标阶段、实施阶段、验收阶段和运维阶段，如图 11-1 所示。

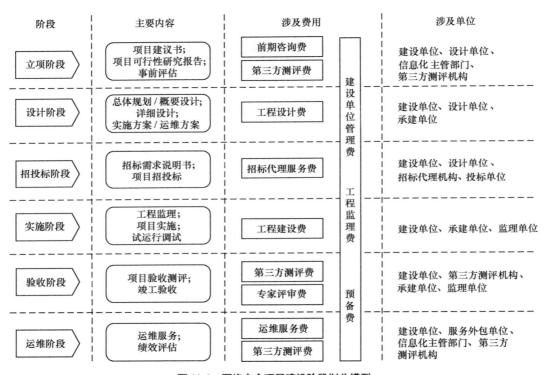

图 11-1 网络安全项目建设阶段划分模型

立项阶段：本阶段主要是根据总体目标和发展战略，明确网络安全等级保护项目工程的建设需求，编制项目建议书及可行性研究报告，并由信息化主管部门组织第三方测评机构进行项目事前评估，评估意见将作为投资主管部门审批立项的参考依据。本阶段涉及的费用主要包括前期咨询费和第三方测评费等，参与单位包括建设单位、设计单位、信息化主管部门、第三方测评机构等。

设计阶段：本阶段主要是在可行性研究报告的基础上，制定项目总体规划及项目概要设计，进一步明确并细化项目需求、建设原则、建设目标、建设内容、实施要求、投资概算、风险及效益分析等内容，编制项目详细设计方案、项目实施方案及运维方案等。本阶段涉及的费用主要包括工程设计费，参与单位包括建设单位、设计单位和承建单位等。

招投标阶段：本阶段主要是设计文件编制招标需求说明书，并委托招标代理机构进行工程招投标。招投标过程包括招标文件编制（包括编制资格预审文件和标底），投标人资格审查，现场勘察并答疑，组织开标、评标、定标和签订合同等。本阶段涉及的费用主要包括招标代理服务费，参与单位包括建设单位、招标代理机构和投标单位等。

实施阶段：本阶段主要指工程从实施开始到正式验收的这一时间段，主要工作包括软硬件设备购置、应用软件开发、系统安装及调试、用户培训等。本阶段涉及的费用主要包括工程建设费（软硬件购置费、应用软件开发费、机房布线及其他智能化系统工程费、系统集成费等），参与单位包括建设单位、承建单位和监理单位等。

验收阶段：本阶段主要指承建单位按合同要求完成项目全部任务后，由第三方测评机构进行项目验收测评，经测评合格，向建设单位提出验收申请，由建设单位组织进行验收。本阶段涉及的费用主要包括第三方测评费和专家评审费，参与单位包括建设单位、承建单位、监理单位和第三方测评机构等。

运维阶段：本阶段主要指电子政务工程通过验收，正式移交给建设单位后，为确保系统长期稳定运行，进行系统运行维护工作。在工程建设完成后，信息化主管部门可根据需要，组织对项目进行事后评估，评估结果作为项目验收及后期资金投入的参考依据。本阶段涉及的费用主要包括运维服务费和第三方测评费等，参与单位包括建设单位、服务外包单位、信息化主管部门和第三方测评机构等。

11.1.2 立项阶段及费用构成

1. 立项阶段主要工作

立项阶段指开展网络安全等级保护建设项目工程建设的前期工作，主要包括建设项目的需求调研、专题研究、编制和评估项目建议书或者可行性研究报告，以及其他建设项目与前期工作有关的服务。涉及单位包括建设单位、设计单位、信息化主管部门和第三方测评机构等。

工程的建设方须向相应的政府管理部门提交立项申请报告及可行性研究报告，待相应部门批准及项目资金到位后，开展下一阶段的项目招投标工作。立项阶段需编制立项申请报告和项目可行性研究报告，该报告应依据主管部门的要求和适用的技术标准编制。

立项的依据是有关国家、地方的法律、法规、技术标准和有关规定。立项时，需提供的文件因各地、各部门而异，一般应有：立项申请报告、可行性研究报告等，与基建项目同时申请立项的工程均应按信息工程立项要求办理。

立项阶段的工作主要由建设方负责。建设方可以邀请有关信息工程咨询单位或直接组织专家，依据政策、法规，按照工程建设需求，编制可行性研究报告。可行性研究报告的编制要求如下。

① 项目建议书编制工作主要是结合国家和本部门信息化现状和实际需求，分析项目建设的必要性，确定项目建设的原则和目标，并提出项目建设内容、方案框架、组织实施方式、投融资方案和效益评价等方面的初步设想。

② 项目可行性研究报告编制工作主要是通过对实施条件和项目实际需求的进一步分析，提出项目建设的原则、目标、内容、方案、组织实施方案、投融资方案和效益评价。

③ 工程可行性研究报告应根据审批部门的要求，以满足本单位在信息化方面的基本要求，对拟建的工程是否有经济效益和社会效益，以及是否具备条件等进行全面的分析、论证，提出研究结果，进行方案优选。在可行性研究报告中应提出拟建的工程怎样进行建设的意见，为项目投资决策提供可靠依据。

④ 该可行性研究报告中应包含初步需求的制定，通常应经过有关专家评审。

⑤ 各单位对立项的要求虽有不同，但最后的结果是：计划部门批准立项、财务部门批准拨款。因此，本流程中以"立项阶段"为起始点的含义是，以计划部门批准立项和财务部门批准拨款的文件为标志。

2. 立项阶段需求分析

网络安全等级保护项目的工程建设应当遵循统一规划、统一标准、资源共享和安全可靠的原则，充分利用和整合强化网络安全等级保护项目需求分析工作。在立项准备阶段，各项目建设部门应按照需求分析报告编制的各种信息网络资源有关要求，自行或与委托的专业咨询机构共同开展项目的需求分析工作，注重需求分析工作的基础性、适用性和指导性。

需求分析的经费计入项目总投资，其构成主要包括信息系统和信息安全结构的基础调研、量化分析、论证咨询、需求分析报告编制和专家评议等。需求分析有关经费可在项目建设的前期工作费、设计费和预备费中列支。

需求分析工作应基于现有或拟建信息系统现状和网络安全要求，合理确定项目目标，优化网络安全体系结构，在此基础上，形成项目需求分析报告。

明确需求分析工作的基础地位。项目建设部门完成项目需求分析报告后，应由项目工程审批部门组织的专家组对其进行评议。专家组的评议意见，可以作为审批项目建议书或可行性研究报告的重要参考。

项目建设部门应按照专家组评议通过的项目需求分析报告，组织编制项目建议书或可行性研究报告。

评估和评审机构在评估项目建议书、可行性研究报告及评审初步设计和投资概算的过程中，应将专家组评议通过的需求分析报告作为项目评估和评审的重要参考。

3. 立项阶段相关费用

立项阶段涉及的费用为前期咨询费，主要包括编制项目建议书和项目可行性研究报告的咨询编制费和评估费，相关取费按照《国家计委关于印发建设项目前期工作咨询收费暂行规定的通知》（计价格〔1999〕1283 号）中针对项目立项阶段工作的取费标准的相关规定，分档计算。

11.1.3 设计阶段及费用构成

网络安全等级保护建设项目工程的设计阶段是保证工程质量的关键性环节，工程管理方应该重视工程设计的重要性。承担工程设计任务的单位可以是建设方、相关咨询或设计方、承建方。建设方可以根据工程的实际情况来选择设计方。

项目设计阶段的工作任务旨在可行性研究的基础上，进一步明确并细化项目需求、建设原则、建设目标、建设内容、实施方案、投资概算、风险及效益分析等内容。

1. 设计阶段主要工作

① 设计方应实现确定工程方案设计子阶段的进度安排、人员安排及任务分配，工程管理方审核其合理性。

② 设计方在方案设计前期，应明确项目需求，其中包括：建设方管理者的需求、系统最终维护人员的需求和系统最终用户人员的需求。

③ 根据需求，确定技术标准，在采用技术标准上，应按照国家标准、行业标准、地方标准的次序进行选择。当所建系统的技术不能由上述 3 类标准所覆盖时，应采用国际标准及国外先进标准。

④ 对于系统改建、扩建工程，应该充分分析原有系统的功能、性能使新建部分与原有部分集成为一个整体系统。

⑤ 工程设计文档应该反映待建系统的全貌，一般可以是工程技术方案、工程图纸、设备连接图、产品说明、系统概要设计书、系统详细设计书等。

⑥ 工程设计文档应该符合项目需求，而且工程设计方案应该体现先进性、可靠性、可扩展性、可管理性、安全性和可使用性。

⑦ 对于系统改建、扩建工程，工程设计文档应该阐述系统数据的转换过程和方式。

⑧ 工程设计文档应该确定系统的接收准则、测试方案。在条件允许的情况下，可以采用模拟仿真的方法验证方案的可行性。

⑨ 在工程设计文档确定之后，承建方应该根据工程技术方案制订相应的工程实施方案，在工程实施方案中应该明确设备采购清单、工程的进度安排、工艺流程、人员安排及任务分配。

⑩ 工程设计文档资料的格式和叙述方式应该遵从有关标准的规定。

⑪ 根据工程的复杂性和专业性，工程技术方案和实施方案可外聘专家进行评审。为了保证评审的科学性和有效性，外聘专家应该对所建项目的技术有全面、深入的了解。

2. 设计阶段相关费用

参考国家计委、建设部发布的《工程勘察设计收费管理规定》，制定本造价指导书关于初步设计阶段相关服务的取费。

设计阶段费用为工程设计费，主要是指建设单位委托专业的咨询公司或者设计单位进行项目设计所需的费用。

11.1.4 招投标阶段及费用构成

1. 招投标方式及主要工作

自《中华人民共和国招标投标法》实施以来，中国招投标事业进入了一个快速发展的新阶段。招标项目范围不断扩大，行业自律机制初步建立，市场监管力度明显加大，部门协作配合逐步加强，法律法规体系基本形成。工程可采用公开招标、邀请招标、竞争性谈判、单一来源采购、询价、有关部门认定的其他采购方式，其中公开招标作为工程采购的主要采购方式，在网络安全等级保护建设项目工程招标中应用最广，如图 11-2 所示。

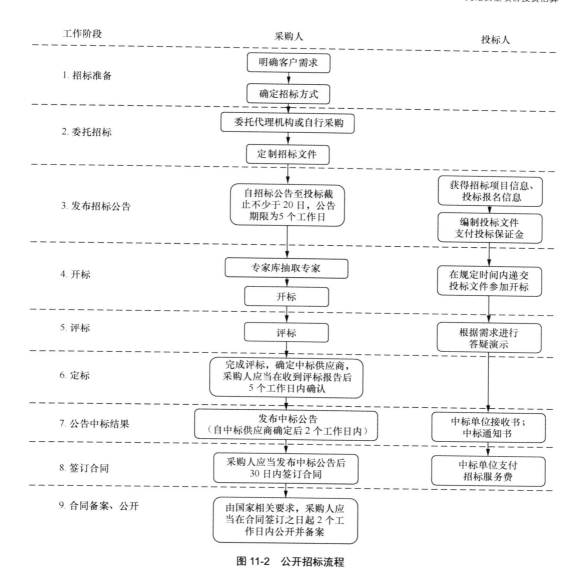

图 11-2 公开招标流程

2. 招投标阶段相关费用

招标代理服务费：招标代理机构接受招标人委托，编制招标文件（包括编制资格预审文件和标底），审查投标人资格，组织投标人踏勘现场并答疑，组织开标、评标、定标，以及提供招标前期咨询、协调合同的签订等业务所收取的费用。按行业惯例，也有人将招标代理服务费说成中标服务费。

招标代理服务费的支付：由招标人与招标代理机构根据拟招标项目投资额，双方依据国家计委计价格〔2002〕1980 号文件及发改办价格〔2003〕857 号文件规定标准，在双方充分协商沟通的基础上，由招标人向招标代理机构支付拟招标项目招标代理全

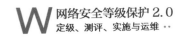
过程所需的全部费用。此笔费用一般由招标人向招标代理机构支付，但如果双方在合同上约定了此笔费用由中标人支付，则从其约定。

投标保证金：在招投标活动中，投标人随投标文件一同递交给招标人的一定形式、一定金额的投标责任担保。其主要保证投标人在递交投标文件后不得撤销投标文件，中标后无正当理由不得不与招标人签订合同，在签订合同时不得向招标人提出附加条件。

11.1.5 实施阶段及费用构成

1. 实施阶段主要工作

网络安全等级保护建设项目工程实施阶段主要完成的工作内容有：项目实施方案设计、软硬件购置、安全软件定制开发等。项目实施过程是指中标方根据相关的实施方案，组织对项目的整体实施。

工程建设是项目的主要建设部分，其建设内容包括：安全软件定制开发、软硬件设施购置、系统集成及培训服务。

工程实施应当符合国家标准、行业标准和地方标准，符合信息化工程设计方案的要求。为了保障工程的顺利进行，工程建设方应该设立工程建设指挥部，在监理的协助下全面负责建设有关资源和工作的协调和管理。

（1）工程管理机构的主要作用

① 工程质量控制

在工程管理工作的各个阶段必须严格审查关键性过程和阶段性结果，检查其是否符合预定的质量要求，而且整个工程管理工作中应该强调对工程质量的事前控制和主动控制。本部分可参考标准 GB/T 19001、SJ/T 11234 和 SJ/T 11235 的质量和项目评估的方法进行管理。

② 工程进度控制

按照进度表中的里程碑事件，对进度进行检查、控制和协调，以确保总工程的总工期。在此过程中，承建方需要建设方确认的事项，建设方应在规定的时间内予以确认。

③ 工程成本控制

工程进行过程中，严格审查和控制工程成本，对工程中所出现的任何变更必须严格审查，核定变更费用的合理性。

④ 知识产权保护

工程进行过程中，对建设方和承建方有关方案、软件源代码及有关技术等涉及知识产权的内容进行保护。

（2）实施阶段的主要管理工作

① 工程实施方案是工程实施过程的重要指南，工程建设各方应参照该方案的工作流程和内容进行施工。

② 根据工程实施方案，确定工程实施子阶段和进度控制点，同时明确各工程实施子阶段的工作内容和查验方式。

③ 工程实施过程中应注意保护知识产权，严格审查采购软件的版权，同时注意待开发软件的知识产权保护控制。

④ 为了保证工程进度，工程建设管理者应及时、主动地了解有关软硬件的采购进度。

⑤ 对于工程所采购的软硬件设备，工程管理者应该安排有关人员进行设备验收，查验设备的数量、质量和功能。

⑥ 对于软硬件设备的调试，应该记录调试的过程，分阶段地验证调试的质量，并及时记录相关结果。

⑦ 对于复杂系统的建设，可以考虑搭建一个模拟环境进行相关试验。

⑧ 对于各个工程实施子阶段的完成，应该形成一个阶段性报告，以便及时总结工程质量和进度。

⑨ 对于工程实施过程产生的工程变更，应该组织人员进行细致的讨论，并核算变更成本，形成有关备忘录。

工程实施过程可以参考有关标准。

2. 实施阶段相关费用

实施阶段相关费用如下。

① 软硬件购置费。

② 定制软件开发费。

③ 项目实施其他费用。

④ 参与建设单位相关费用（包括建设单位、承建单位、监理单位等）。

费用计算时需考虑项目开发人员和管理人员的人工费用。由于网络安全等级保护项目的实施范围因项目而异（有些项目只在一个单位实施，有些需要在多个单位实施，有些甚至需要在全市、全省及全国多个节点实施），所以实施阶段的费用也会有很大的差异。

项目进入试运行阶段，标志着已完成竣工验收并将工程的管理权移交给业主方。项目承担单位在该阶段中的责任和义务，是按合同约定的范围与目标向业主提供试运行过程的指导和服务。对交钥匙工程，承包商应按合同约定对试运行负责。

项目试运行是中标方根据项目的整体进度以及合同签订的相关验收条款进行的一项项目特定事宜，试运行周期一般情况下为 1 个月，有的为 3 个月，具体看合同中甲、乙双方的约定。试运行费用在合同中约定。

11.1.6 验收阶段及费用构成

由于网络安全等级保护建设项目工程资金投入大、工程项目多、技术性复杂，工程验收已成为工程管理的重要环节。工程验收是确保工程的安全和质量，规范工程顺利实施的重要措施。由于其处于不同工程阶段和工程环境，因此根据不同情况分类如下。

① 按照时间阶段区分：工程初验（阶段过程验收）及终验。

② 按照验收顺序划分：设备点验及竣工验收。

③ 按照工程性质区分：隐蔽工程验收和明示工程验收。

④ 按照性能区分：工程功能验收及工程质量（性能）验收。

1. 项目验收测评阶段及费用

电子政务系统工程（项目）验收前必须经检测通过，即电子政务系统工程（项目）在正式验收前，设计、系统集成单位或项目建设单位必须向具有法定资质的网络安全等级保护测评机构出具检测委托书。未经检测的工程（项目）不能实施工程验收。安全测评由具有相应资质和相应测评能力的第三方机构实施。网络安全测评未通过的项目，工程不予验收，不得投入运行。

测评费用包括以下几项。

① 信息网络基础平台测评费。

② 信息应用系统测评费。

③ 信息资源系统测评费。

2. 项目验收及费用

网络安全等级保护建设项目工程由建设单位组织专家负责组织实施工程竣工验收

工作，负责成立工程验收小组或验收委员会，工程监理或第三方质量监督机构对工程验收实施监督。

验收小组（验收委员会）由建设单位负责人、业主单位上级业务主管部门、工程管理部门以及不低于验收机构人员总数 **40%** 的技术专家组成，并推选组长、副组长（主任、副主任），验收小组一般为 3～7 人，验收小组组长由建设单位法人代表或其委托的负责人担任。验收小组副组长应至少由一名专业技术人员担任。专家验收评审费用由建设单位承担。验收小组成员中网络、软件等专业人员应综合考虑，配备齐全。用户验收时应有项目批准部门（含涉密系统批准部门）的代表参加，必要时还应有检测机构代表参加。

验收阶段费用主要为：专家咨询费。

11.1.7 运行维护阶段及费用构成

网络安全等级保护建设项目的运维费是指为保障项目安全、稳定、高效运行而支付的一系列费用。

1. 运维服务模式

① 全外包运维服务：将本单位网络安全系统统一外包给第三方运维服务提供商。

② 单项外包运维服务：将 IT 系统拆分成多专业、多厂商设备分别外包给多个服务提供商。

③ 定制运维服务：是比较灵活的外包服务方式，可为发包方量身定制最佳性价比的运维服务，既可以按时定价，也可以按次定价；既能够整体外包，也可以切块外包。一般适用于一定周期内运维服务过程中发生频次较少的服务，如信息安全风险评估服务、应急响应服务等。

2. 运维服务方式

① 驻场服务：运维服务提供方派出固定的工作人员，在合同规定的时间内驻扎在发包方，为发包方提供服务。

② 非驻场服务：运维服务提供方通过电话、网络等方式提供服务支持。

③ 其他服务方式：通过定期维护、定期巡检、紧急现场维护等方式为用户提供服务。

3. 运行维护阶段相关费用

运行维护阶段费用如下。

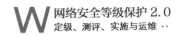

① 运维人员服务费。

② 安全软硬件维保费。

11.1.8 其他费用

其他费用包括建设单位管理费、工程监理费、预备费等，在此不再展开描述。

11.2 网络安全项目工程相关取费价格参考

11.2.1 咨询设计费用

1. 前期咨询费

按建设项目估算投资额，分档计算项目前期咨询费用，计算公式如下。

前期咨询费 = 咨询评估项目费用基价 × 行业调整系数 × 复杂程度调整系数 × 专业调整系数

根据《国家计委关于印发建设项目前期工作咨询收费暂行规定的通知》（计价格〔1999〕1283号）与《国家计委关于印发建设项目前期工作咨询收费暂行规定的通知》（粤价〔2000〕8号）中针对项目前期工程咨询服务的取费标准的相关规定，咨询评估项目费用基价如表11-1所示。

表 11-1   咨询评估项目费用基价表   单位：万元

评估投资额 咨询评估项目	3000万元以下	3000万～1亿元	1亿～5亿元	5亿～10亿元	10亿～50亿元	50亿元以上
项目建议书编制	1.5～6	6～14	14～37	37～55	55～100	100～125
项目建议书评估	1.5～4	4～8	8～12	12～15	15～17	17～20
项目可行性研究报告编制	3～12	12～28	28～75	75～110	110～200	200～250
项目可行性研究报告评估	1.5～5	5～10	10～15	15～20	20～25	25～35

网络安全等级保护建设项目工程行业调整系数、复杂度系数、专业调整系数均为1。

2. 工程设计费

参考国家计委、建设部发布的《工程勘察设计收费管理规定》（计价格〔2002〕

10 号），结合网络安全等级保护建设项目工程特点及建设实践，项目设计收费按照下列公式计算。

工程设计费＝工程设计收费基准价 × 专业调整系数 × 复杂程度调整系数 × 附加调整系数

工程设计收费基准价是按照本收费标准计算出的工程设计基准收费额，发包人和设计人根据实际情况，在规定的浮动幅度内协商确定工程设计收费合同额。

工程设计收费基准价是完成基本服务的价格，其主要通过表 11-2 确定，计费额处于两个数值区间的，采用直线内插法确定工程设计收费基准价。

表 11-2　工程设计收费基准价表

序号	计费额（x）万元	收费基准价（y）万元	收费占总投资百分比
1	50	2.70	5.40%
2	100	4.90	4.90%
3	200	9.0	4.50%
4	500	20.9	4.18%
5	1 000	38.8	3.88%
6	3 000	103.8	3.46%
7	5 000	163.9	3.28%
8	8 000	249.6	3.12%
9	10 000	304.8	3.05%
10	20 000	566.8	2.83%
11	40 000	1 054.0	2.64%
12	60 000	1 515.2	2.53%
13	80 000	1 960.1	2.45%
14	100 000	2 393.4	2.39%

网络安全等级保护建设项目的专业调整系数、复杂程度调整系数、附加调整系数均为 1。

11.2.2　网络安全等级测评费用

1. 费用公式

$$F = A \times B$$

费用（F）取自于收费基数（A）和调节因子（B），费用（F）取值四舍五入到千

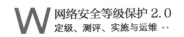

为单位。

2. 收费基数

按照信息安全等级保护测评工作要求，充分体现渗透测试、风险评估、定量分析等工作的技术价值，同时考虑三级和四级系统的测评广度和深度的逐级增强，取值相应增加，制定信息系统等级测评的指导性收费基数（四舍五入到万）。

收费基数（A）= 测评指标项数量 × 单项收费标准

等级测评机构在异地开展等级测评活动，原则上按被测评信息系统（非跨区域）所在地确定的收费基数进行收费。收费基数如表 11-3 所示。

表 11-3　收费基数参考表

信息系统等级	测评指标项数量	单项收费标准（元／项）	收费基数（万元）
二级	175	500	9
三级	290	550	16
四级	318	650	21

3. 调节因子

设定一个调节因子（B），调节内容主要考虑影响测评工作量较大的几个要素，包括系统规模（$B1$）、多系统测评（$B2$）和重复测评（$B3$）。

$$B=B1 \times B2 \times B3$$

（1）系统规模（$B1$），以信息系统所包含的全部实际系统组件为依据；选择调节因子主要依据在承载业务应用和数据的服务器主机设备的数量；对于采用虚拟化服务器技术，以虚拟主机台数为依据；对于承担安全运维管理等服务器（如防病毒服务器、审计服务器等）不作为 $B1$ 的取值依据。

$B1$ 的取值，根据服务器主机台数按以下分段取值。

① 5 台以下：$B1=0.8 \sim 0.9$。

② 6 ～ 19 台：$B1=0.9 \sim 1.0$。

③ 20 ～ 49 台：$B1=1.0 \sim 1.2$。

④ 50 ～ 99 台：$B1=1.2 \sim 1.5$。

⑤ 100 ～ 199 台：$B1=1.5 \sim 2.0$。

⑥ 200 台以上：$B1 \geqslant 2.0$。

主机服务器台数可以从信息系统定级报告和备案表获得，且要求在报价前获知，例如，可以要求在招标文件技术需求中明确。

针对纯网络系统，$B1$ 的取值为：二级 $B1=0.8$，三级 $B1=0.9$，四级 $B1=1$。

（2）多系统测评（$B2$），本调节因子适用于同一单位多个相同等级或不同等级信息系统同时测评的情况。

$B2$ 的取值，根据同时测评的信息系统数量按以下分段取值。

①2～5 个系统同时测评的信息系统：$B2 \geqslant 0.9$。

②6～10 个系统同时测评的信息系统：$B2 \geqslant 0.8$。

③11～50 个系统同时测评的信息系统：$B2 \geqslant 0.7$。

④51～100 个系统同时测评的信息系统：$B2 \geqslant 0.5$。

⑤100 个以上系统同时测评的信息系统：$B2 \geqslant 0.3$。

（3）重复测评（$B3$），由同一家测评机构对未做重大变更的同一信息系统进行再次测评时，测评工作量相对减少，测评费用相应减少。

$B3$ 的取值：$B3 \geqslant 0.8$。

重复测评时以同一测评机构首次测评费用为基准。

各机构根据测评系统的实际情况综合考虑以上 3 个因素选取计算调节因子取值。调节因子取值原则为：系统规模（$B1$）、多系统测评（$B2$）、重复测评（$B3$）的取值不得低于各要素分段取值的下限值。

11.2.3 网络安全服务费用

网络安全服务费用参考如表 11-4 所示。

表 11-4 网络安全服务费用参考表

序号	服务项目	服务说明	参考价格（元）
1	漏洞扫描服务	利用漏洞扫描工具对网络、操作系统、数据库及 Web 系统等进行检查，发现其存在的安全漏洞，并针对发现的各种漏洞提出针对性的整改建议	1.2 万 / 次
2	渗透测试服务	在获得用户授权的情况下，模拟黑客可能使用的漏洞发现技术和攻击技术，对目标系统进行攻击测试，以发现目标系统中存在的漏洞，并直观地显示给用户，同时提出整改建议	3 万 / 次
3	配置核查服务	对操作系统、数据库、应用软件、网络设备、防火墙等设备的配置进行核查，检查配置上存在的安全漏洞，针对各种错误配置提出整改方案	1.2 万 / 次

序号	服务项目	服务说明	参考价格（元）
4	代码审核服务	采用人工审核和静态分析工具的方法寻找代码在架构和编码上的安全缺陷，并提供改进建议，以在系统上线前将安全风险控制在可接受的程度	8万/次
5	安全加固服务	跟进漏洞扫描、渗透测试、配置核查或者风险评估结果及相应建议，对信息系统进行安全加固，以提高信息系统自身的稳健性；加固对象包括操作系统、数据库、网络设备、网络安全设备等	3.8万/次
6	安全通告服务	为用户提供最新的安全动态、技术和定制的安全信息，包括实时安全漏洞通知、定期安全通告汇总、临时安全解析方案和安全知识库更新等，每周发送1次，遇到重大事件或者漏洞则实时发送	2.4万/年
7	现场值守服务	在用户现场进行值守，对网络安全设备进行运维，包括监测网络安全设备的运行状况、分析系统安全设备告警日志、变更访问控制策略、检查安全设备策略等	8万/年
8	应急响应服务	当信息系统发生安全事件时，及时进行安全响应，将信息安全事件造成的影响降到最低程度。安全事件指在用户信息系统中出现的影响业务正常运行的异常事件，包括病毒感染、入侵攻击、违反安全策略等	3.2万/年
9	信息安全风险评估服务	综合利用漏洞扫描、配置核查、渗透测试等手段，发现系统存在的漏洞，并分析信息系统的资产价值及其面临的威胁，根据漏洞、威胁、资产价值综合分析信息系统存在的风险等级，并根据风险评估结果提供合理的加固建议	15万/年
10	信息系统等级保护测评服务	综合开展包括等级划分指南制定、信息及信息系统等级划分、等级保护需求（差距测评）、等级保护体系建设整改建议及等级保护最终测评服务	4.8万/次
11	信息安全管理体系建设服务	综合开展包括信息安全策略体系建设、信息安全组织体系建设、信息安全制度流程制定、信息安全标准指南制定	15万/次
12	信息安全规划服务	为提高现有及新系统的自身安全稳健性，在系统上线、更新及后续规划前，综合各类评估及测评的安全检查结果，发现系统安全的不足，提供整改及安全保障体系建设意见，并监督安全集成、整改过程中的各类方案和对产品选型提供建议	4.8万/次
13	ISP备案服务	针对网络运营单位，提供ISP接入单位备案服务	3万/次
14	网站安全监控服务	7×24小时自动实时在线检测，保护网站安全，防止出现重大事故；服务内容包括网站资源监控、网页挂马监控、违规文字审查、低俗图片审查、链接可用性审计、关键栏目变动审计	10万/年
15	攻防教育培训	制订完善的人员培训计划，提供信息安全教育培训、信息安全常识和技能培训，可为重点岗位提供定制培训，尤其是对黑客攻击防护知识的培训	10万/年
16	服务器及存储设备运维	服务器及存储设备运维服务对象包括机架服务器、刀片服务器、磁带库、存储设备、光纤交换机	15万/年

序号	服务项目	服务说明	参考价格（元）
17	网络及安全设备维护运维服务	网络及安全设备维护运维服务对象包括负载均衡、防病毒软件、iOS 入侵检测设备、VPN 接入设备、防火墙、Web 防火墙、其他安全设备、交换设备、网络链路	15 万 / 年
18	机房环境维护运维	机房环境维护运维服务对象包括 KVM、空调系统、市电供配电系统、应急供电系统、UPS 系统、消防系统、安全系统	20 万 / 年

W

案例介绍

第 12 章

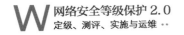
12.1 视频专网解决方案

12.1.1 项目概述

近年来，视频监控被广泛应用在社会治安、交通出行、环境保护、城市管理等多个领域。据统计，目前全国安装的视频监控摄像机数量达3000多万台，视频监控已成为提升平安中国建设能力和水平的基础性工程。公安视频专网在维护社会治安、技术侦查破案等方面有着重要的业务应用，是中国重要的关键信息基础设施，至少需要参照网络安全等级保护三级的相关要求进行安全防护体系的建设。但是由于公安视频传输网网络传输的特殊性、视频监控前端设备安装环境的复杂性、视频传输网建设扩展的紧迫性，使得各地视频传输网还没有来得及认真规划，便开始建设，导致视频传输网在建设和应用过程中存在诸多安全问题，如缺乏整体安全建设规划、总体防护手段薄弱、网络被攻击风险大、安全管理制度不健全等。因此在视频专网内迫切需要加强网络安全的建设。本节以×××公安视频专网安全项目为例，对其解决方案进行介绍。

12.1.2 需求分析

1. 安全物理环境需求

安全物理环境指整个网络中存在的所有的信息机房、通信线路、硬件设备等处于安全状态之中，保证计算机信息系统基础设施的物理安全是保障整个网络系统安全的前提。

×××公安视频专网网络机房建设应符合国家的相关标准要求，配置相应的物理安全防护措施，包括设立电子门禁、建立电磁防护装置等。除相应的物理安全防护措施之外，还应建立相关的机房管理制度，包括相关人员基础机房的访问记录，机房的日常运维管理制度、规范等，并按照等级保护等相关要求进行规划完善，实现基础安全防护。

2. 安全通用网络需求

（1）网络架构

按照业务情况，为×××公安视频专网划分相应的安全域并依照便于管理、控制原则分配地址，保证相应的业务处理能力及带宽需求满足业务高峰期的需要，同时相关关键链路及设备应采用冗余设计，保证整体网络架构的稳定性及高可用性。

对于涉及的视频云业务平台应单独定级测评，并保证云平台不承载高于其安全保护等级的业务系统，同时应整合云安全防护能力，提供包括访问控制、边界防护、入侵防范等安全防护机制，云服务支持应具备自主设计安全策略的能力。

（2）通信传输

按照相关要求应提供相关的密码技术及校验技术，对于目前视频专网内的业务应用应进行相应的加密算法适配，同时远程通信传输应提供 VPN 等具备国密加密、校验算法的技术措施。

（3）可信验证

该部分要求应采用具有网络可信连接保护功能的系统软件或具有相应功能的信息技术产品，在设备连接网络时，对源和目标进行平台身份鉴别、执行程序及其所有执行环节的执行资源进行可信验证。

3. 安全区域边界需求

（1）边界防护

目前视频专网中，非法内外联的现象层出，出现了很多因业务终端非法外联导致互联网引发的安全事件，如数据泄露、病毒木马感染等，因此应按照相关要求建立一定的管控措施，包括对防火墙进行受控端口的管理及配置访问控制策略和非法内外联的监测、控制。

（2）访问控制

在视频专网不同的安全域之间应建立相应的访问控制机制。目前，公安视频专网安全域划分存在不符合规范的情况，并且各安全域之间访问没有建立严格的访问控制策略，存在非法访问、越权访问等情况，因此需要部署相应的访问控制策略，包括基于协议及内容的访问控制等，并优化相关的访问控制策略。

对于云业务平台，应建立相应的虚拟化访问控制机制如云 FW，同时为不同的云业务设立相应的访问控制机制。

（3）入侵防范

随着网络安全威胁发展形势的不断变化，网络攻击的手段从早期简单的扫描、暴力破解逐步过渡到通过缓冲区溢出、蠕虫病毒、木马后门、间谍软件、SQL 注入、

DoS/DDoS、0 day 各种混合、高级攻击手段；攻击的层面也从网络层、传输层转换到高级别的网络应用层面；能否主动发现这些网络攻击，保障视频监控业务系统的正常运行，是亟须考虑的重要安全问题之一。因此，应对公安视频传输网中网络攻击行为进行实时的检测和分析，如采用入侵检测、APT 安全监测系统进行监测，及时地发现异常行为，降低安全事件的发生率。

（4）恶意代码和垃圾邮件防范

目前各类恶意代码、木马等仍是最大的网络威胁之一，视频专网内大部分终端、服务器已经部署了相应的杀毒软件，但是仍需加强相应的病毒防控策略，如部署防病毒网关等，并及时对相应的病毒库进行更新，同时建立相应的准入机制，防止未安装防病毒软件的终端接入视频专网。

针对垃圾邮件应建立相应的垃圾邮件防范机制，实现对垃圾邮件的检测、过滤和阻断。

（5）安全审计

在公安视频传输网中，大量的访问用户可以从不同时间、地点访问视频监控资源，如不对用户网络访问行为进行有效的安全记录，当发生安全事件时，很难去追溯和定责。因此，应加强公安视频传输网的安全审计能力，记录用户访问的身份、行为、访问过程等内容信息，为事后分析取证提供数据支撑。

视频云等业务平台对云服务商和云服务用户在远程管理时执行的特权命令及数据操作要具备审计措施，可通过部署云堡垒机、云审计等实现。

（6）可信验证

该部分内容要求可基于可信根对边界设备的系统引导程序、系统程序、重要配置参数和边界防护应用程序等进行可信验证，并在应用程序的所有执行环节进行动态可信验证，在检测到其可信性受到破坏后进行报警，并将验证结果形成审计记录送至安全管理中心，并进行动态关联感知（该部分内容可选，对业务影响较大，谨慎考虑）。

（7）边界接入平台

公安视频传输网与互联网、其他专网（指除互联网或其他公共网络以外使用私有IP 地址空间，不直接连接互联网的政府部门、社会企事业单位的专用网络）进行视频共享，使不同安全级别的网络相连接，从而产生了网络边界。网络边界连接往往没有采取隔离措施，为公安视频传输网带来了严重的安全隐患。部分仅采用防火墙等措施并不能完全解决安全问题，需要在公安视频传输网与其他网络连接的地方采取网络隔离、访问控制等边界防护措施（见图 12-1）。

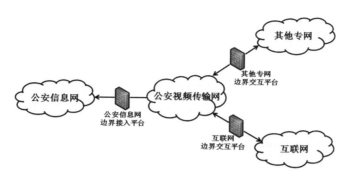

图 12-1　公安视频传输网网络边界示意图

① 链路安全

为保证公安视频传输网的网络安全，同时检测和防范已知的各种木马、蠕虫、僵尸网络攻击、缓冲区溢出攻击、DDoS、扫描探测、欺骗劫持等攻击行为，应在公安视频传输网接入链路中部署相关安全设备。

② 安全认证

为实现视频接入设备认证，对向公安视频传输网提供视频信息服务的设备进行身份确认，禁止未经授权的设备接入公安视频传输网。

为实现用户身份认证，对公安视频传输网内使用视频接入业务的用户进行身份认证，实现用户权限的控制与管理。

③ 访问控制

视频接入设备的网络连接终止于视频安全接入系统，应严格禁止视频接入设备对公安视频传输网的直接访问或直接与公安视频传输网交换数据。

④ 应用安全

按照预先注册的视频数据格式，应对所传输的视频数据进行实时分析和过滤，对不符合格式的视频数据进行阻断和报警。

对于互联网视频接入，必须严格区分视频数据流和控制信令流，并严格控制视频数据流传输的方向。视频数据流必须采用单向传输方式，只允许从互联网单向传输至公安视频传输网，确保没有反向的视频流从公安视频传输网内流出。视频控制信令流可采用双向传输方式，且视频数据流与视频控制信令流必须严格分开传输。

针对互联网共享视频资源，要做到严格的数据单向传输，以防止来自互联网的非法访问和攻击行为。

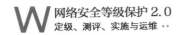
其他专网与公安视频传输网交互，在保证严格的数据分析和过滤的基础上，允许双向传输视频流量和数据流量。

⑤集中管控

为保障公安视频传输网边界接入链路安全和稳定地运行，需要对接入链路中的安全设备、网络设备、应用系统及其运行状况进行全面的监测、分析和评估，及时掌握平台的流量情况，追溯历史记录，对整个边界接入平台进行管理。

（8）接入控制（物联网扩展）

在视频专网之中，前端摄像机是开展相关业务的核心资产，同时也属于物联网资产的范畴，因此相应的等级保护建设除遵循基本要求之外还应遵循物联网的相关扩展要求。

通过采取主动扫描、被动监听和手工设置等手段，采集前端接入区中物理设备（视频专网中主要指摄像机等）资产的属性信息和安全信息，并进行分类统计，建立资产库，同时建立准入认证控制机制，对非法设备进行告警和阻断，避免非摄像机资源及非法终端资源连入公安视频传输网。

（9）入侵防范（物联网扩展）

为视频专网前端摄像机建立相应的安全防护机制，限制与感知节点（摄像机）、网关节点提供对公安视频专网中攻击流量的检测能力，包括非法访问、入侵攻击、木马病毒传播行为等，实现对网络中非法恶意行为的有效识别和管理。

4. 安全计算环境需求

（1）身份鉴别

目前，大部分公安视频专网内尚未建立有效的身份鉴别、认证机制，大量计算机终端应用没有限制，可以随意登录使用，应用访问没有强认证等措施，存在较高的风险隐患，因此要建立CA（身份认证）、4A系统（统一安全管理平台），提供包括口令与数字证书相结合等方式的双因子认证，对相关云业务平台、非云业务平台提供相应的身份鉴别能力支撑，相关建设可参考公安信息网的身份认证系统。

（2）访问控制

视频专网现有的权限控制及访问控制策略较为粗糙，在建立CA、4A等系统平台的基础上，针对不同的用户应配置相应的最小权限，相关的访问控制策略细粒度主体为用户或进程级，客体为文件、数据库级。

（3）安全审计

视频专网内审计措施较为匮乏，在整体视频网计算环境中存在大量的应用、服务器、终端等资产，同时在开展业务时会有大量的数据交互及访问，如果没有相应的审计措施，出现相关行为操作无法记录、安全事件无法定则及追溯的情况，因此应按照要求建立相应的审计措施，包括终端安全审计、视频应用安全审计、数据库审计等。

（4）入侵防范

目前，视频专网内终端、服务器等存在配置不合理、漏洞较多、高危端口开启等现象，应依据最小化组件和应用程序清单，通过主机加固操作，仅安装需要的组件和应用程序，关闭不需要的系统服务、默认共享和高危端口，同时利用漏洞扫描等系统对网络内资产进行定期扫描检测，及时发现脆弱性问题。结合 IPS、APT 等对攻击行为进行检测。

针对视频云等平台，应建立相关的检测、告警机制，对资源隔离失效、病毒感染、非授权操作等进行实时检测并告警。

（5）镜像和快照防护（云扩展）

对于视频云平台上的业务应用系统应进行相关的安全加固或系统镜像，并适配加密算法，严格控制敏感数据访问权限。

（6）恶意代码防范

通过部署主动免疫产品或使用终端防病毒系统识别恶意代码，并有效阻断它。

（7）可信验证

基于可信根对计算设备的系统引导程序、系统程序、重要配置参数和应用程序等进行可信验证，并在应用程序的所有执行环节进行动态可信验证。在检测到其可信性受到破坏后进行报警，并将验证结果形成审计记录送至安全管理中心进行动态关联感知（该部分内容可选，对业务影响较大，谨慎考虑）。

（8）数据完整性

视频专网中存储了大量的敏感视频、业务数据，因此应在数据的传输、存储过程中，通过校验、密码等技术保护数据完整性，相关应用应适配加密、校验等算法。

（9）数据保密性

数据保密性的措施同数据完整性。

在云业务平台中应配置相关的数据管理权限，适配相应的加密算法，并支持密钥管理方案。

（10）数据备份恢复

针对视频专网内存储的大量数据应提供相应的数据备份恢复机制，包括服务器、存储中的数据，同时建立异地实时备份机制（如备份一体机等），同时对于部分核心业务应用，应进行实时的热备份。

视频云等云业务平台中应对用户数据提供备份服务并建立多个副本，保证视频等数据的高可用性。

（11）剩余信息保护

通过存储鉴别数据、敏感数据的硬盘多次重复擦除实现剩余信息保护，但是可能会造成数据磁盘的过早报废（本项目出于可靠性及成本考虑，须谨慎考虑此部分内容）。

（12）个人信息保护

结合个人信息保护法等要求，对个人信息进行保护，对于公安业务来说，除警员信息外，大量民众的数据信息要做重点保护，可加强数据防泄露等保护措施。

12.1.3　技术方案

1.　整体拓扑规划

×××公安视频专网整体拓扑规划如图 12-2 所示。

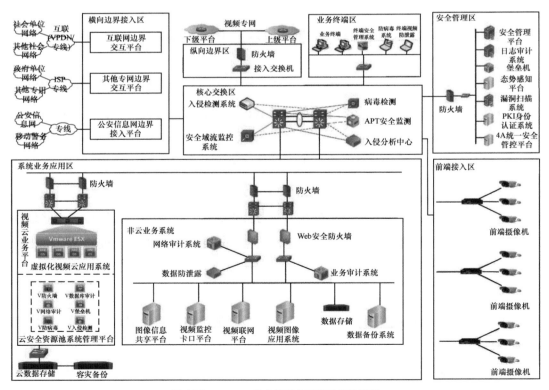

图 12-2　×××公安视频专网整体拓扑规划

2. 安全通信网络

（1）安全域划分

针对×××公安视频专网系统建设需求，依据网络现状、业务系统的功能和特性、业务系统面临的威胁、业务系统的价值及相关安全防护要求等因素，对网络进行安全域的划分，从而实现按需防护、多层防护的技术理念，×××市公安信息网安全域划分结果如图 12-3 所示。

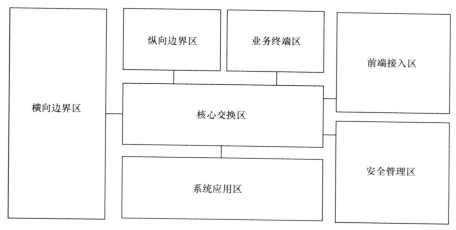

图 12-3 ×××市公安信息网安全域划分

将×××公安视频专网划分为：核心交换区、系统应用区、前端接入区、安全管理区、业务终端区、横向边界区、纵向边界区 7 个区域，各区域间通过防火墙等访问控制措施进行隔离。

（2）通信加密设计

公安视频专网通过安全边界接入平台与互联网、其他专网、信息网进行数据交互，远程通信需求较少，若部分视频专网由于业务原因需要远程通信，将采用符合国家密码管理局商用密码技术标准的 VPN 设备。所用 VPN 基于国密 SM2 算法，符合采用密码技术保障通信过程中数据的完整性与保密性。VPN 自身通信建立过程也符合通信前基于密码技术对通信双方的认证要求，自身管理功能满足基于硬件密码模块对重要通信过程进行密码运算和密钥管理。

（3）网络资源冗余设计

单线路、单设备的结构很容易发生单点故障导致业务中断，因此对于提供关键业务服务的信息系统，应用访问路径上的任何一条通信链路、一台网关设备和交换设备，都应当采用可靠的冗余备份机制，以最大化保障数据访问的可用性和业务的连续性。

本次方案设计的公安视频专网主干链路和涉及的所有网络设备均采用双机模式部署，保证网络系统的整体容错能力，防止出现单点故障。

3. 安全区域边界

（1）访问控制

为保证各安全区域的安全访问，本次方案设计针对不同区域的安全需求，采用不同系列及不同性能的网御星云防火墙，部署于各安全区之间，实现边界安全访问控制。该区域包括系统业务应用区、安全管理区、纵向边界区、横向边界区、边界接入平台等。

防火墙部署于两个相邻的安全域之间，实现边界安全访问控制功能。在主系统中，安全域内存在实时应用的边界，部署高性能的防火墙，保证数据传输速率。边界防火墙均采用双机热备方式部署，避免单点故障。

实现效果如下。

- 网络安全的基础屏障。
- 对网络存取和访问进行监控审计。
- 防止内部信息的外泄。

（2）网络安全审计

为实现对系统内用户网络访问行为（HTTP、Telnet、FTP、Mail 等）和相关内容的记录、分析与还原，提高系统安全审计能力，满足网络安全等级保护相关要求，计划于系统应用区内旁路部署网络安全审计系统，具体如图 12-4 所示。

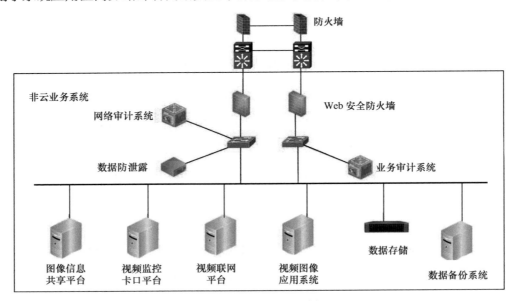

图 12-4 网络安全审计系统部署

网络安全审计系统能够全面、翔实地记录网络内流经监听出口的各种网络行为，以便进行事后的审计和分析。日志以加密的方式存放，只有管理者才能调阅读取。网络行为日志全面地记录了包括使用者、分组、访问时间、源 IP 地址、源端口、源 MAC 地址、目的 IP 地址、目的端口、访问类型、访问地址 / 标识等关键数据项。

（3）未知威胁检测

×××公安视频专网目前部署了防火墙等安全防护措施，具备一定的对已知威胁的安全检测、防护能力，但面对未知恶意代码、0 day 漏洞利用等攻击行为尚不具备有效的抵御措施，因此计划于核心交换区内旁路部署一套 APT 未知威胁检测系统以弥补该方面的不足，具体如图 12-5 所示。

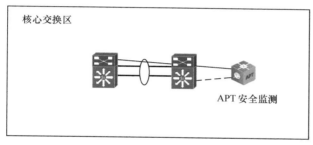

图 12-5　未知威胁检测系统部署

实现效果如下。

- 未知威胁检测。

- 深度风险分析。

- 威胁态势感知。

- 输出详细报告。

（4）入侵检测系统

本次项目设计计划于系统核心交换区内部署原有入侵检测系统，实现对内、外部各类攻击威胁的实时检测、记录和告警，满足网络安全等级保护及公安行业相关标准的要求，具体如图 12-6 所示。

实现效果如下。

- 对抗蠕虫病毒。

- 防范网络攻击事件。

- 防范拒绝服务攻击。

- 防范预探测攻击。

- 防范欺骗攻击。
- 防范内部攻击。

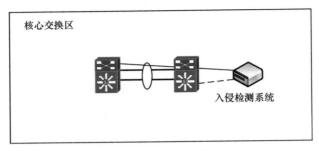

图 12-6　入侵检测系统部署

（5）异常流量分析

本次项目设计计划于系统核心交换区内利旧原有异常流量分析系统，实现对系统内流量的实时检测和分析，及时发现异常流量等，具体如图 12-7 所示。

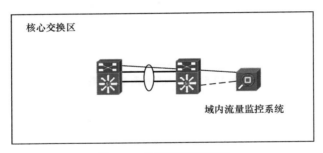

图 12-7　异常流量系统部署

实现效果如下。

- 流量采集。
- 非法入网 IP 监测。
- 业务行为可视化监视。
- 内网高风险 IP 感知。
- 绕行行为监测。

（6）边界接入平台设计

横向边界区主要实现公安视频传输网与公安信息网、互联网以及其他专网之间的安全交互。通过建设公安信息网边界接入平台、互联网边界交互平台以及其他专网边界交互平台，保障公安视频传输网与其他网络间的安全连接以及资源的安全共享。

① 互联网边界接入平台

互联网等公共网络具有用户类型复杂、联网设备种类繁多、应用程序多样等的特点，造成连接到互联网中的信息系统极易遭受黑客攻击、木马入侵、病毒传播、信息篡改和数据窃取等不同程度的安全威胁。因此对互联网边界交互平台网络安全措施提出了更高的要求，需要针对每种不同的攻击或威胁采取不同的安全防护策略，保障公安视频传输网的安全。

公安视频传输网与互联网之间必须实现网络隔离，并实现访问权限控制；准确监测网络异常流量，能够对流量中夹杂的 DDoS 攻击实现有效防御；具有网络攻击防护、入侵防护、病毒防护等安全防护措施，实现对各类攻击的有效识别和阻断；对链路中的相关设备运行状况、网络流量、用户行为等进行审计和管控。

互联网边界交互平台部署方式如图 12-8 所示。

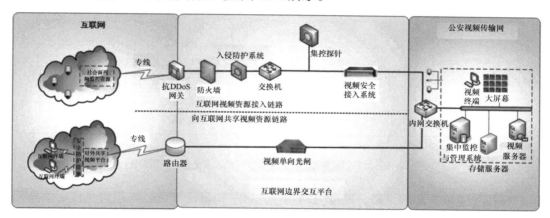

图 12-8 互联网边界交互平台部署

② 其他专网边界接入平台

公安视频传输网与电子政务外网等其他专网之间的边界交互平台是公安视频传输网与其他专网进行信息交互的唯一通道，主要实现公安视频传输网视频监控资源对外共享，如对接电子政务外网综合治理平台，以满足相关政府部门的使用。该平台包括"资源交互链路""数据资源交互链路"。

其他专网边界交互平台部署方式如图 12-9 所示。

③ 公安信息网边界接入平台（视频接入链路）

公安视频传输网与公安信息网之间的边界接入平台，严格按照公安部《公安信息通信网边界接入平台安全规范（试行）——视频接入部分》（公信通〔2011〕5 号）规范要求建设（以下简称《规范》），如图 12-10 所示。

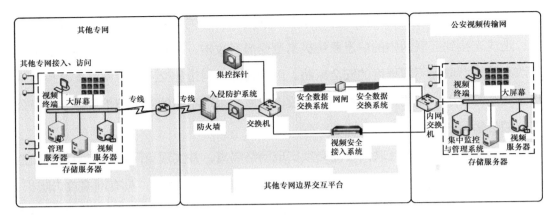

图 12-9　其他专网边界交互平台安全部署

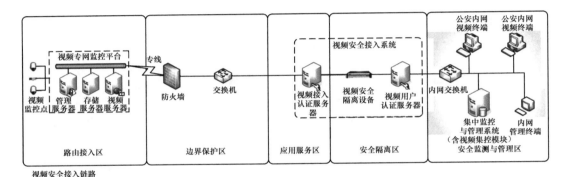

图 12-10　公安信息网边界接入平台——视频安全接入链路部署

按照《规范》要求，将链路分为路由接入区、边界保护区、应用服务区、安全隔离区和安全监测与管理区。

在视频接入链路中，视频数据和视频控制信令终止于应用服务区。在应用服务区与安全隔离区，通过视频接入系统将视频数据和视频控制信令进行严格分离和传输，从而保证视频数据和视频控制信令安全地传输到公安信息通信网。其中视频数据为单向传输，视频控制信令为双向传输。

4. 安全计算环境

（1）Web 应用防护系统

为保证 ×××视频专网 Web 应用安全，计划在系统应用区内部署一套 Web 应用防护系统，对进出 Web 服务器的 HTTP 流量相关内容实时分析检测、过滤，来精确判定并阻止各种 Web 应用攻击行为，保证业务系统的安全、稳定运行，具体部署如图 12-11 所示。

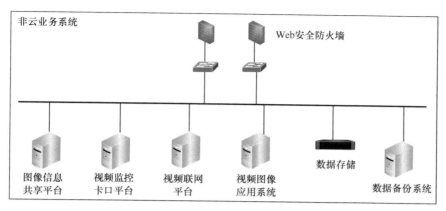

图 12-11　Web 应用防护系统部署

实现效果如下。

- Web 攻击防护。
- 应用层 DoS 防护。
- Web 非授权访问。
- Web 恶意代码防护。
- 网页防篡改。

（2）业务审计系统

为满足网络安全等级保护及公安行业规范要求，加强业务系统的操作行为监管，提高业务系统数据的管理和运营水平，计划于系统应用区内旁路部署一套业务审计系统，具体如图 12-12 所示。

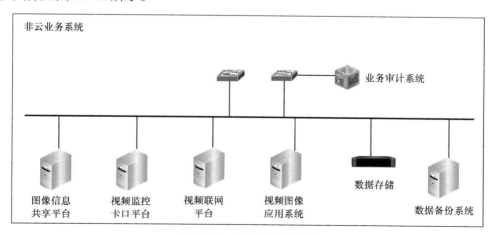

图 12-12　业务审计系统部署

实现效果如下。

- Web 业务访问审计。

- 业务异常发现。

- 模糊化核查。

- 业务黑白名单。

- 访问关联审计。

（3）数据防泄露

为完善×××公安视频专网数据安全防护体系，实现数据全生命周期安全防护，计划于系统应用区内旁路部署一套数据防泄露（DLP）系统，具体如图 12-13 所示。

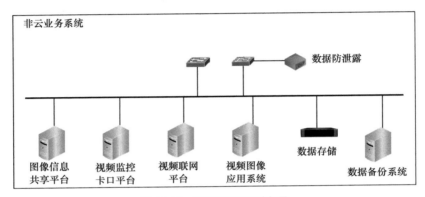

图 12-13　数据防泄露系统部署

在公安视频专网中，视频图像资源库内敏感业务数据较多，相关数据一旦被非法泄露，将对整个警务声誉造成较大影响，甚至侵害公民的个人信息隐私。

通过在系统应用区部署网络数据防泄露系统，审计并跟踪敏感数据下载和使用情况，能够第一时间发现数据泄露行为并进行告警，配合集中管控分析平台还能进行异常行为分析、泄露事件态势分析。

此外，网络数据防泄露系统通过邮件、Web、FTP 等网络协议传送的各种敏感数据可进行识别、监视和控制。可以针对通过邮件发送的敏感内容如敏感主题、敏感正文、敏感附件等进行检测，即利用内容检测技术对通过网络传输的敏感内容进行识别和审计。

（4）终端安全管理

通过在×××公安视频专网内部署终端安全管理系统，实现对终端的入网注册、基础安全、运行安全、安全检查、行为审计、移动介质使用、外设等的安全管理，确保终端安全，满足网络安全等级保护及相关行业规范的要求。终端安全管理系统部署如图 12-14 所示。

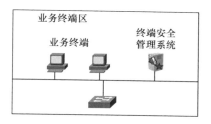

图 12-14 终端安全管理系统部署

实现效果如下。

- 桌面安全管理。
- 桌面安全审计。
- 漏洞扫描与补丁分发管理。
- 外设与接口管理。
- 安全接入管理。
- 非法外联监控。
- 资产管理。
- 远程控制。
- 用户 / 权限管理。
- 流量审计 / 控制。
- 日志管理。
- 详细的审计、分析与报告。

（5）终端防病毒系统

通过在业务终端区内的 PC 终端上部署防病毒客户端，实现对终端的病毒传播防护和恶意代码查杀，具体如图 12-15 所示。

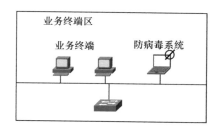

图 12-15 防病毒系统部署

通过在服务器和用户终端主机上安装相应版本的防病毒软件，可以保证主机系统免受病毒、木马和其他恶意程序的侵袭，不让其有机会通过文件及数据的分享进而扩散到用户的整个网络环境，提供完整的病毒扫描防护功能。同时，通过在安全管理中心部署管控服务器，实现对病毒软件的统一升级，并对病毒日志实现集中管理。

（6）终端视频防泄露系统

由于视频专网内实际业务的需求，会调看、应用、传递敏感视频、应用数据，若不加强对业务终端的数据安全防护，可能会发生视频、数据资料泄露。因此本次方案设计建议在业务终端区部署终端视频防泄露系统，针对网格化业务终端等进行实时的状态监控，保障视频数据在传输、应用中的安全，具体如图 12-16 所示。

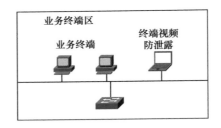

图 12-16　终端视频防泄露系统部署

实现效果如下。

- 终端安全准入。
- 终端身份认证。
- 设备安全管控。
- 视频拷贝控制。
- 屏幕点阵水印。
- 视频流向标记。
- 事件反向溯源。
- 视频分类控制。
- 终端文件扫描。

（7）云安全资源池

目前，随着公安行业虚拟化应用的逐渐增多，各地警务云、视频云业务平台逐步落地，越来越多的应用系统开始从传统信息化业务平台逐步向云业务平台进行迁移，在带来技术革新与业务便捷的同时，也带来了新的安全风险，如云环境下边界模糊不清、责任难以界定、数据保护困难等，传统的安全防护技术、产品无法应对，因此需对视频云等云业务应用建立专有的云安全资源池（见图 12-17）。

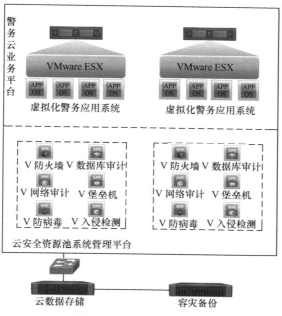

图 12-17　云安全池的组成

通过部署云安全资源池，实现对云业务系统的安全防护，提供包括虚拟化入侵检测、虚拟化防火墙、虚拟化应用安全防护等安全防护能力（见图 12-18）。

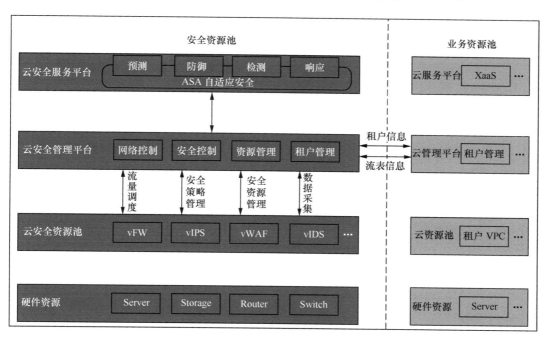

图 12-18　云安全资源池总体架构

通过交付安全资源池实现对云业务应用的安全防护，安全资源池内可以集成各类安全能力，包括检测、防护、扫描、安管等能力，在此基础上实现预测、检测、防护、响应等环节的协同联动，以及安全策略的动态调整，向用户提供自适应安全防护服务。安全资源池最为基础的功能是对业务资源池内租户流量进行检测和防护，解决虚拟化环境中南北向流量和东西向流量检测防护问题，同时对云主机进行微隔离防护和流量可视化监控。

5. 安全管理中心

为完善×××市安全管理体系，提高相关安全管理技术支撑能力，响应公安部相关规范及网络安全等级保护相关要求，计划在系统安全管理区内构建安全管理中心，并部署安全管理平台、态势感知平台、运维审计系统等技术管理措施，实现对全网安全事件信息、安全风险信息的统一收集、分析和展示，同时提供便捷、高效的事件处置措施以及运维管理工具。安全管理中心组成如图 12-19 所示。

（1）安全管理平台

本次项目建设计划建立×××公安视频专网安

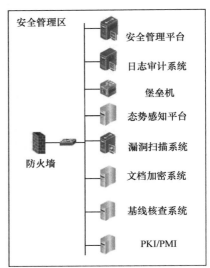

图 12-19　安全管理中心组成

全管理平台，并计划于公安视频专网安全管理区内部进行部署，以实现对全网的安全资产管理、安全策略管理、网络拓扑管理、安全监控、安全审计等功能。

安全管理平台采用三层分布式体系结构，主要由设备层、管理中心层、控制台层组成。

实现效果如下。

- 资产管理。

- 网络拓扑管理。

- 安全策略管理。

- 安全监控。

- 安全审计。

- 权限管理。

- 系统管理。

（2）日志审计系统

为满足公安部及网络安全等级保护中对日志审计的相关规范要求，计划于 ××× 视频专网安全管理区内旁路部署一套集中日志审计系统，实时收集信息系统中产生的日志信息，包括 Web 服务器的操作系统和应用系统，数据库服务器以及部分网络设备和安全设备。

日志审计系统采用旁路接入部署于安全管理区接入交换机旁。

实现效果如下。

- 集中化的日志综合审计。
- 高性能的日志采集与存储。
- 日志规范化及分类。
- 基于策略的安全事件分析。
- 可视化展示。

（3）运维审计系统（堡垒机）

为满足网络安全等级保护及公安部相关技术要求中对运维管理的要求，计划于 ××× 公安视频专网安全管理区内部署一套堡垒机系统，堡垒机主要实现对运维人员的运维操作进行控制与审计，同时提供相对便捷的运维管理技术措施。

实现效果如下。

- 单点登录。
- 身份认证。
- 访问授权。
- 操作审计。
- 实时监控。
- 二次审批。
- 告警与阻断。
- 密码管理。
- 可视化报表。

（4）态势感知平台

为实现全网安全要素信息的集中获取、海量安全数据集中存储，以及面向防护对象的全天候、全方位的态势感知分析和呈现，为信息安全的持续提升提供决策支撑，在安全管理区内部署态势感知平台。

实现效果如下。

- 态势信息的集中采集获取。
- 海量安全态势信息的大数据存储。
- 面向态势感知的大数据集中分析。
- 态势感知的可视化呈现。

（5）漏洞扫描系统

计划于×××公安视频专网内部署漏洞扫描系统。漏洞扫描系统在网络中并不是一个实时启动的系统，只需要定期挂接到网络中，对当前网段上的重点服务器以及主要的桌面机和网络设备进行扫描一次，即可得到当前系统中存在的各种安全漏洞，有针对性地对系统采取补救措施，即可在相当一段时间内保障系统的安全。

实现效果如下。

- 资产发现与管理。
- 全面的漏洞检测。
- Web 应用扫描。
- 脆弱性风险评估。
- 弱点修复指导。
- 安全策略审核。
- 构建统一管理体系。
- 可视化展示。

（6）PKI 身份认证系统

为满足×××视频专网身份鉴别、认证、权限控制等相关需求，构建视频专网身份认证体系，计划于×××视频专网安全管理区内部署一套身份认证系统，完成对网内人员身份的授权，提供数字证书等应用加密技术的双因子认证方式。

通过部署 PKI 身份认证系统，实现数字证书的全生命周期管理并构建视频专网身份认证体系，提供身份标识、认证、访问控制、机密性、完整性、抗抵赖等安全服务，相关数字证书支持国密算法，提供完善的管理及配置策略，实现基于数字证书的身份认证及授权。

（7）4A 统一安全管控平台

为满足×××视频专网整体安全运营和管理需要，提高对系统内涉及账号的集中管理能力，提供统一认证、集中授权、综合审计等手段，计划在安全管理区内部署一套 4A 统一安全管控平台，为业务系统安全、可靠运行提供有效的保障。

实现效果如下。

- 严格的账号生命周期管理降低账号漏洞带来的风险。
- 有效减少业务系统核心信息资产的破坏和泄露。
- 追踪溯源，便于事后追查原因与界定责任。
- 有效控制业务运行风险，直观掌握业务系统安全状况。
- 实现独立审计与三权分立，完善 IT 内控机制。

12.2 云计算解决方案

12.2.1 项目概述

云计算是新一代信息技术产业的重要组成部分，虽然各界都一致认为云计算有着巨大的增长空间，但在推广中依然面临着用户认可度不高、运营经验不足、产业链不完善等诸多问题。在诸多不利因素中，云计算的安全性问题一直排在首位，云安全逐渐成为制约云计算发展的瓶颈。

在云计算应用场景中，传统的网络安全威胁，如网络病毒、漏洞入侵、内部泄漏、网络攻击等依旧存在，因此仍需要使用防病毒软件、入侵检测、抗分布式拒绝服务（DDoS）攻击等技术或者安全设备实现对云的保护。与此同时，在云计算的服务模式下，安全威胁又具有不同于以往的特点，对信息系统安全带来了新的挑战。依照 GB/T 22239-2019《信息安全技术 网络安全等级保护基本要求》提出云计算安全解决方案。

12.2.2 需求分析

云计算安全需求主要来自云计算安全威胁和合规要求，合规要求可参见 GB/T 22239-2019《信息安全技术 网络安全等级保护基本要求》，云计算安全威胁主要包括以下几个方面。

1. 数据泄露

由于有大量数据存储在云计算平台上，云服务商很容易成为众多攻击者的目标。一旦某个云平台受到攻击或设置错误而引发数据泄露，其损失和影响将是不可估量的。通常有 3 种基本威胁会导致云计算服务发生数据泄露：第一，云计算软件的配置不完善或者软件中的漏洞；第二，黑客窃取数据；第三，员工处理数据疏忽。

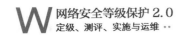
2. 验证授权存在缺陷

黑客伪装成合法用户进行读取、修改和删除数据，获取发布平台的管理功能。这种由于验证授权存在缺陷导致未经授权的数据访问，可能对公司或者最终用户造成灾难性的伤害。

3. 界面和 API 安全

目前，云服务和应用程序均提供 API 接口。IT 人员利用 API 对云服务进行配置、管理、协调和监控，也在这些接口的基础上进行开发，并提供附加服务。因此，不安全的 API 就会成为攻击者的一扇门。现实中，可能存在的 API 攻击类型包括越权访问、注入攻击和跨站请求伪造攻击。

4. 系统和应用技术漏洞

操作系统组件中的漏洞使得所有服务和数据的安全性都面临重大风险。攻击者可以通过漏洞入侵并控制系统，窃取数据和破坏服务操作。而共享的技术漏洞，也可能在所有交付模式中被攻击者利用。随着云端出现多租户，不同组织的系统彼此靠近，并且允许访问共享内存和资源，从而创建新的攻击面。

云服务商提供的基础资源属于共享设施，所以其共有的系统安全漏洞可能会出现在所有使用者的云资源中。这给攻击者提供了便利的攻击途径，并节省了大量的研究成本，一个业务被攻陷后，同一个云平台中的其他业务很可能会被同一种攻击类型攻击成功。

5. 账户劫持

如果攻击者获取了远程管理云计算平台资源的账户登录信息，就很容易对业务运行数据进行窃取与破坏。同时，攻击者还可以利用云平台的资源优势对其他业务系统发起攻击。

6. 恶意内部人员

人们在部署各种安全防护设备的同时，往往会忽略来自内部人员的恶意危害，这些人可能是云服务商及用户。而对于云服务商来说，其员工因与用户没有直接关系，更有可能在某些情况下对用户存储在云环境当中的数据不怀好意，因而其破坏面更广、力度更大，甚至辐射到整个云环境。

7. APT 攻击

APT 通常隐蔽性很强，很难捕获。而一旦 APT 渗透进云平台，建立桥头堡，将在相当长一段时间内，会源源不断地偷走大量数据，形同寄生虫，危害极大。

8. 永久的数据丢失

随着云服务的成熟，因云服务商失误而导致的永久数据丢失已经极为少见，但恶意攻击者可以永久删除云端数据，而且云数据中心与其他任何设施一样对此无能为力。

9. 缺乏尽职调查

如果在没有完全理解云环境及相关风险的情况下投入云服务，必然会面临商业、技术、法律和合规等风险。因此是否将业务和数据迁移到云环境，是否与云服务商进行合作，都需要进行详细地调查。

10. 云服务滥用

云服务可能被用于攻击活动，如利用云计算资源破解密钥、发起 DDoS、发送垃圾邮件和钓鱼邮件、托管恶意内容等，这些滥用可能会导致服务的可用性问题和数据丢失。

11. 拒绝服务攻击

一直以来，DDoS 都是互联网环境下的一大威胁。在云计算时代，许多用户会需要一项或多项服务保持 7×24 小时的可用性，在这种情况下这个威胁显得尤为严重。因而 DDoS 被列为云计算平台面临的第十一大安全威胁。

12. 共享技术危险

共享技术的漏洞对云计算构成了重大威胁。如果云服务商共享基础设施、平台和应用程序的漏洞出现在任何层中，将会影响每个云服务的租户。一个单一的漏洞或错误，会导致整个供应商的云服务被攻击。

如果一个服务组件被破坏泄露，如某个系统管理程序、一个共享的功能组件，或应用程序被攻击，则极有可能使整个云环境被攻击和破坏。

13. 过度依赖

由于缺乏统一的标准和接口，使得不同云计算平台上的云租户数据和应用系统难以相互迁移，也难以从云计算平台迁移回云租户的数据中心。并且云服务方出于自身利益考虑，往往不愿意为云租户的数据和应用系统提供可移植能力。这种对特定云服务方的过度依赖可能导致云租户的应用系统随云服务方的干扰或停止服务而受到影响，也可能导致数据和应用系统迁移到其他云服务方的代价过高。

14. 数据残留

云租户的大量数据存放在云计算平台上的存储空间中，如果存储空间回收后剩余信息没有被完全清除，在存储空间再分配给其他云租户使用时容易造成数据泄露。

当云租户退出云服务时，由于云服务方没有完全删除云租户的数据，包括备份数据等，这将对数据安全带来风险。

12.2.3 技术方案

1. 总体安全体系框架设计

云计算安全框架设计参见 6.1.2 节。

2. 安全物理环境设计

云计算基础设施位于中国境内，一定要确保用于业务运行和数据处理及存储的设备机房也位于中国境内，并具备物理访问控制、防盗窃和防破坏、防雷击、防火、防水和防潮、温湿度控制、电力供应保障功能。

3. 安全网络通信

（1）网络架构

网络架构应遵循完整性、高可用性、保密性原则，网络设施应满足业务、网络流量的峰值要求，依据一定的原则，如定级相同系统统一划分原则、系统功能和应用相似性原则、威胁相似性原则、资产价值相似性原则、安全要求相似性原则等进行网络区域划分。

云服务商应保证云平台管理流量和业务流量分离，识别、监控各类流量，对资源池采用合理措施实现物理隔离或逻辑隔离，同时提供开放接口，允许接入第三方安全产品，实现云租户的网络之间、安全区域之间、虚拟机之间的网络安全防护。

云服务商和云租户均具备绘制与当前运行情况相符的虚拟化网络拓扑结构图能力，并能对虚拟化网络资源、网络拓扑进行实时更新和集中监控。

（2）通信传输

① 通信网络数据传输完整性

通信网络数据传输完整性校验机制的核心是密码技术。云计算平台各组成部分与云边界之外网络等安全不可控网络进行通信时，需使用 VPN 等技术实现对数据传输的完整性保护。在云接入边界部署 VPN 综合网关，支持 IPSec VPN 和 SSL VPN，通过内置的身份认证网关功能包含简单 CA（可生成密钥，签发证书）、支持第三方认证、支持多因素认证、在线证书认证等，对各种类型云接入用户或终端提供类型丰富的数据传输完整性保护和接入身份认证能力。

在不同云计算平台的虚拟机之间进行通信时，可根据需要使用密码技术，从而实现对数据传输的完整性保护。在云计算平台内部通信网络进行互相通信时，可通过校验码技术，对数据完整性进行校验。对于物理网络或虚拟网络中的路由控制和云管理平台中的资源管理等控制信息做完整性校验，如发现完整性被破坏时，可使用重传等机制进行恢复或数据修复。

② 通信网络数据保密性保护

采用由密码等技术支持的保密性保护机制，以实现云计算平台通信网络数据传输的保密性保护。当云计算平台各组成部分通过不可控网络进行通信时，应使用 VPN 等技术实现数据传输的保密性保护。VPN 综合安全网关集成 IPSec VPN、SSL VPN、防火墙和身份认证等功能，并且与第三方认证设备兼容性好、性能突出，支持最新版本国密协议和算法，可充分保障数据传输的保密性。

当在不同云计算平台的虚拟机之间进行通信时，可根据需要使用密码技术实现数据传输的保密性。通过外部通信网络管理云资源时，需要采取安全的技术手段（如 VPN、HTTPS）管理云资源。

③ 通信网络的可用性保护

云计算平台应采用软硬件冗余、扩容等必要的技术手段，确保云计算平台通信网络的正常工作，保护数据的可用性，具体要求包括以下几点。

- 应采用冗余技术手段保证主要物理网络设备、虚拟网络设备的业务处理能力满足业务高峰期的需求。

- 在网络出口连接多个运营商的接入网络，在网络实际消耗带宽达到或超过预设上限时，及时选择通畅的线路。部署具备带宽管理功能的 IPS 设备，可针对核心服务器设置单独的带宽通道，提供带宽保障。

- 部署具备异常流量检测和流量清洗的 IPS 设备，配合云计算平台自身流量调度（如服务链实现流定义）的能力，为用户和租户提供实时安全流量清洗，清洗范围包括网络层、传输层、应用层的 DDoS。

- 按照业务需求合理配置通信网络中核心层、汇聚层等各层交换设备的处理能力。在虚拟化环境中根据虚拟机的处理能力和数量，合理分配虚拟交换设备的处理能力，保证物理交换设备的处理能力大于所连接虚拟交换设备的处理能力。

- 应针对租户、主机和应用业务的重要程度，划分对应的网络带宽使用优先级，当网络拥塞时优先保证重要业务可用。

④ 虚拟网络的安全隔离保护

应通过必要的技术手段保护云计算平台中多租户通信网络的安全隔离，具体要求包括以下内容。

- 内部通信网络可采用 VXLAN 协议对用户数据包做隧道封装，保证内部通信网络实现两层隔离，虚拟机接收不到目的地址不是自己的非广播报文。

- 虚拟机接入虚拟网络时，通过在数据链路层的安全隔离机制，隔离由虚拟机向外发起的异常协议访问，保证其发出的数据包源地址为真实地址。
- 通过安全沙箱机制，限制虚拟机非法访问内部通信网络（基础网络）。
- 应能够检测云用户通过虚拟机访问宿主机资源，并进行告警。

⑤ 通信网络可信接入保护

应保证虚拟机和物理机接入网络的信息真实可信，重要网络应防止地址欺骗，具体要求包括以下内容。

- 在虚拟网络设备上建立安全规则，保证虚拟机接入虚拟网络时，其发出的数据包源地址为真实地址。
- 内部通信网络（虚拟网络）与外部网络通信时，可通过密码技术实现远程接入授权。
- 内部通信网络（基础网络）可通过 IP/MAC/ 端口绑定技术，限制未授权人员接入物理网络设备。
- 通过访问控制技术，限制外部通信网络直接访问内部通信网络（基础网络）。
- 内部通信网络（虚拟网络）需提供开放接口，才可以接入可信的第三方安全产品。
- 需要认证的各类设备、资源需预先配置可接受的管理机构或人员的公钥等必要信息。

⑥ 网络设备防护

网络设备防护应对所有网络设备的访问（用户、访问协议和认证方式等因素）进行限制和防护。针对基础架构层，用户指云平台系统管理员及安全管理员；针对资源层及服务层，用户指云租户管理员及虚拟网络安全管理员。具体要求包括以下内容。

- 应对登录网络设备、安全设备、虚拟化设备等区域边界设备的管理员地址进行限制，并使用云运维安全网关加强管理员权限分配和操作审计。
- 应采用 SSH 等安全协议登录区域边界设备。
- 应对登录区域边界设备的用户身份进行认证。
- 应对登录区域边界设备的用户身份进行双重因素认证，并实现认证方式的统一。
- 区域边界安全设备应实现特权用户的分离。
- 应建立安全可信的接入认证方式，保证用户对虚拟资源访问的安全性。

（3）边界防护

"区域边界"包括但不限于本节设计的 4 种区域边界类型。

① 区域边界结构安全

区域边界结构安全包括以下类型：云计算环境内部与外部区域边界、云计算平台上不同租户之间的区域边界、同一租户不同等级业务系统之间的区域边界、租户区域内部与外部区域边界。区域边界结构安全的防护手段是部署访问控制机制。

各区域网络边界安全通常由边界拒绝攻击防护、访问控制、入侵检测、入侵防御、WAF、防病毒、VPN 和边界隔离（按需）构成。

- 云计算环境内部与外部区域边界

云计算环境内部与外部区域边界如图 12-20 所示。

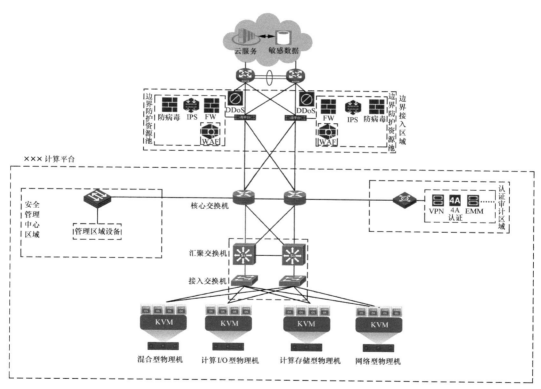

图 12-20　云计算环境内部与外部区域边界

- 云计算平台内部不同租户之间的区域边界

使用 VXLAN 或 VLAN 逻辑隔离的方式，并采用硬件虚拟化方式实现云计算平台内部不同租户之间的区域边界隔离。防火墙接入可采用串行接入或旁路资源池接入的方式，本方案采用串行接入，如图 12-21 所示。

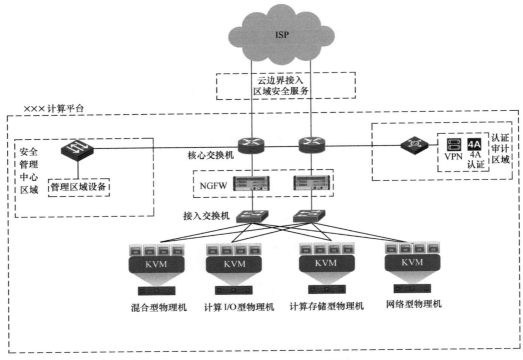

图 12-21　云计算平台内部不同租户之间的边界

- 同一租户不同等级业务系统之间的区域边界

同一租户不同等级业务系统之间的区域边界安全需要面向多租户的信息安全能力（见图 12-22）。由纯虚拟化安全服务或安全资源池承担，安全资源池基于 SDN 或 NFV

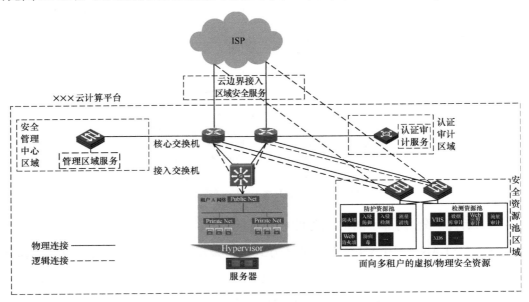

图 12-22　同一租户不同等级业务系统之间的区域边界

技术可将安全能力自动编排,形成安全服务链,为租户提供动态、可扩展、可持续的安全服务能力。

- 租户内部与外部区域边界

租户内部私有业务区域边界与公有业务区域联系,同样需要面向多租户的信息安全能力。其安全能力可由纯虚拟化安全服务或安全资源池承担,如图 12-23 所示。

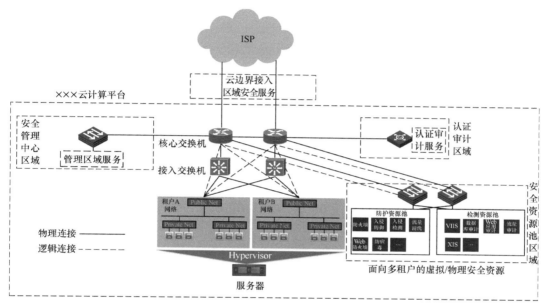

图 12-23 租户内部与外部区域边界

②边界防护

边界防护依赖于多种安全技术手段,主要包含:访问控制、数据传输控制、非法内外联控制、接入认证控制等,区域边界可采用规则访问控制、限制性用户接口、访问控制矩阵、内容相关访问控制、上下文相关访问控制等控制策略和技术方法实现对区域边界网络的访问控制。

当存在无线方式接入时,应部署相关的措施限制无线网络的使用,确保无线网络通过受控的边界防护设备接入内部网络或外部网络。

(4)访问控制

访问控制是一种安全手段,它控制用户和系统如何与其他系统和资源进行通信和交互。访问控制能够保护系统和资源免受未经授权的访问,并在身份验证过程成功结束后确定授权访问等级。

以上各类网络安全产品应具备满足云平台业务高峰时的处理性能，保障信息安全可用性。

（5）入侵防御

入侵防御设备采用串行部署的方式，监测网络或通信基础设施，通过深度流检测（Deep Flow Inspection，DFI）、深度包检测（Deep Packet Inspection，DPI）等技术对2～7层的信息深度分析，禁止恶意流量访问它的攻击目标。

（6）恶意代码防范

在适当的 Web 应用服务区域边界建立恶意代码防范机制，部署恶意代码防范设备或启用设备的恶意代码防范功能。如挂马、SQL 注入、应用层 DDoS 防御等具备Web 应用防护能力。

面向云租户的恶意代码防范应能够实现云平台中租户重要业务系统、操作系统运行过程中重要程序或文件完整性检测，并在检测到破坏后进行恢复。应在关键网络节点处对垃圾邮件进行检测和防护，并维护垃圾邮件防护机制的升级和更新。IPS、WAF、AV、APT 等具有以上功能。

（7）安全审计

安全审计包括云平台自身系统、网络设备的运维操作审计和系统运行审计，以及租户操作系统、重要业务系统、数据库系统等资产的运维审计和系统运行事件审计。

该需求应通过第三方专业的安全审计系统实现，且该安全审计系统应能够支持业界主流虚拟化和云计算平台，并能够在云服务方开放安全审计数据汇集接口的前提下集中采集和审计云平台自身的日志、事件信息。

应设立审计机制，由云安全管理中心集中管理，对确认的违规行为进行报警。针对基础架构层，要对云平台系统管理员及安全管理员进行审计；针对资源层及服务层，要对云租户管理员及虚拟网络安全管理员进行审计；针对应用层，要对最终云用户进行审计。具体要求包括以下内容。

• 通信网络的网络设备、安全设备以及虚拟化形态的设备应通过 Syslog 等协议将运行情况、网络流量、用户行为等日志信息集中到云安全管理中心。

• 通信网络的网络设备、安全设备以及虚拟化形态的设备应对违规行为在云安全管理中心进行集中、及时报警。

• 安全通信网络的审计对象应包括：与云计算平台有通信的外部通信链路（互

联网、广域网、局域网），内部通信网络（基础网络）中的网络设备、安全设备，以及内部通信网络（虚拟网络）的网络控制器。

- 审计记录应包括：事件的日期和时间、事件类型、事件是否成功及其他与审计相关的信息。

- 安全通信网络审计内容至少需要记录运行状况、网络流量、用户行为、管理行为等信息。

（8）集中管控

网络安全设备、网络设备、服务器设备均需要单独的区域部署管理设施，对面向云服务商／云租户所属设施实行集中监控、审计、维护审计，同时对特殊安全事件进行识别、通报预警和分析。

4．安全计算环境

（1）身份鉴别

身份鉴别是网络系统在两个实体建立连接或者数据传输阶段，对双方实体的合法性、真实性、有效性进行确认，防止非法用户通过伪造和欺诈身份等手段冒充合法用户，从而保证身份的可靠性。这是保护网络设备、主机系统、数据库系统、业务应用系统等对象的第一道大门，一般采用双重因素进行身份认证。

在云环境下，身份鉴别需要考虑租户操作系统及其承载的重要业务系统、云平台自身管理及云平台中网络设备的身份鉴别等几个层面。

首先，在租户操作系统及其承载的重要业务系统层面，需要采用两种或两种以上组合的鉴别技术对用户进行身份鉴别；在网络策略控制器和网络设备（或设备代理）之间则应建立双向身份验证机制。该需求可通过运维堡垒机实现，且运维堡垒机应能够具备 VMWare、KVM、Hyper-V 等主流虚拟化平台的适配能力。

其次，在云平台自身管理层面，其管理用户权限须采取分离机制，为网络管理员、系统管理员建立不同账户并分配相应的权限，且远程管理终端与云计算平台边界设备之间应建立双向身份验证机制。该需求应通过云平台自身的认证管理和授权机制实现。

通过部署 PKI/CA 系统、安全堡垒机、4A 平台系统等实现。

（2）访问控制

访问控制是一种安全手段，它控制用户和系统如何与其他系统和资源进行通信和交互。访问控制能够保护系统和资源免受未经授权的访问，并在身份验证过程成功结束后确定授权访问等级。访问控制实现的前提是需要身份鉴别的支持，每个用户/对象必须经过身份鉴别，这样才能根据用户对资源制定访问权限，控制用户/对象对资源按授权访问。访问控制通过限制对关键资源的访问，防止非法用户的侵入或者合法用户的不慎操作造成的破坏，保证信息资源受控，并合法地使用。

访问控制基于对账号的集中统一管理，通过账号进行准入控制，账号管理系统集中维护包括自然人账号（主账号）和资源账号（从账号）在内的全部账号以及相关的账号属性，并实现主从账号管理、账号双向同步、账号生命周期管理、账号属性管理、账号组管理、密码策略管理。

对于重要的信息系统和安全域，需要对进出网络的流量进行监测，配置流量监测设备，基于 DFI 技术，同时结合 DPI 技术对流量进行安全监测。

重点需要关注的是，只有在云服务用户授权的情况下，云服务商或第三方才具有云服务用户数据的管理权限。

通过部署 PKI/PMI、VPN、堡垒机、4A 平台、DFI 等系统实现。

以上各类网络安全产品应具备满足云平台业务高峰时的处理性能，保障信息安全可用性。

（3）安全审计

在安全计算环境防护中，安全审计管理包括对各类用户的操作行为审计，以及网络中重要安全事件的记录审计等内容，且审计记录应包括事件的日期和时间、用户、事件类型、事件是否成功及其他与审计相关的信息。因此，此类安全审计通常包括日常运维安全审计、数据库访问审计、Web 业务访问审计，以及对所有设备、系统的综合日志审计。

在云环境下，安全审计包括云平台自身系统、网络设备的运维操作审计和系统运行审计，以及租户操作系统、重要业务系统、数据库系统等资产的运维审计和系统运行事件审计。

该需求应通过第三方专业的安全审计系统实现，且该安全审计系统应能够支持业界主流虚拟化和云计算平台，并能够在云服务方开放安全审计数据汇集接口的前提下集中采集和审计云平台自身的日志、事件信息。

审计记录的时间应由系统范围内唯一确定的时钟产生（如部署 NTP 服务器），以确保审计分析的正确性。须重点关注，云服务商对云服务用户系统和数据的操作可被云服务用户审计。

通过部署网络审计、系统审计、数据库审计等设备实现。

（4）入侵防范

网络入侵检测 / 入侵防御主要用于检测和阻止针对内部计算环境中的恶意攻击和探测，诸如对网络蠕虫、间谍软件、木马软件、数据库攻击、高级威胁攻击、暴力破解、SQL 注入、XSS、缓冲区溢出、欺骗劫持等多种深层攻击行为进行深入检测和主动阻断，以及对网络资源滥用行为（如 P2P 上传 / 下载、网络游戏、视频 / 音频、网络炒股）、网络流量异常等行为进行及时检测和报警。

（5）恶意代码防范

恶意代码是指以危害信息安全等不良意图为目的的程序或代码，它通常潜伏在受害计算机系统中伺机实施破坏或窃取信息，是安全计算环境中的重大安全隐患。其主要危害包括攻击系统、造成系统瘫痪或操作异常；窃取和泄露文件、配置或隐私信息；肆意占用资源，影响系统、应用或系统平台的性能。恶意代码防范设备应具备查杀各类病毒、木马或恶意软件的服务能力，包括文件病毒、宏病毒、脚本病毒、蠕虫、木马、恶意软件、灰色软件等。

云环境下，恶意代码防范应能够实现云平台中租户重要业务系统、操作系统运行过程中重要程序或文件的完整性检测，并在检测到破坏后进行恢复。可以采用白名单、黑名单或其他方式，在网络出入口以及系统中的主机、移动计算设备上实施恶意代码防范机制，配置策略定期扫描信息系统，选择在主机或网络出入口下载、打开、执行外部文件时对其进行实时扫描，并对恶意代码进行集中管理防护。

该需求通过网络防病毒软件、防毒墙、APT 等设备实现，且这些设备必须支持VMWare、KVM、Hyper-V 等业界主流的虚拟化平台。

（6）资源控制

第一，需要实现相同物理资源池内的不同虚拟化实例间不会出现资源争用，限制单个用户或进程对系统资源的最大使用限度。该需求由云平台的虚拟化实例资源调度机制完成。

第二，需要实现对重点节点虚拟化实例所使用的 CPU、内存、I/O 等资源进行监测。该需求由云安全管理平台实现。

第三，应对虚拟机的网络接口的带宽进行设置，并进行监测。该需求由流量监测设备实现。

第四，需要实现虚拟资源拓扑结构管理，包括虚拟资源的部署、虚拟资源和实体资源的对应关系，并对主要虚拟资源拓扑进行监控和更新。该需求由云平台的资源管理与监控机制完成。

第五，需要实现检测虚拟机对宿主机的异常访问、虚拟化实例之间隔离失效、非授权新建虚拟机或启用虚拟机等情况，并进行告警。该需求应由云平台权限管理机制、网络访问检测与审计功能共同完成。

第六，对于重要的业务系统，应提供经过安全加固后的操作系统镜像。该需求应通过专业系统漏洞扫描检测，及安全加固服务实现。

第七，还需要根据承载业务系统的安全保护等级划分资源池，不同等级的资源池之间应逻辑隔离。

通过部署主机监控系统满足资源控制需求，对物理机和虚拟机的重要节点进行监视。

（7）身份鉴别

身份鉴别是保障应用和数据安全的一种必要手段，系统应对登录的用户进行身份标识和身份辨别，并且对鉴别信息进行定期更换，应具备登录失败处理能力，并对多次登录失败的情况采取必要的保护措施，提供双因素认证、登录失败的处理等。

（8）访问控制

访问控制是一种安全手段，它控制用户和系统如何与其他系统和资源进行通信和交互。访问控制能够保护系统和资源免受未经授权的访问，并在身份验证过程成功结束后确定授权访问等级。

服务终端和服务器设备中的操作系统、数据库系统和中间件等系统软件的操作和使用应该进行不同等级的访问权限管理和账号区分以及必要的访问控制，对登录系统的不同账号分配不同的权限、控制可被使用的资源范围、删除多余账号、修改默认账户及口令、对访问主体与资源之间设置安全标记，控制对敏感信息的安全访问、配置主体对客体的访问控制策略、设置账号的最小权限等。

（9）安全审计

安全审计包括云平台自身系统、网络设备的运维操作审计和系统运行审计，以及租户操作系统、重要业务系统、数据库系统等资产的运维审计和系统运行事件审计。

该需求应通过第三方专业的安全审计系统实现，且该安全审计系统应能够支持业

界主流虚拟化和云计算平台，并能够在云服务方开放安全审计数据汇集接口的前提下集中采集和审计云平台自身的日志、事件信息。

应设立审计机制，部署审计产品，开启审计功能，安全审计范围应覆盖每个用户，对重要的用户行为和安全事件进行审计，并且采取有效保护措施对审计记录进行保护。

（10）软件容错

应用系统应具备必要的软件容错能力以确保数据的有效性。应用系统应能够对人机接口或通信接口输入的内容进行有效性验证，并且在系统发生故障时能够对数据采取必要的保护和恢复措施，避免因故障发生数据丢失的情况。

（11）资源控制

对系统资源的使用进行有效控制是对应用和数据安全保护的有效手段之一。系统应设立有效机制对通信双方或者并发连接数以及最大会话连接数进行限制并有效管理，确保业务正常通信、数据和应用安全、资源有效利用。

（12）数据的完整性和保密性

数据的完整性对业务系统正常应用十分重要，数据的保密性对业务和用户来讲也至关重要，所以应采用必要的措施控制和保障数据的保密性和完整性。

通常校验码技术或加解密技术可保证重要数据在传输、存储过程中的完整性，加解密技术是保证重要数据在传输、存储过程中的保密性的重要手段。

（13）数据的备份和恢复

数据的备份和恢复是系统中保护应用于数据安全必备的能力，在业务数据遭受意外丢失或损坏时，数据恢复能力在业务系统中显得尤其重要。

系统应具备重要数据的本地数据的备份和恢复、异地实时备份、重要数据处理系统热冗余等功能来确保重要数据的可靠性，保障在出现故障后，数据得到有效恢复，确保业务正常运行。

（14）剩余信息和个人信息保护

剩余信息和个人信息保护也是数据安全的重要内容，系统应保证鉴别信息所在的存储空间被释放或重新分配前得到完全清除、保证存有敏感数据的存储空间被释放或重新分配前得到完全清除。个人信息保护：仅采集和保存业务必需的用户个人信息、禁止未授权访问和使用用户个人信息，以此来对剩余信息和个人信息进行

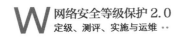
防护。

12.2.4 软硬件配置建议

本节根据云计算网络安全三级等级保护方案提出软硬件配置建议供读者参考（见表 12-1 和表 12-2）。

表 12-1 软件平台

软件名称	软件功能要求
网络防病毒系统	1. 面向企业级用户的私有云防病毒解决方案，能为用户自身提供云端信息安全运营能力，帮助用户构建私有云查杀平台； 2. 采用 B/S 管理模式，可提供公有云服务，使终端用户在离开企业网络环境后仍能通过互联网使用云查杀； 3. 支持用户自动或者手动上传样本，可为用户提供病毒检测服务
终端数据防泄露系统	1. 可以为用户提供一个有效的、全面的、易于管理的数据防泄密整体方案； 2. 终端涉密信息检查，可以及时发现涉密文档是否在普通终端中违规存放和使用，识别数据所有者； 3. 涉密拷贝审计，可以审计与阻止移动盘、网络共享、本地盘的拷贝 / 剪切涉密文件的行为； 4. 涉密剪贴板审计，控制文档涉密内容拷贝 / 剪切行为； 5. 涉密打印审计功能，可以对打印的文档内容审计及控制，自由控制不允许打印包含涉密内容的文档； 6. 刻录审计功能，能禁止终端进行刻录，并可以自定义禁止的刻录软件，避免终端的违规刻录行为，禁止内部关键数据由光盘介质泄密； 7. 邮件外发审计与控制，能够审计邮件客户端发送的详细信息； 8. QQ 外发审计功能，能够审计与阻止 QQ 外发涉密文件的行为，并可禁止 QQ 发送图片和接收图片，完全禁止使用 QQ 传送涉密图片数据； 9. Web 外发审计，检测通过 Web 邮箱、博客、微博、论坛等网页形式发送涉密文字的行为
终端安全管理系统	1. 可以针对计算机终端的网络行为进行集中管理，实现基于进程、端口或协议的双向访问的细粒度访问控制，有效控制非授权访问； 2. 可以精细管理单台计算机终端上单个应用程序、单个端口的带宽； 3. 针对移动存储中的数据交换和共享安全性等要求，通过对接入终端的移动存储设备进行认证、数据加密和共享受控管理，确保只有通过认证的移动存储设备才能够被授权用户使用，有效切断核心数据的非法传播途径，保护用户关键信息资产； 4. 能够监控计算机终端的操作系统补丁、防病毒软件、软件进程、登录口令、注册表等方面的运行情况，并对终端计算机的用户操作行为进行审计
云安全管理平台	1. 面向用户对专有云环境中从虚拟化到多租户复杂环境的总体安全监控需求，提供云安全信息集中采集、统一监控、综合威胁分析以及安全运维支撑的云安全管理能力；可对接 VMWare、KVM、OpenStack 等虚拟化环境，按租户划分提供对应的安全监测和运维管理； 2. 适用于政务云（多租户模式、自用模式）、行业云等

表 12-2　安全产品和服务

等保要求	产品服务	功能说明
网络与通信安全：通信传输、访问控制、边界防护、入侵防范、安全审计、恶意代码防范、集中管控	BSM	安全运营中心系统—业务支撑安全管理系统，以业务信息系统为核心，从监控、审计、运维 3 个维度建立的可度量的统一业务支撑平台，使得各种用户能够对业务信息系统进行可用性、性能与服务水平监控，时间分析、审计、预警与响应，标准化、例行化、常态化的运维流程管控
	网络行为分析	网络行为分析系统以 IT 资产为基础，以基于扩展的流（Flow）深度分析技术为核心，对 Flow、可疑数据包等进行全量存储，实时监控，多层次、多角度地分析、挖掘安全威胁源头，以用户体验为指引，协助用户进行资产连续监测，自动发现访问关系，行为合规检查，保证网络的正常、有序使用；同时侦测、跟踪对网络安全重大影响的异常流量、攻击行为（特别是高级持续威胁攻击）、应用行为，并进行告警，加强企业和组织从策略到防护、检测、响应的动态安全链，并当实现新算法时可利用存储的历史数据进行训练，发掘之前未知的安全威胁并评估影响
	SOC	信息安全运营中心系统帮助用户从监控、审计、风险、运维 4 个维度实现对业务信息系统的统一安全保障
	UTM	一体化安全网关（UTM）是集防火墙、VPN、入侵防御（IPS）、防病毒、上网行为管理、内网安全、反垃圾邮件、抗拒绝服务攻击、内容过滤等多种安全技术于一身的安全防护设备
	FW	FW 是集防火墙、VPN、内容过滤、上网行为管理、IPv6/IPv4 双协议栈、Anti-DoS 等多种安全技术于一身的访问控制产品
	双向网闸	利用隔离交换矩阵技术，实现两个网络或应用系统之间的物理隔离，但不影响两个网络之间的数据交换
	单向网闸	实现物理隔离环境下数据的单向传输，主要有 3 种应用功能：一是静态文件的单向传输；二是数据库数据的单向传输；三是 UDP 单向功能
	WAF	Web 安全防护与应用交付类应用安全产品，主要针对 Web 服务器进行 HTTP/HTTPS 流量分析，防护以 Web 应用程序漏洞为目标的攻击，并针对 Web 应用访问各方面进行优化，以提高 Web 或网络协议应用的可用性和安全性，确保 Web 业务应用快速、安全、可靠地交付
	邮件安全管理系统	在公网与内部邮件系统之间，拦截异常邮件
	抗 DDoS	有效识别和防御各种常见的攻击行为，为数据中心、网站、信息平台、互动娱乐等基于互联网的网络服务提供完善的保护，使其免受恶意的攻击、破坏
	入侵检测	提供对于病毒、蠕虫、木马、DDoS、扫描、SQL 注入、XSS、缓冲区溢出、欺骗劫持等攻击行为以及网络资源滥用行为（如 P2P 上传 / 下载、网络游戏、视频 / 音频、网络炒股）、网络流量异常等威胁具有高精度的检测能力，帮助用户全面实现网络中两大威胁的检测与防御，包括协议攻击、手机病毒、"僵木蠕"威胁、隐蔽通道、未知漏洞、恶意代码等高级持续性的网络威胁
	入侵防御	对网络中深层攻击行为进行准确地分析判断，在判定为攻击行为后立即予以阻断，主动而有效地保护网络的安全

等保要求	产品服务	功能说明
网络与通信安全：通信传输、访问控制、边界防护、入侵防范、安全审计、恶意代码防范、集中管控	堡垒机	针对运维操作进行控制和审计的管控系统
	APT检测	未知恶意代码检查、嵌套式攻击检测、木马蠕虫病毒识别、隐秘通道检测等多类型未知漏洞（0 day）利用行为的检测
	防病毒网关	查杀网络中的病毒、蠕虫、木马等恶意代码
	日志审计	系统能够通过主被动结合的手段，实时不间断地采集用户网络中各种不同厂商的安全设备、网络设备、主机、操作系统，以及各种应用系统产生的海量日志信息，并将这些信息汇集到审计中心，进行集中化存储（可根据日志规模大小进行分布式存储，支持水平弹性扩展和数据高可靠性存储）、索引、备份、全文检索、实时搜索、审计、告警、响应，并出具丰富的报表报告，获悉全网的整体安全运行态势，实现全生命周期的日志管理
	Web应用审计	针对Web应用，记录业务人员在应用系统的操作行为和访问的数据，从中发现业务异常、信息泄露和篡改等问题，帮助管理人员进行事后追溯和定责
	数据库审计	解析和记录数据库的各类访问行为，从中发现违规和异常操作，对记录的操作可进行回溯和责任认定
	上网行为管理	对网络中的网络社区、P2P/IM带宽滥用、网络游戏、网络炒股、网络多媒体、非法网站访问等行为进行精细化识别和控制
	内网安全管理	终端准入控制、终端安全控制、桌面合规管理、终端泄密控制、终端审计和终端防泄密
	脆弱性扫描与管理系统	无线安全扫描，用于WLAN无线安全检测和网络运维以及问题排查
设备与计算安全：身份鉴别、访问控制、安全审计、入侵防范、恶意代码防范、资源控制、镜像和快照保护	数据库审计	解析和记录数据库的各类访问行为，从中发现违规和异常操作，对记录的操作可进行回溯和责任认定
	日志审计	系统能够通过主被动结合的手段，实时不间断地采集用户网络中各种不同厂商的安全设备、网络设备、主机、操作系统，以及各种应用系统产生的海量日志信息，并将这些信息汇集到审计中心，进行集中化存储（可根据日志规模大小进行分布式存储，支持水平弹性扩展和数据高可靠性存储）、索引、备份、全文检索、实时搜索、审计、告警、响应，并出具丰富的报表报告，获悉全网的整体安全运行态势，实现全生命周期的日志管理
	景云网络防病毒	为企事业单位的一般终端、工作站、服务器等提供跨平台的病毒防护
	防病毒网关	查杀网络中的病毒、蠕虫、木马等恶意代码
	内网安全管理	终端准入控制、终端安全控制、桌面合规管理、终端泄密控制、终端审计和终端防泄密
	堡垒机	针对运维操作进行控制和审计的管控系统
	VPN	具备用户识别与认证、内容过滤、安全审计、安全管理、访问控制与身份认证等功能

参考文献

1. GB/T 25070-2019 信息安全技术 网络安全等级保护安全设计技术要求.

2. GB/T 25058-2019 信息安全技术 网络安全等级保护实施指南.

3. GB/T 28448-2019 信息安全技术 网络安全等级保护测评要求.

4. GB/T 22239-2019 信息安全技术 网络安全等级保护基本要求.

5. GB/T 22240-2020 信息安全技术 网络安全等级保护定级指南.

6. GA/T 1389-2017 信息安全技术 网络安全等级保护定级指南.

7. GB/T 28449-2018 信息安全技术 网络安全等级保护测评过程指南.

8. 郭启全. 网络安全法与网络安全等级保护制度培训教程（2018年版）. 北京：电子工业出版社，2018.

9. 郭鑫. 信息安全风险评估手册. 北京：机械工业出版社，2017.

10. 汤永利，陈爱国，叶青，等. 信息安全管理. 北京：电子工业出版社，2017.

11. 谢宗晓. 信息安全管理体系实施指南. 北京：中国质检出版社.2017.

12. 朱胜涛，温哲，位华，等. 注册信息安全专业人员培训教材. 北京：北京师范大学出版社，2020.

13. 第45次中国互联网络发展状况统计报告. 中国互联网络中心，2020.

致谢

　　在本书的写作过程中，我仰赖于许多人的帮助，特别感谢奇安信科技集团股份有限公司的张钟先生，北京网御星云信息技术有限公司的史文亮先生，北京信安世纪科技股份有限公司的刘云先生，广州竞远安全技术股份有限公司的覃伟先生，杭州安恒信息技术有限公司的彭建军先生，他们为本书提供了大量的资料和非常有建设性的建议。我还要感谢我的同事陈起凤女士，她利用休息时间帮助我整理所需的资料。

　　写作是一项艰巨的任务，如果没有家人一如既往的支持，我是不可能完成的。我的妻子协助我、支持我，并参与本书的构思、审稿和编辑，还有我的孩子，也一直都很支持我的工作，期待我有更多的时间陪伴他们。